丛书总主编　陈宜瑜

丛书副总主编　于贵瑞　何洪林

中国生态系统定位观测与研究数据集

森林生态系统卷

云南哀牢山站

（2008—2015）

范泽鑫　主编

中国农业出版社

北京

丛书指导委员会

丛书编委会

中国生态系统定位观测与研究数据集
森林生态系统卷·云南哀牢山站

编 委 会

　　进入 20 世纪 80 年代以来，生态系统对全球变化的反馈与响应、可持续发展成为生态系统生态学研究的热点，通过观测、分析、模拟生态系统的生态学过程，可为实现生态系统可持续发展提供管理与决策依据。长期监测数据的获取与开放共享已成为生态系统研究网络的长期性、基础性工作。

　　国际上，美国长期生态系统研究网络（US LTER）于 2004 年启动了 Eco Trends 项目，依托美国 LTER 站点积累的观测数据，发表了生态系统（跨站点）长期变化趋势及其对全球变化响应的科学研究报告。英国环境变化网络（UK ECN）于 2016 年在 *Ecological Indicators* 发表专辑，系统报道了英国 ECN 的 20 年长期联网监测数据推动了生态系统稳定性和恢复力研究，并发表和出版了系列的数据集和数据论文。长期生态监测数据的开放共享、出版和挖掘越来越重要。

　　在国内，国家生态系统观测研究网络（National Ecosystem Research Network of China，简称 CNERN）及中国生态系统研究网络（Chinese Ecosystem Research Network，简称 CERN）的各野外站在长期的科学观测研究中积累了丰富的科学数据，这些数据是生态系统生态学研究领域的重要资产，特别是 CNERN/CERN 长达 20 年的生态系统长期联网监测数据不仅反映了中国各类生态站水分、土壤、大气、生物要素的长期变化趋势，同时也能为生态系统过程和功能动态研究提供数据支撑，为生态学模型的验证和发展、遥感产品地面真实性检验提供数据支撑。通过集成分析这些数据，CNERN/CERN 内外的科研人员发表了很多重要科研成果，支撑了国家生态文明建设的重大需求。

近年来，数据出版已成为国内外数据发布和共享，实现"可发现、可访问、可理解、可重用"（即 FAIR）目标的重要手段和渠道。CNERN/CERN 继 2011 年出版《中国生态系统定位观测与研究数据集》丛书后再次出版新一期数据集丛书，旨在以出版方式提升数据质量、明确数据知识产权，推动融合专业理论或知识的更高层级的数据产品的开发挖掘，促进 CNERN/CERN 开放共享由数据服务向知识服务转变。

该丛书包括农田生态系统、草地与荒漠生态系统、森林生态系统以及湖泊湿地海湾生态系统共 4 卷、51 册以及森林生态系统图集 1 册，各册收集了野外台站的观测样地与观测设施信息，水分、土壤、大气和生物联网观测数据以及特色研究数据。本次数据出版工作必将促进 CNERN/CERN 数据的长期保存、开放共享，充分发挥生态长期监测数据的价值，支撑长期生态学以及生态系统生态学的科学研究工作，为国家生态文明建设提供支撑。

2021 年 7 月

　　科学数据是科学发现和知识创新的重要依据与基石。大数据时代，科技创新越来越依赖于科学数据综合分析。2018 年 3 月，国家颁布了《科学数据管理办法》，提出要进一步加强和规范科学数据管理，保障科学数据安全，提高开放共享水平，更好地为国家科技创新、经济社会发展提供支撑，标志着我国正式在国家层面加强和规范科学数据管理工作。

　　随着全球变化、区域可持续发展等生态问题的日趋严重以及物联网、大数据和云计算技术的发展，生态学进入"大科学、大数据时代"，生态数据开放共享已经成为推动生态学科发展创新的重要动力。

　　国家生态系统观测研究网络（National Ecosystem Research Network of China，简称 CNERN）是一个数据密集型的野外科技平台，各野外台站在长期的科学研究中，积累了丰富的科学数据。2011 年，CNERN 组织出版了"中国生态系统定位观测与研究数据集"丛书。该丛书共 4 卷、51 册，系统收集整理了 2008 年以前的各野外台站元数据、观测样地信息与水分、土壤、大气和生物监测数据以及相关研究成果的数据。该套丛书的出版，拓展了 CNERN 生态数据资源共享模式，为我国生态系统研究、资源环境的保护利用与治理以及农、林、牧、渔业相关生产活动提供了重要的数据支撑。

　　2009 以来，CNERN 又积累了 10 年的观测与研究数据，同时国家生态科学数据中心于 2019 年正式成立。中心以 CNERN 野外台站为基础，生态系统观测研究数据为核心，拓展部门台站、专项观测网络、科技计划项目、科研团队等数据来源渠道，推进生态科学数据开放共享、产品加工和分析应用。为了开发特色数据资源产品、整合与挖掘生态数据，国家生态科学数据中心立足国家野外生态观测台站长期监测数据，组织开展了新一版的观测与研究数据集的出版工作。

　　本次出版的数据集主要围绕"生态系统服务功能评估""生态系统过程与变化"等主题进行了指标筛选，规范了数据的质控、处理方法，并参考数据论文的体例进行编写，以详实地展现数据产生过程，拓展数据的应用范围。

　　该丛书包括农田生态系统、草地与荒漠生态系统、森林生态系统以及湖泊湿地海湾生态系统共 4 卷（51 册）以及图集 1 本，各册收集了野外台站的观测样地与观测设施信息，水分、土壤、大气和生物联网观测数据以及特色研究数据。该套丛书的再一次出版，必将更好地发挥野外台站长期观测数据的价值，推动我国生态科学数据的开放共享和科研范式的转变，为国家生态文明建设提供支撑。

2021 年 8 月

云南哀牢山森林生态系统国家野外科学观测研究站（简称哀牢山生态站）位于哀牢山自然保护区北段的云南景东县境内，地理位置 24°32′N，101°01′E，海拔 2 491 m。拥有站区建筑用地面积 7 000 多 m^2，科研试验用地 30 余 hm^2，建有 6 个长期观测样地、2 个气象观测场、1 个水分观测场。此外，还有 20 hm^2 大样地、55 m 高森林塔吊、33 m 高通量塔、CO_2 人工气候室、人工模拟增温试验和人工隔离降水等实验研究平台。

哀牢山生态站以亚热带山地森林生态系统为主要研究对象，开展亚热带带森林生态学及保护生物学研究。重点研究物种多样性格局及其维持机制，森林生态系统的结构、功能及其演变过程，重要生态现象的生物学基础，受损生态系统的修复机制和技术，并将森林生态系统研究拓展到景观水平，在监测我国西部热带、亚热带地区生态环境变化、退生系统修复中发挥着不可替代作用。哀牢山生态站按照 CERN 的统一规范，对亚热带常绿阔叶林生态系统的水分、土壤、大气、生物等因子，以及能流、物流等重要生态过程进行长期监测，定期提供亚热带常绿阔叶林生态系统的动态信息，并为相关科学研究提供野外实验和平台。

2008—2015 年，哀牢山生态站发表论文 160 篇，其中，科学引文索引（SCI）收录的论文有 83 篇，出版专著 3 部。研究成果涉及生态系统结构功能和动态、土壤生物多样性和生态过程、物种共存与维持机制、关键类群对全球变化的响应、生态系统碳水循环模式、汞生物地球化学循环等方面。

　　《中国生态系统定位观测与研究数据集·森林生态系统卷·云南哀牢山站（2008—2015）》包括 2008—2015 年间哀牢山生态站长期监测的气象、生物、土壤和水文等数据，以及台站基本情况、主要研究成果、观测场及采样样地信息等内容。其中，研究方向和定位由范泽鑫和杨效东整理和编辑，研究成果由罗康整理和编辑，气象数据由陈斯整理和编辑，生物数据由罗康和温韩东整理和编辑，土壤数据由鲁志云整理和编辑，水分数据由严乔顺整理和编辑。各类数据的日常监测人员还包括罗成昌、李达文、杨文争、杞金华、罗奇和胡小文。全书由范泽鑫指导、审核并统稿。由于编者水平有限，产生错误在所难免，欢迎批评指正。

　　本数据集可供科研院所、大专院校，以及对生态学及其相关研究领域感兴趣的广大科技工作者使用或参考，使用过程中如有额外需求，可直接与云南哀牢山森林生态系统国家野外科学观测研究站联系，或登录我们的数据共享网站（alf. cern. ac. cn）进行数据申请和下载，我们将竭诚为您服务。

　　最后，感谢长期工作在一线的观测研究人员！感谢多年以来进站指导和开展工作的专家学者！感谢中国国家生态系统观测研究网络数据中心在本书编写过程中给予的指导和支持！

编　者

2021 年 10 月

CONTENTS

目　录

第1章

引　言

1.1　台站简介

1978 年和 1980 年中国科学院分别在西宁、北京召开了全国陆地生态系统科研工作会议和生态系统定位站工作会议，作出要求云南承担热带、亚热带森林生态系统科研任务和生态系统研究要有一个明确的战略目标与分段实施规划的指示。因此，由时任中国科学院昆明分院院长吴征镒院士和云南大学生态地植物研究室主任朱彦丞教授领导下在云南组建了中国科学院昆明分院生态研究室。

1980—1981 年，经过一年多的时间，在云南境内进行了大量的调研、选择与对比，由吴征镒亲自率队，带领包括中国科学院昆明分院、中国科学院昆明植物研究所、中国科学院昆明动物研究所的领导与科技人员 20 余人到哀牢山，共同选定景东地区哀牢山北段作为亚热带森林生态系统定位研究站站址，地理位置 24°32′N，101°1′E，海拔 2 450 m，具体位置在云南省普洱市景东彝族自治县太忠乡的徐家坝。这里的自然景观主要是生长着茂盛的原生亚热带山地湿性常绿阔叶林，森林面积较大，林相完整，结构复杂，生物资源丰富，并且地势平坦，是开展森林生态系统定位研究的理想场所。

吴征镒在亲自率队选定哀牢山生态站站址后，建议云南省人民政府在哀牢山建立自然保护区，吴征镒的建议得到云南省人民政府的采纳，1983 年，云南省林业厅列项对建立哀牢山自然保护区进行了前期野外考察，哀牢山生态站的科技人员参与了考察工作，形成了《哀牢山自然保护区综合考察报告集》，1986 年，云南省人民政府正式批准建立哀牢山自然保护区，哀牢山生态站就在保护区内。

当时历史赋予哀牢山森林生态站的战略目标和目的是，为合理开发热带、亚热带山区的生物资源和土地资源，提高农、林、牧、副、渔的生产水平，搞好热带、亚热带地区的生态平衡和生态环境，提供科学依据和科学方案。

1981 年，哀牢山森林生态系统定位研究站（简称哀牢山生态站）建立，隶属中国科学院昆明分院生态研究室，近 30 年来，因为中科院结构调整，分别隶属于中国科学院昆明生态研究所、中国科学院西双版纳热带植物园。

哀牢山生态站 1981 年建站，2000 年，成为中国科学院西南知识创新基地之一；2002 年 10 月，加入中国生态系统研究网络（CERN），2005 年 12 月，被批准加入国家生态系统观测研究网络（CNERN）。

1981 年，建哀牢山站时的科技骨干，主要是曾经参加过 1958 年中国西双版纳第一个生物地理群落站（现在的生态站）的科技人员，并且在吴征镒亲自参与组建和倡导下，哀牢山生态站建立时除有植物生态、土壤生态、生态气候等专业以外，还专门特别增加了动物生态专业的科技人员。

哀牢山生态站现有固定职工 5 人，员工 9 人，此外还有版纳植物园热带森林生态学重点实验室 40 余名科研人员长期在站内开展科研工作。

哀牢山生态站拥有站区建筑用地 7 000 多 m²，科研试验用地 30 余 hm²。建设有 6 个长期观测样地，2 个气象观测场，1 个水分观测场。此外，还有 20 hm² 大样地、55 m 高森林塔吊、33 m 高通量塔、人工气候室、人工模拟增温试验区等综合研究平台。

1.2　研究方向与定位

1.2.1　研究方向

以亚热带山地森林生态系统为主要研究对象，开展亚热带森林生态学及保护生物学研究。重点研究物种多样性格局及其维持机制，森林生态系统的结构、功能及其演变过程，重要生态现象的生物学基础，受损生态系统的修复机制和技术，并将森林生态系统研究拓展到景观水平，在监测我国西部热带、亚热带地区生态环境变化、退化生态系统修复中发挥着不可替代的作用。

1.2.2　目标和任务

通过对典型森林生态系统的长期监测，揭示其不同时期生态系统及环境要素的变化规律及其动因，研究物种多样性的起源，探求不同尺度的物种多样性变化与维持机理；建立典型森林生态系统物种多样性监测的服务功能、价值评价及物种灭绝速率的评价指标体系；阐明全球变化对典型森林生态系统的影响，揭示不同区域生态系统对全球变化的作用及响应；阐明典型森林生态系统生物多样性变化的规律，探讨高效保护物种生物多样性的途径和措施，为自然保护区的建立进行科学的规划定位；将所取得的研究结果应用到生态系统的持续管理中，并为国家的土地利用政策以及生态系统、景观管理提供指导。把哀牢山生态站建设成为具有国际先进水平的亚热带常绿阔叶林生态学观测与研究基地，优秀森林生态学人才的培养基地，高度开放的国内、国际学术交流基地。

1.3　研究成果

依托哀牢山生态站的工作条件，2008—2015 年，科技人员争取到研究项目 100 余项，其中，国家基金项目 38 项，科学院项目 30 项，科技部项目 15 项，地方性研究任务 27 项，国际合作项目 5 项。培养研究生 63 人，其中硕士研究生 41 人，博士研究生 22 人。

2008—2015 年，依托哀牢山生态站发表论文 160 篇，其中，科学引文索引（SCI）收录的论文有 83 篇，出版专著 3 部。内容包括当地森林生态系统的物种组成和结构，生物量及生产力，森林演替，森林昆虫、两栖爬行类、鸟类以及小兽类的群落结构及种群动态，森林养分和水分循环，森林小气候及山地气候、山地土壤、大气汞的跨境传输等。下面介绍几项主要的研究成果。

1.3.1　附生植物研究

研究了亚热带森林中附生地衣的物种组成、群落结构和分布规律及其对生境变化的响应机制，以及附生地衣种类的生长、凋落、分解及养分释放规律；分析了森林林冠腐殖土的微生物量、呼吸强度和酶活性，开展了附生植物的异地移植实验和模拟氮沉降实验，探讨了它们与环境因子包括宿主特性和人为干扰程度等的关系，评估了未来气候变化和氮沉降增加对山地森林生态系统附生植物群落的影响，并筛选出对气候变化和氮沉降敏感的附生植物种类；调查了附生苔藓的多样性和分布格局；分析了云南哀牢山地区亚热带森林系统 5 种森林群落类型内部附生地衣物种组成、多样性及空间垂直分布模式。

1.3.2　微量痕迹元素研究

哀牢山生态站与中国科学院地球化学研究所开展了实质性的合作研究，对大气各形态汞、汞同位素、CO、颗粒物等污染物进行了长期监测，开展了大气汞相关研究。已经取得了初步成果。通过对森林降水和凋落物的总汞输入的研究发现：全年而言，在降水量颗汞和活性汞浓度分别为 2.98ng/L 和 0.92ng/L；凋落物（干重）中的平均汞浓度为 52.0ng/g；在森林中，大气沉降的汞是增加的，年平均总汞沉积通量为 76.7 $\mu g/m^2$。凋落物汞沉积 71.2 $\mu g/$（$m^2 \cdot$ 年）（约占 92.8% 的汞总输入）是森林流域汞的主要来源。森林生态系统是大气汞的汇，森林土壤中汞的平均存储（0～80 cm）为 191.3 mg/m^2。并对大气汞的跨境传输开展了研究，发现气团经过生物质燃烧区到达哀牢山监测站，其大气中的 Hg/CO 斜率与森林火灾产生的斜率一致。在春季的哀牢山，25% 的气团 Hg/CO 比值是由中南半岛生物质燃烧排放汞的跨境传输引起；生物质燃烧是该区域重要的大气排汞源。中南半岛生物质燃烧排放的汞是造成当地及我国西南背景地区大气汞浓度升高的重要原因之一。

1.3.3　受损森林生态系统的生态学研究

　　2015 年 1 月哀牢山迎来了近 30 年以来最为严峻的极端降雪事件，标准林外气象场内测定的最厚降雪厚度超过 40 cm，且持续 10 d 左右才完全融化，导致哀牢山亚热常绿阔叶林的林冠受到极大的伤害，基于哀牢山生态站通塔的涡度相关数据，揭示了极端降雪事件后的林冠毁坏显著降低了哀牢山森林的碳汇作用，同时，基于 20 hm^2 大样地的幼苗和入侵物种发现，林冠打开以后对林下幼苗更新有积极的作用，入侵的紫茎泽兰多度也与林冠开阔度有显著的相关性。极端降雪事件造成林冠损坏，为研究受损的森林生态系统研究提供了难得的研究平台，哀牢山生态站也将持续关注和跟踪研究这一部分。

第2章

观测样地和采样样地

2.1 概述

　　哀牢山生态站于 1981 年建站，最初由中国科学院昆明分院与中国科学院昆明生态研究所自行管理并支撑研究所的自主研究项目，2002 年 10 月，经过中国科学院批准，正式加入中国生态系统研究网络（CERN），2003 年，按照 CERN 的监测规范要求正式启动监测工作，按照 CERN 的监测规范启动建设监测样地（观测场）和采样样地后，哀牢山生态站才有了比较系统的水分、土壤、气象和生物监测数据。2005 年 12 月，哀牢山生态站被批准加入国家野外观测研究站，强化了哀牢山生态站的监测基础设施和监测样地的建设。

　　哀牢山森林类型较多，站区主要森林类型包括了亚热带中山湿性常绿阔叶林、山顶苔藓矮林、滇南山杨林、尼泊尔桤木林等。其中，中山湿性常绿阔叶林是亚热带山地常绿阔叶林的重要类型，是站区分布面积最大的代表性森林类型。山顶苔藓矮林是中山湿性常绿阔叶林在中山顶部的局部气候和土壤等综合环境条件下发育起来的森林，它具有其独特的结构和组成。滇南山杨林和尼泊尔桤木林都属于常绿阔叶林不同的演替阶段，它们在哀牢山的分布存在海拔差异，尼泊尔桤木林分布的海拔高度相对较低。遵照 CERN 的监测规范要求并结合哀牢山生态站站区森林类型多样的特点，在哀牢山生态站所在地徐家坝一带及周围地区的上述类型森林中分别设置了综合观测场、辅助观测场、站区调查点以及生物、土壤、水分学科的长期采样样地，目的在于让所选择的监测对象能够充分地代表站区附近森林生态系统类型的总体情况。

　　哀牢山生态站共设有 7 个观测场（38 个采样地）：1 个综合观测场，4 个辅助观测场，2 个气象观测场。

　　哀牢山生态站长期定位观测的森林类型是亚热带中山湿性常绿阔叶林、山顶苔藓矮林、滇南山杨次生林和尼泊尔桤木次生林 4 种森林类型，其观测场及长期采样地一览表（表 2-1）和统一编码见表 2-2，各个观测场的具体位置平面图见图 2-1。

表 2-1　哀牢山森林站观测场一览表

观测场地名称	编码
中山湿性常绿阔叶林综合观测场	ALFZH01
山顶苔藓矮林辅助观测场	ALFFZ01
滇南山杨次生林辅助观测场	ALFFZ02
尼泊尔桤木次生林辅助观测场	ALFFZ03
茶叶人工林站区观测场	ALFZQ01
气象观测场	ALFQX01
林内气象、水分观测场	ALFQX02

表 2 - 2　哀牢山站长期观测采样地一览表

观测场地名称	编码
综合观测场中山湿性常绿阔叶林长期监测样地	ALFZH01AC0 _ 01
综合观测场中山湿性常绿阔叶林长期监测采样样地	ALFZH01ABC _ 02
综合观测场土壤水分观测样地中子管	ALFZH01CTS _ 01
综合观测场中山湿性常绿阔叶林烘干法采样点	ALFZH01CHG _ 01
综合气象观测场土壤水分观测样地中子管	ALFQX01CTS _ 01
气象观测场 E601 蒸发皿观测点	ALFQX01CZF _ 01
气象观测场雨水采样器	ALFQX01CYS _ 01
气象观测场地下水采样点	ALFQX01CDX _ 01
地下水（泉水）采样点	ALFZH01CDX _ 02
静止地表水采样点	ALFZH01CJB _ 01
流动地表水采样点	ALFZH01CLB _ 01
林内气象、水分观测场中子管	ALFQX02CTS _ 02
林内气象、水分观测场烘干法采样点	ALFQX02CHG _ 01
林内气象、水分观测场树干径流观测	ALFQX02CSJ _ 01
林内气象、水分观测场穿透降水观测	ALFQX02CCJ _ 01
林内气象、水分观测场人工地表径流采样点	ALFQX02CRJ _ 01
林内气象、水分观测场人工地表径流采样点	ALFQX02CRJ _ 02
山顶苔藓矮林辅助观测场长期监测采样样地	ALFFZ01ABC _ 01
山顶苔藓矮林土壤水分辅助观测样地中子管	ALFFZ01CTS _ 01
山顶苔藓矮林辅助观测场烘干法采样点	ALFFZ01CHG _ 01
滇南山杨次生林辅助观测长期监测采样样地	ALFFZ02 ABC _ 01
滇南山杨次生林土壤水分辅助观测样地中子管	ALFFZ02CTS _ 01
滇南山杨次生林辅助观测场烘干法采样点	ALFFZ02CHG _ 0
尼泊尔桤木次生林辅助观测长期监测采样样地	ALFFZ03A00 _ 01
茶叶人工林站区观测长期监测采样点	ALFZQ01BC0 _ 01
茶叶人工林站区观测长期监测样地中子管	ALFZQ01CTS _ 01

　　哀牢山生态站位于哀牢山国家级自然保护区北段的云南省普洱市景东彝族自治县太忠乡徐家坝，在云南哀牢山国家级自然保护区的实验区内，即哀牢山山顶部中山丘陵（海拔 2 450 m），自然植被主要是亚热带中山湿性常绿阔叶林，森林面积较大，林相完整，结构复杂，并且地势相对平坦。

　　哀牢山生态站主要的综合观测场位于哀牢山徐家坝中心地带，在哀牢山自然保护区北段的实验区内，植被主要是典型的中山湿性常绿阔叶林，地形相对平坦开阔，为中山山顶丘陵，附近有一人工修建的灌溉水库（杜鹃湖）。周围山地海拔 2 400～2 700 m。观测场保护完好，禁止放牧及森林砍伐，人为干扰活动相对较少，观测场距离哀牢山生态站站区约 500 m，便于监测和管理。

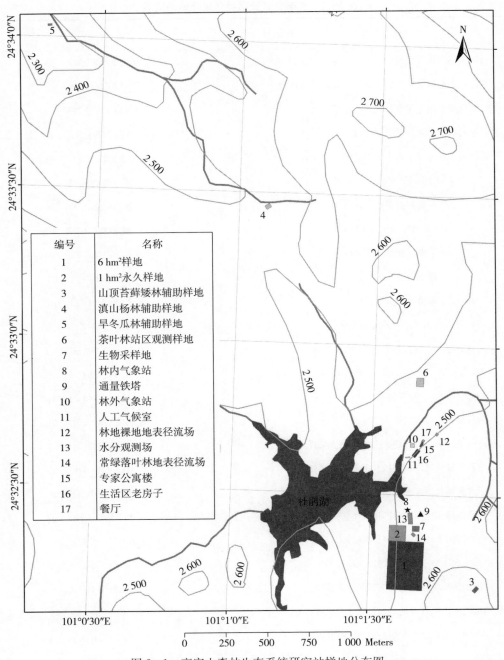

编号	名称
1	6 hm²样地
2	1 hm²永久样地
3	山顶苔藓矮林辅助样地
4	滇山杨林辅助样地
5	旱冬瓜林辅助样地
6	茶叶林站区观测样地
7	生物采样地
8	林内气象站
9	通量铁塔
10	林外气象站
11	人工气候室
12	林地裸地地表径流场
13	水分观测场
14	常绿落叶林地表径流场
15	专家公寓楼
16	生活区老房子
17	餐厅

图 2-1 哀牢山森林生态系统研究站样地分布图

2.2 观测场介绍

2.2.1 哀牢山中山湿性常绿阔叶林综合观测场（ALFZH01AC0＿01）

哀牢山生态站所在区域的基带植被是亚热带季风常绿阔叶林，随着海拔的升高植被出现明显的垂直分布，哀牢山站地处的中山湿性常绿阔叶林（2 000～2 600 m），是哀牢山区地带性植被类型，分布面积广，林分结构复杂，对它进行长期动态的定位监测研究，对了解哀牢山地区森林的生态功能、合理永续利用森林资源、改善环境具有重要意义。

哀牢山生态站位于哀牢山国家级自然保护区北段的云南省普洱市景东彝族自治县太忠乡徐家坝，地理位置24°32′N，101°01′E，海拔2 450 m。自然植被主要是亚热带中山湿性常绿阔叶林，森林面积较大，林相完整，结构复杂，并且地势相对平坦（表2-3）。

亚热带中山湿性常绿阔叶林的综合观测场位于哀牢山徐家坝中心地带，处于哀牢山国家级自然保护区内的试验区地段，植被主要是典型的中山湿性常绿阔叶林，地形相对开阔，附近有一人工修建的灌溉水库（徐家坝水库）。周围山地海拔2 400～2 700 m。观测场保护完好，禁止放牧及森林砍伐，人为干扰活动较少，有部分野生动物在观测场内活动，如水鹿、麂子、野猪、猴子等。观测场距离哀牢山生态站站区的办公住宿区约500 m，便于监测和管理。本观测场为正方形，地势东高，西低，内有小溪流通过。

中山湿性常绿阔叶林的综合观测场于2003年6月建立，24°32′N，101°01′E，海拔2 488 m，观测场面积为10 000 m²（100 m×100 m）即1 hm²，观测内容包括生物、水分和土壤数据。观测场设计使用时间为100～200年。观测样地2008—2015年平均气候情况是，年平均气温11.6℃，年降水量1 520.5 mm，年平均相对湿度82%，年日照时数1 636.5 h，无霜期160 d左右。

综合观测场植被类型为亚热带中山湿性常绿阔叶林，乔木树种主要由壳斗科、茶科、樟科及木兰科的种类组成（表2-3），林下有一个发达的箭竹层片，其在灌木层占有绝对优势。藤本及附生植物均较发达。乔木上层（高20～25 m）的优势种类为硬斗柯、木果柯、腾冲锥及南洋木荷等，红花木莲、翅柄紫茎、多花含笑、长尾青冈等树也是上层乔木的重要组成成分。乔木亚层（高5～15 m）主要由黄心树、小花山茶、云南柃、多花山矾、云南越橘和南亚枇杷等树组成，但无明显的优势种为特点。灌木层（高1.0～3.5 m）主要由禾本科的箭竹为优势种并组成显著层片。

表2-3　哀牢山综合观测场中山湿性常绿阔叶林长期观测样地背景信息

样地名称	哀牢山综合观测场中山湿性常绿阔叶林长期观测样地
样地代码	ALFZH01AC0＿01
群落名称	木果柯＋硬壳柯＋变色锥群落
高度/m	20～25
群落优势种	木果柯、变色锥、黄心树、舟柄茶
林年	成熟林
土壤类型	山地黄棕壤
土壤有机质/（g/kg）	200.00～53.38（取样深度0～100 cm）
土壤全氮/（g/kg）	7.31～2.14（取样深度0～100 cm）
土壤全磷/（g/kg）	1.23～0.77（取样深度0～100 cm）
土壤pH	4.3（表土0～20 cm水溶液的pH）
气象条件	年平均气温11.3℃，年降雨量1 981.8 mm
人类活动	该样地处于自然保护区内，人类活动较少
动物活动	野猪、水鹿、鼠类、猴子等活动频繁
灾害记录	2015年1月11日雪灾
周围环境描述	此样地位于哀牢山国家级自然保护区内，地势相对平坦，坡度6°～15°，保持原始自然状态。样地4个角用10 cm×10 cm×50 cm的水泥桩固定，禁止放牧及森林砍伐，无关人员禁止进入样地，在观测场内不安排与CERN监测无关的项目，样地设专人负责管理，破坏性取样在此样地中实施

中山湿性常绿阔叶林的综合观测场的地貌特征为中山山顶丘陵，坡度为5°～25°，坡向西坡；坡位在山顶丘陵坡下部。

　　根据全国第二次土壤普查，土类为黄棕壤，亚类为黄棕壤土；根据中国土壤系统分类属于黄棕壤（半淋溶土土纲/湿暖淋溶土亚纲/黄棕壤土类/黄棕壤亚类），成土母质为残积风化物。土壤剖面分层情况为0～5 cm上部为枯枝落叶，下部为明显半腐解层，有弹性；5～13 cm暗棕色中壤土，团粒状结构，多空隙，潮，极疏松，多细根系，呈网络状；13～20 cm暗棕色中壤土，不明显团粒状结构，有少量虫孔和填充穴，潮，极疏松，根系较多；20～50 cm浅棕色中壤土，不明显团粒状结构，有少量虫孔和填充穴，潮，紧实，根系较多；50～105 cm黄棕色中壤土，核粒状结构，潮，较疏松，根系中量；105～125 cm黄棕色中壤土，团块状结构，含少量砂砾，润，较疏松，少量粗根；＞125 cm黄棕色中壤土，团块状结构，润，较疏松，有少量根穴，根系较少。

　　哀牢山综合观测场可以进行包括生物、水分和土壤等学科的监测，在观测场内它有长期采样地14个点（图2-2）。

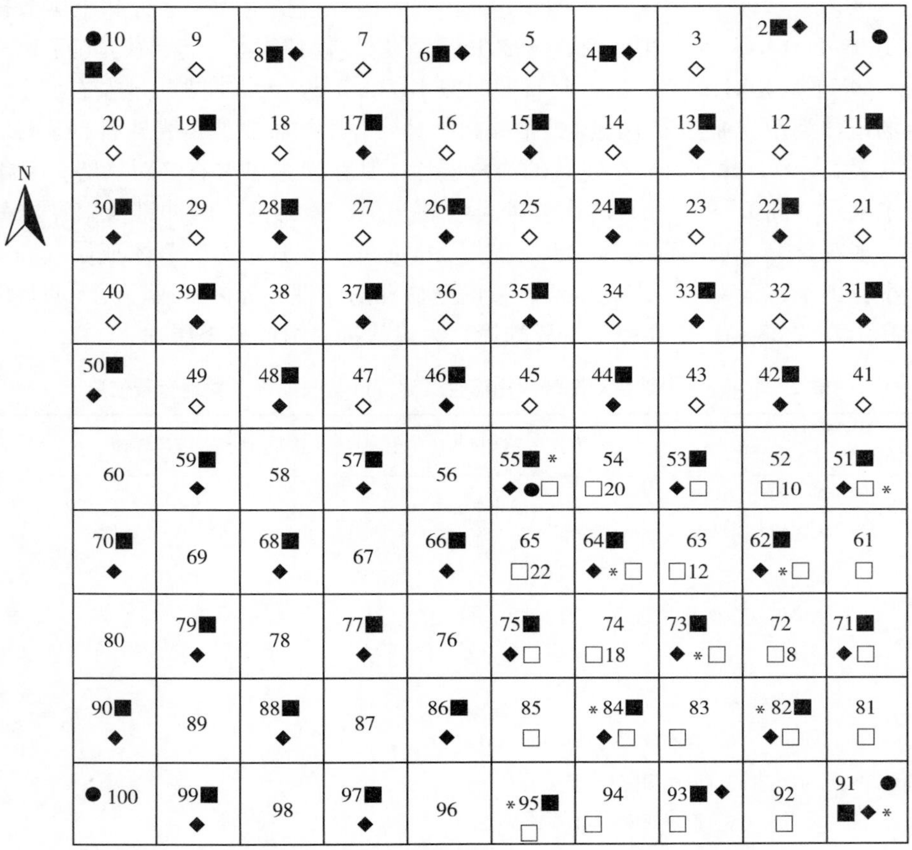

图2-2　哀牢山综合观测场中山湿性常绿阔叶林长期观测样地示意图

　　注：Ⅰ级样方面积为100 m×100 m，Ⅱ级样方面积为10 m×10 m。■表示灌木层调查小样方（5 m×5 m）。◆表示草本层调查小样方（2 m×2 m）。□表示凋落物收集框（1 m×1 m）。◇表示幼苗监测小样方（2 m×2 m）。●表示土壤水分管。＊表示叶面积指数监测点。

　　生物监测内容主要包括：①生境要素，植物群落名称、群落高度、水分状况、动物活动、人类活动、生长/演替特征。②乔木层每木调查，胸径、高度、生活型、生物量。③乔木、灌木、草本层物种组成、株数/多度、平均高度、平均胸径、盖度、生活型、生物量、地上地下部总干重（草本层）。④树种的更新状况，平均高度、平均基径。⑤群落特征，分层特征、层间植物状况、叶面积指数。⑥凋落物各部分干重。⑦乔灌草物候，出芽期、展叶期、首花期、盛花期、结果期、枯黄期等。⑧优势植物和凋落物元素含量与能值，全碳、全氮、全磷、全钾、全硫、全钙、全镁、热值。⑨鸟类种类与数量。⑩大型野生动物种类与数量。

　　土壤监测内容主要包括：①硝态氮、铵态氮、速效磷、速效钾、有机质、全氮、pH、调落物厚度。②缓效钾、阳离子交换量、土壤交换性钙、镁、钾、钠、有效钼、有效硫、容重、有机质、全氮、全磷、全钾、微量元素全量（硼、钼、锌、锰、铜、铁）。③重金属（铬、铅、镍、镉、硒、砷、汞）、机械组成、土壤矿质全量（磷、钙、镁、钾、钠、铁、铝、硅、钼、钛、硫）、剖面下层容重等。

2.2.2　哀牢山综合观测场中山湿性常绿阔叶林土壤生物采样样地（ALFZH01ABC＿02）

　　该样地于 2004 年 7 月建立，面积 50 m×50 m，坡向西，样地位于 24°32′10″N，101°1′55″E，海拔 2 450 m。能满足对长期综合（生、土、气、水）采样的需要（表 2 - 4）。

表 2 - 4　哀牢山综合观测场中山湿性常绿阔叶林土壤生物采样样地背景信息

样地名称	哀牢山综合观测场中山湿性常绿阔叶林长期观测样地
样地代码	ALFZH01AC0＿01
群落名称	木果柯＋硬壳柯＋变色锥群落
高度/m	20～25
群落优势种	木果柯、变色锥、黄心树、舟柄茶
林年	成熟林
土壤类型	山地黄棕壤
土壤有机质/（g/kg）	200.00～53.38（取样深度 0～100 cm）
土壤全氮/（g/kg）	7.31～2.14（取样深度 0～100 cm）
土壤全磷/（g/kg）	1.23～0.77（取样深度 0～100 cm）
土壤 pH	4.3（表土 0～20 cm 水溶液的 pH）
气象条件	年平均气温 11.3℃，年降雨量 1 981.8 mm
人类活动	该样地处于自然保护区内，人类活动较少
动物活动	野猪、水鹿、鼠类、猴子等活动频繁
灾害记录	2015 年 1 月 11 日雪灾
周围环境描述	此样地位于哀牢山国家级自然保护区内，地势相对平坦，坡度 6°～15°，保持原始自然状态。样地 4 个角用 10 cm×10 cm×50 cm 的水泥桩固定，禁止放牧及森林砍伐，无关人员禁止进入样地，在观测场内不安排与 CERN 监测无关的项目，样地设专人负责管理，破坏性取样在此样地中实施

　　样地植被类型为亚热带中山湿性常绿阔叶林，乔木树种主要由壳斗科、茶科、樟科及木兰科的种类组成，林下有一个发达的华西箭竹（*Fargesia nitida*）层，其在灌木层占有绝对优势。藤本及附生植物较丰富。乔木Ⅰ（上层）高 20～25 m，优势种为硬壳柯（*L. hancei*）、木果柯（*L. xylocarpus*）、变色锥（*C. rufescens*）、南洋木荷（*Schima noronhae*）、黄心树（*Machilus gamblei*）、红花木莲（*Manglietia insignis*）、翅柄紫茎（*Stewartia pteropetiolata*，别名舟柄茶）等。乔木Ⅱ层高 5～15 m，主要由山矾（*Symplocos sumuntia*）、大花八角（*Illicium macranthum*）、多花山矾（*Symplocos ramosissima*）、窄叶南亚枇杷（*Eriobotrya bengalensis*）、蒙自连蕊茶（*Camellia forrestii*）和斜基叶柃（*Eurya obliquifolia*）等组成，但无明显的优势种为特点。禾本科的无量山箭竹（*F. wuliangshanensis*）是灌木层的主要优势种，它组成显著层片，高 1.0～3.5 m。

　　样地位于保护区内的三棵树一带，西与综合观测场永久样地相连，周围开阔，为典型的亚热带中山湿性常绿阔叶林，森林保存完好（图 2 - 3）。

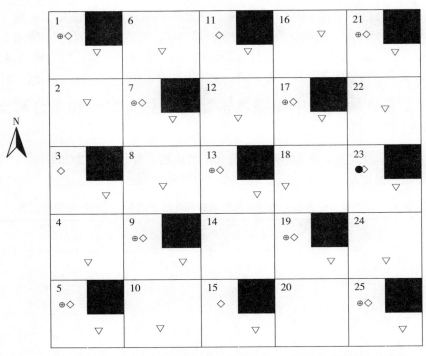

图 2-3　哀牢山综合观测场中山湿性常绿阔叶林长期监测采样样地示意图
注：样地面积 50 m×50 m，Ⅱ级样方面积 10 m×10 m。■表示灌木层调查小样方（5 m×5 m）。◇表示幼苗长期
监测样方（2 m×2 m）。▽表示凋落物收集框（ø0.4）。●表示土壤水分管。⊕表示叶面积指数监测点

2.2.3　哀牢山山顶苔藓矮林辅助观测场（ALFFZ01ABC＿01）

哀牢山山顶苔藓矮林辅助观测场建于 2003 年 11 月，设计使用 100～200 年，位于哀牢山中山丘陵顶部，101°1′55″E，24°32′10″N，海拔 2 655 m 以上的山顶和山脊上，坡向西，坡度 31°～45°，面积为 1 200 m²，即 0.12 hm²（30 m×40 m），分为 12 个 10 m×10 m 的小样方。

哀牢山山顶苔藓矮林辅助观测场处于哀牢山国家级自然保护区景东彝族自治县和楚雄市管理区分界处的景东保护区一侧，保持其原始自然状况。样地 4 个角用 10 cm×10 cm×50 cm 的水泥桩固定，无关人员禁止进入样地，观测场内不安排与 CERN 监测无关的项目，样地设专人负责管理，破坏性样的取样不在此样地中实施。

该辅助观测场为典型的山顶苔藓矮林，它是中山湿性常绿阔叶林在中山顶部的局部气候和土壤等环境条件下发育起来的森林，较中山湿性常绿阔叶林海拔高，温度低，降水多，湿度大，它具有独特的结构和组成（表 2-5）。群落优势种为硬叶柯（*Lithocarpus crassifolius*）、露珠杜鹃（*Rhododendron irroratum*），树高 5～6 m，乔木层中五加科、桤叶树科、樟科、山茶科、山矾科的种类也占一定比例，苔藓植物非常发达。

表 2-5　哀牢山山顶苔藓矮林辅助观测场长期观测样地背景信息

样地名称	哀牢山山顶苔藓矮林辅助观测场长期观测样地
样地代码	ALFFZ01ABC＿01
群落名称	硬叶柯＋露珠杜鹃群落
高度/m	5 月 8 日

（续）

样地名称	哀牢山山顶苔藓矮林辅助观测场长期观测样地
群落优势种	硬叶柯、露珠杜鹃
林年	成熟林
土壤类型	山地黄棕壤
土壤有机质/（g/kg）	186.33～37.25（取样深度 0～100 cm）
土壤全氮/（g/kg）	5.10～1.24（取样深度 0～100 cm）
土壤全磷/（g/kg）	0.63～0.47（取样深度 0～100 cm）
土壤 pH	3.94（表土 0～20 cm 水溶液的 pH）
气象条件	年平均气温 11.3℃，年降雨量 1 981.8 mm
人类活动	该样地处于自然保护区内，人类活动较少
动物活动	野猪、水鹿、鼠类、猴子等活动频繁
灾害记录	2015 年 1 月 11 日雪灾
周围环境描述	山顶苔藓矮林样地初建于 2003 年 11 月，坡向西，面积 0.04 hm²。2004 年 11 月在原来基础上将其面积扩大到 0.12 hm²（30 m×40 m），分为 12 个 10 m×10 m 的小样方。样地位于中山丘陵顶部，为典型的山顶苔藓矮林。样地处于国家级景东自然保护区和楚雄保护区分界处的景东保护区一侧，保持原始自然状况，坡度 31°～45°。样地 4 个角用 10 cm×10 cm×50 cm 的水泥桩固定，无关人员禁止进入样地，观测场内不安排与 CERN 监测无关的项目，样地设专人负责管理，破坏性样的取样不在此样地中实施

土壤为山地棕壤，土壤母质为浅变质粉砂岩，分布在夷平面丘陵较高处的孤峰和山脊上。

哀牢山山顶苔藓矮林样地观测场可以进行生物、水分和土壤等学科的监测，在观测场内有 4 个长期采样地（图 2-4）。

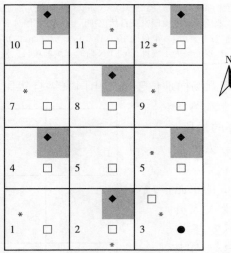

图 2-4　哀牢山山顶苔藓矮林辅助观测场长期观测样地示意图

注：样地面积 50 m×50 m，Ⅱ级样方面积 10 m×10 m，▧表示灌木层调查小样方（5 m×5 m），◆表示草本层调查小样方（2 m×2 m），□表示凋落物收集框（1 m×1 m）●表示土壤水分管，＊表示叶面积指数监测点。

2.2.4　哀牢山滇南山杨次生林辅助观测场（ALFFZ02ABC_01）

哀牢山滇南山杨次生林辅助观测场 2003 年 11 月建立，设计使用 100～200 年，辅助观测场为长方形，观测场面积 1 200 m²，即 0.12 hm²（30 m×40 m），分为 12 个 10 m×10 m 的小样方。

　　滇南山杨次生林主要出现在徐家坝周围的低丘和缓坡地带，101°1′8″E，24°33′25″N，在海拔
2 500 m以下呈零星小片分布，滇南山杨是亚热带中山湿性常绿阔叶林遭受到破坏后（如砍伐、火
烧）所形成的次生林；也是本区域森林植物群落演替的先锋树种，群落优势种为滇南山杨（*Populus rotundifolia* var. *bonatii*）、硬壳柯等，群落平均高度在15～20 m（表2-6）。

表2-6　哀牢山滇南山杨林辅助观测场长期观测样地背景信息

样地名称	哀牢山滇南山杨林辅助观测场长期观测样地
样地代码	ALFFZ02ABC _ 01
群落名称	滇南山杨群落
高度/m	15～20
群落优势种	滇南山杨、硬壳柯等
林年	中龄林
土壤类型	山地黄棕壤
土壤有机质/（g/kg）	168.50～22.37（取样深度0～100 cm）
土壤全氮/（g/kg）	5.89～0.93（取样深度0～100 cm）
土壤全磷/（g/kg）	1.06～0.55（取样深度0～100 cm）
土壤pH	4.56（表土0～20 cm水溶液的pH）
气象条件	年平均气温11.3℃，年降雨量1 981.8 mm
人类活动	该样地处于自然保护区内，人类活动较少
动物活动	野猪、水鹿、鼠类
灾害记录	2015年1月11日雪灾
周围环境描述	滇南山杨次生林主要出现在徐家坝周围的低丘和缓坡地带，在海拔2 500 m以下呈零星小片分布，滇南山杨是亚热带中山湿性常绿阔叶林遭受到破坏后（如砍伐、火烧）所形成的次生林；也是本区域森林植物群落演替的先锋树种。样地位于哀牢山国家级自然保护区内，地势相对平坦，坡度3°～5°，观测场建立前无任何变化，保持原始自然状态。样地4个角用10 cm×10 cm×50 cm的水泥桩固定，禁止放牧及森林砍伐，无关人员禁止进入样地，在观测场内不安排与CERN监测无关的项目，样地设专人负责管理

　　哀牢山滇南山杨次生林辅助观测场样地位于哀牢山国家级自然保护区内，地势相对平坦，坡度
3°～5°，土壤类型为山地黄棕壤。观测场建立时选择具有代表性的、较好的地段，即自然植被保存完好，林相完整，人为干扰活动较少，基本保持原始自然状态，样地4个角用10 cm×10 cm×50 cm的水泥桩界定，禁止放牧及森林砍伐，无关人员禁止进入样地，在观测场内不安排与CERN监测无关的项目，样地设专人负责管理。

　　哀牢山滇南山杨次生林辅助观测场的建立是对综合观测场监测内容的必要补充。哀牢山滇南山杨次生林样地观测场可以进行包括生物、水分和土壤等学科的监测，在观测场内有4个长期采样地（图2-5）。

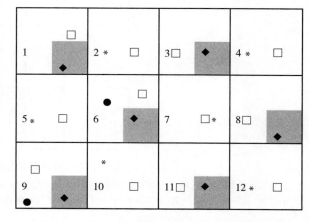

图2-5　哀牢山滇南山杨次生林辅助观测场长期观测样地

注：样地面积50 m×50 m，Ⅱ级样方面积为10 m×10 m。■表示灌木层调查小样方（5 m×5 m）。◆表示草本层调查小样方（2 m×2 m）。□表示凋落物收集框（2 m×2 m）。●表示土壤水分管。*表示叶面积指数监测点。

2.2.5　哀牢山尼泊尔桤木次生林辅助观测场（ALFFZ03A00 _ 01）

哀牢山尼泊尔桤木次生林辅助观测场于 2003 年 11 月建立，设计使用 100～200 年，辅助观测场为长方形，观测场面积 1 200 m²，即 0.12 hm²（30 m×40 m），分为 12 个 10 m×10 m 的小样方，辅助观测场样地中央有一凸起小包，但是在样地内差异较小，能满足对辅助样地综合（生物、土壤、水分等学科）监测所需。

哀牢山尼泊尔桤木次生林主要出现在徐家坝周围的低丘和缓坡地带，在海拔 2 550 m 以下呈零星小片分布，尼泊尔桤木（*Alnus nepalensis*）是木果柯林遭受砍伐、火烧后形成的先锋树种，组成哀牢山尼泊尔桤木次生林群落。群落名称为尼泊尔桤木群落（表 2-7），其群落优势种绝对为尼泊尔桤木。

哀牢山尼泊尔桤木次生林辅助观测场所选样地自然植被保存完好，林相完整，人为干扰活动较少。尼泊尔桤木次生林分布在徐家坝西北角，面积不大，是亚热带中山湿性常绿阔叶林破坏后形成的次生林，地势相对平坦，坡度 6°～15°，101°1′8″E，24°33′25″N，海拔 2 300 m，样地 4 个角用 10 cm×10 cm×50 cm 的水泥桩界定。哀牢山尼泊尔桤木次生林辅助观测场的建立是对综合观测场监测内容的必要补充。

哀牢山尼泊尔桤木次生林辅助观测场由于距离生态站相对较远，并且群落面积和代表性有限，主要监测植物，不进行土壤和水分的观测，在观测场内它有长期采样地 1 个点（图 2-6）。

表 2-7　哀牢山尼泊尔桤木次生林辅助观测场长期观测样地背景信息

样地名称	哀牢山尼泊尔桤木次生林辅助观测场长期观测样地
样地代码	ALFFZ03A00 _ 01
群落名称	尼泊尔桤木群落
高度/m	15
群落优势种	尼泊尔桤木
林年	中龄林
土壤类型	山地黄棕壤
土壤有机质/（g/kg）	134.5（表土 0～20 cm 采样）
土壤全氮/（g/kg）	5.36（表土 0～20 cm 采样）
土壤全磷/（g/kg）	0.90（表土 0～20 cm 采样）
土壤 pH	4.04（表土 0～20 cm 水溶液的 pH）
气象条件	年平均气温 11.0℃，年降雨量 1 881.5 mm
人类活动	该样地处于自然保护区内，人类活动较少
动物活动	牛、羊，处于保护区边缘野生动物较少
灾害记录	无记录
周围环境描述	尼泊尔桤木次生林分布在徐家坝西北角，面积不大，是亚热带中山湿性常绿阔叶林破坏后形成的次生林，地势相对平坦，坡度 6°～15°，样地 4 个角用 10 cm×10 cm×50 cm 的水泥桩固定。由于样地距离生态站相对较远，主要监测植物，不观测土壤和水分

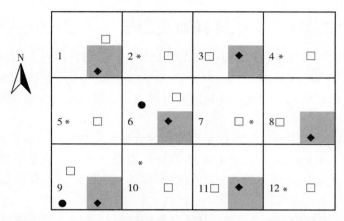

图 2-6　哀牢山尼泊尔桤木次生林辅助观测场长期观测样地

注：样地面积 50 m×50 m，Ⅱ级样方面积为 10 m×10 m。■表示灌木层调查小样方（5 m×5 m）。◆表示草本层调查小样方（2 m×2 m）。□表示凋落物收集框（2 m×2 m）。●表示土壤水分管。*表示叶面积指数监测点。

2.2.6　哀牢山茶叶人工林站区观测场（ALFZQ01）

哀牢山茶叶人工林站区观测场（表 2-8）2004 年 7 月建立，设计使用 100～200 年，辅助观测场为长方形，观测场面积 600 m²，即 0.06 hm²（20 m×30 m），分为 6 个 10 m×10 m 的小样方，哀牢山茶叶人工林站区观测场位于哀牢山国家级自然保护区内，在哀牢山站站区附近，距离哀牢山站约500 m，是一块面积非常有限的茶叶人工群落，周边地形开阔，附近有一水库。地貌特征：中山山顶丘陵，平均坡度 28°坡向为南坡，此观测场海拔 2 501 m，101°02′E，24°33′N。该茶叶人工林站区观测场在哀牢山自然保护区内，是由于火灾形成的林中次生林经人工开垦而成，周围是亚热带中山湿性常绿阔叶林的自然森林。

表 2-8　哀牢山茶叶人工林站区调查点背景信息

样地名称	哀牢山茶叶人工林站区调查点
样地代码	ALFZQ01ABC _ 01
群落名称	茶树人工林群落
高度/m	0.8
群落优势种	茶树
林年	10 年
土壤类型	山地黄棕壤
土壤有机质/（g/kg）	146.50～21.87（取样深度 0～100 cm）
土壤全氮/（g/kg）	5.03～0.96（取样深度 0～100 cm）
土壤全磷/（g/kg）	1.23～0.35（取样深度 0～100 cm）
土壤 pH	4.44（表土 0～20 cm 水溶液的 pH）
气象条件	年平均气温 11.0℃，年降雨量 1 881.5 mm
人类活动	人类活动主要是茶地管理人员和观测人员，影响程度重
动物活动	无
灾害记录	无记录
周围环境描述	茶地周围是哀牢山自然保护区，于 1995 年开垦种植，茶叶品种为软枝乌龙，茶叶地种植以来使用过肥料，每年均锄草、旱季浇水

1995 年，开垦种植由台湾引进的软枝乌龙，为人工生态系统，茶叶地种植完全由人工管理，是

典型的人工生态系统，根据需要每年均锄草、旱季浇水和施肥，群落为单一茶树人工林群落，群落高 0.6～0.8 m。

哀牢山茶叶人工林站区观测场人为活动为茶地管理人员和观测人员，观测场距离哀牢山站约 500 m，便于监测和管理。哀牢山茶叶人工林站区观测场的建立是对综合观测场监测内容的必要补充。

哀牢山茶叶人工林站区观测场主要观测植物、土壤和水分，在观测场内有长期采样地 3 个（图 2-7）。

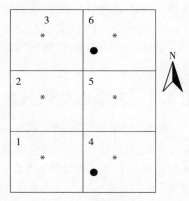

图 2-7　哀牢山茶叶人工
林站区调查点

注：样地面积为 20 m×30 m，Ⅱ级样方面积为 10 m×10 m。● 表示土壤水分管。* 表示叶面积指数监测点。

2.2.7　气象观测场（ALFQX01）

哀牢山站于 1982 建立人工观测的山地气象站，并且按照中国气象局的《地面气象观测规范》开展监测工作。哀牢山站进入中国生态系统研究网络以后，按照 CERN 大气监测规范的要求，于 2005 年 1 月建立哀牢山综合气象观测场，观测场面积 625 m²（25 m×25 m），为正方形，围有 1.2 m 高的围栏，观测场位于 101°01′E，24°32′N，海拔 2 478 m，在哀牢山站的站区附近，在自然保护区森林旷地，相对开阔的缓坡地带，按照观测规范建设，在气象观测场靠西边进行了 1.2 m 的填方，把原来的坡地经人工处理，将综合气象观测场建设成一个水平地的综合观测场。

按照 CERN 监测规范要求，综合气象观测场内安装自动气象站和人工气象站的仪器设备各一套（图 2-8）。监测的大气项目：气压、气温、湿度、最高气温、最低气温、云量、蒸发、降水、天气

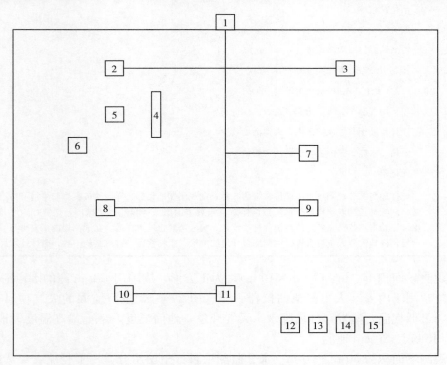

图 2-8　哀牢山站综合气象观测场仪器位置示意图

1. 观测场门　2. 自动站采集箱、风杆及风、温、湿传感器　3. 人工站风杆及风传感器　4. 自动站太阳辐射仪和日照计
5. 自动站雨量器　6. 自动站地温场　7. 人工站百叶箱　8. E601 型蒸发皿　9. 人工站雨量器　10. 人工站地温场
11. 人工站日照计　12～15. 雨水采集器

注：气象观测场面积为 25 m×25 m。

现象、地面温度、地面最高温度、地面最低温度、日照时间、风向、风速、太阳辐射。监测的水分项目：土壤水分、雨水采样、地下水、E601 型蒸发量等。

哀牢山综合气象观测场可以进行包括大气、水分和土壤等学科的监测，在观测场内有 5 个长期采样地。

2.2.8　哀牢山林内气象、水分观测场（ALFQX02）

按照 CERN 监测规范的要求，哀牢山林内气象、水分观测场于 2004 年 12 月建立（表 2 - 9），林内气象观测场是包含在水分观测场内，哀牢山林内气象、水分观测场建设在亚热带中山湿性常绿阔叶林的森林内，具有较好的代表性，观测样地地形相对平缓。森林气象、水分观测场位于 101°02′E，24°33′N，海拔 2 488 m。哀牢山林内气象、水分观测场可以进行大气、水分和土壤等学科的监测，在观测场内它有长期采样地 7 个点。

表 2 - 9　哀牢山林内气象、水分观测场样地背景信息

样地名称	哀牢山林内气象、水分观测场样地背景信息
样地代码	ALFQX02
群落名称	木果柯＋硬壳柯＋变色锥群落
高度/m	20～25
群落优势种	木果柯、变色锥、黄心树、折柄茶
林年	成熟林
土壤类型	山地黄棕壤
土壤有机质/（g/kg）	200.00～53.38（取样深度 0～100 cm）
土壤全氮/（g/kg）	7.31～2.14（取样深度 0～100 cm）
土壤全磷/（g/kg）	1.23～0.77（取样深度 0～100 cm）
土壤 pH	4.3（表土 0～20 cm 水溶液的 pH）
气象条件	年平均气温 11.3℃，年降雨量 1 981.8 mm
人类活动	该样地处于自然保护区内，人类活动较少
动物活动	野猪、水鹿、鼠类、猴子等活动频繁
灾害记录	无记录
周围环境描述	此样地与综合观测场中山湿性常绿阔叶林长期观测样地相邻，样地植被类型与生境和综合观测场中山湿性常绿阔叶林长期观测样地基本一致，样地位于哀牢山国家级自然保护区内，地势相对平坦，坡度 6°～15°，保持原始自然状态，禁止放牧及森林砍伐，无关人员禁止进入样地，在观测场内不安排与 CERN 监测无关的项目，样地设专人负责管理，因与综合样地的地形、生物物种、群落结构一致，破坏性取样在此样地中实施

林内气象观测场面积 100 m²（10 m×10 m），为正方形，周围用 1.2 m 高的围栏围成。按照规范要求，林内气象观测场内安装人工气象站仪器一套（图 2 - 9），进行监测的大气项目有：气温，湿度，最高气温，最低气温，蒸发，林内降水，天气现象，地面温度，地面最高温度，地面最低温度，5 cm、10 cm、15 cm、20 cm 地温。

林内水分观测场面积为 50 m×50 m。水分监测项目：土壤水分、树干径流、穿透雨、人工地表径流等。具体的监测内容：土壤水（土壤渗漏水），测 10 cm、25 cm、45 cm、65 cm 处（45 cm×45 cm 渗漏盘）；地表径流，20 m×5 m 人工径流场；树干径流，采用环绕法；中子水分，用中子水分仪测定；烘干土水分，采用烘干法测定；穿透降水，用雨量桶测定；枯枝落叶含水量，20 cm×20 cm 正方形框内收据后测定；地下水位，设地下水位井。

水分观测场观测及采样地还包括综合观测场土壤生物采样地、综合观测场中子管采样地、综合观

测场烘干法采样地、综合观测场树干径流采样地、综合观测场穿透降水采样地、综合观测场枯枝落叶
含水量采样地。

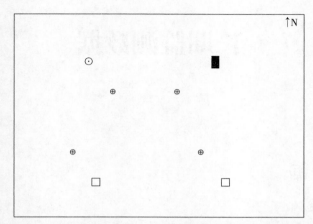

图 2-9　哀牢山站（ALF）林内气象观测场仪器位置示意图

注：⊙为蒸发皿，■为地温场，⊕为雨量器，□为百叶箱。气象观测场面积为 100 m² （10 m×10 m）。

第3章

长期监测数据

3.1 生物监测数据

3.1.1 动植物名录

3.1.1.1 动物名录

（1）概述

本数据集包括了截至 2015 年年底在哀牢山生态站及其周边地区通过多种方法（样线法、样点法、红外相机法、陷阱法等）记录到的所有的野生动物名录。

（2）数据采集与处理方法

鸟类名录主要使用了样线法和样点法调查，由所有在哀牢山生态站及其周边地区调查得到的名录合并、统计得出；哺乳类名录主要通过红外相机法和陷阱捕捉法获得。本部分仅提供了物种种类存不存在的数据，通过综合各类调查的数据整合，旨在最大程度的提供哀牢山生态站及其周边地区的鸟类和哺乳类组成。

（3）数据质量控制和评估

将得到的物种数据跟历史的资料比对，除非有着实证据才将存疑种或新记录种（新分布）纳入名录（比如拍摄到照片或者录到了典型的鸣叫等）。

（4）数据价值/数据使用方法和建议

鸟类是森林生态系统的重要的组成部分，对森林生态系统的物质能量循环有重要的作用。本部分数据集较为全面系统的列出了哀牢山生态站及其周边地区的物种组成和多样性情况，可以为区域尺度的物种组成的变化等研究提供参考，同时也可以为对哀牢山鸟类和哺乳类感兴趣的科研人员、观鸟爱好者等相关人士提供基础数据参考。

3.1.1.2 植物名录

（1）概述

本数据集包含哀牢山站 2008—2015 年 6 个长期监测样地的年尺度观测的植物名录数据，通过样方每木调查法、标本采集、望远镜观察、实地测量等多种方法获取到的所有的乔木、灌木、草本、附（寄）生、藤本、幼苗等植物名录。

（2）数据采集与处理方法

乔木层、灌木层、草本层采用样方法进行每木调查，并分种记录种名（中文名和拉丁名）、株数、平均基径、平均高度、盖度、生活型等数据；幼苗调查和草本层调查同步进行；附（寄）生植物和藤本植物采样样方法借助望远镜等工具调查。将所有调查的物种名录统计整合形成植物名录数据集，最大程度提供哀牢山生态站及其周边地区的植物名录及其组成情况。

（3）数据质量控制和评估

将得到的物种数据与历史资料比对，为了保证数据的一致性、完整性、可比性和连续性，当前后物种名字出现不一致，或者错误和新记录种（新分布）时，一定要在采样后，查询《中国植物志》《中国高等植物图鉴》《云南植物志》《云南树木图志》等工具书，核实确认后，才可以更换和新增进名录中。

（4）数据价值/数据使用方法和建议

物种名录是调查与研究一个森林生态系统的基础，本数据集包含了哀牢山生态站所在区域的常绿阔叶林和 3 个演替系列的次生林中乔木、灌木、草本、附（寄）生、藤本、幼苗等植物名录，较为全面系统的列出了哀牢山生态站及其周边地区的物种组成和多样性情况，可以为区域尺度的物种组成的变化等相关科学研究提供基础数据，同时也可以为生物多样性保护和自然保护区的管理等提供参考。

3.1.1.3　数据

哀牢山鸟类（表 3-1）、哺乳类（表 3-2）、植物（表 3-3）具体名录如下。

表 3-1　鸟类名录

编号	目	科	物种	拉丁名
1	䴙䴘目	䴙䴘科	小䴙䴘	*Tachybaptus ruficollis*
2	鲣鸟目	鸬鹚科	普通鸬鹚	*Phalacrocorax carbo*
3	鹈形目	鹭科	苍鹭	*Ardea cinerea*
4	鹈形目	鹭科	草鹭	*Ardea purpurea*
5	鹈形目	鹭科	绿鹭	*Butorides striata*
6	鹈形目	鹭科	池鹭	*Ardeola bacchus*
7	鹈形目	鹭科	牛背鹭	*Bubulcus ibis*
8	鹈形目	鹭科	白鹭	*Egretta garzetta*
9	鹈形目	鹭科	夜鹭	*Nycticorax nycticorax*
10	鹈形目	鹭科	黄斑苇鳽	*Ixobrychus sinensis*
11	鹈形目	鹭科	栗苇鳽	*Ixobrychus cinnamomeus*
12	鹈形目	鹳科	钳嘴鹳	*Anastomus oscitans*
13	雁形目	鸭科	赤麻鸭	*Tadorna ferruginea*
14	雁形目	鸭科	鸳鸯	*Aix galericulata*
15	鹰形目	鹗科	鹗	*Pandion haliaetus*
16	鹰形目	鹰科	凤头蜂鹰	*Pernis ptilorhynchus*
17	鹰形目	鹰科	凤头鹰	*Accipiter trivirgatus*
18	鹰形目	鹰科	雀鹰	*Accipiter nisus*
19	鹰形目	鹰科	松雀鹰	*Accipiter virgatus*
20	鹰形目	鹰科	普通鵟	*Buteo japonicus*
21	鹰形目	鹰科	林雕	*Ictinaetus malaiensis*
22	鹰形目	鹰科	高山兀鹫	*Gyps himalayensis*
23	鹰形目	鹰科	鹊鹞	*Circus melanoleucos*
24	鹰形目	鹰科	白腹鹞	*Circus spilonotus*
25	鹰形目	鹰科	蛇雕	*Spilornis cheela*
26	鹰形目	鹰科	白腹隼雕	*Aquila fasciata*

（续）

编号	目	科	物种	拉丁名
27	隼形目	隼科	红隼	*Falco tinnunculus*
28	鸡形目	雉科	中华鹧鸪	*Francolinus pintadeanus*
29	鸡形目	雉科	环颈山鹧鸪	*Arborophila torqueola*
30	鸡形目	雉科	红喉山鹧鸪	*Arborophila rufogularis*
31	鸡形目	雉科	棕胸竹鸡	*Bambusicola fytchii*
32	鸡形目	雉科	白鹇	*Lophura nycthemera*
33	鸡形目	雉科	红原鸡	*Gallus gallus*
34	鸡形目	雉科	环颈雉	*Phasianus colchicus*
35	鸡形目	雉科	黑颈长尾雉	*Syrmaticus humiae*
36	鸡形目	雉科	白腹锦鸡	*Chrysolophus amherstiae*
37	鸻形目	三趾鹑科	棕三趾鹑	*Turnix suscitator*
38	鹤形目	秧鸡科	灰胸秧鸡	*Rallus striatus*
39	鹤形目	秧鸡科	红胸田鸡	*Zapornia fusca*
40	鹤形目	秧鸡科	棕背田鸡	*Zapornia bicolor*
41	鹤形目	秧鸡科	白胸苦恶鸟	*Amaurornis phoenicurus*
42	鹤形目	秧鸡科	黑水鸡	*Gallinula chloropus*
43	鸻形目	反嘴鹬科	黑翅长脚鹬	*Himantopus himantopus*
44	鸻形目	鸻科	凤头麦鸡	*Vanellus vanellus*
45	鸻形目	鸻科	灰头麦鸡	*Vanellus cinereus*
46	鸻形目	鸻科	距翅麦鸡	*Vanellus duvaucelii*
47	鸻形目	鸻科	金鸻	*Pluvialis fulva*
48	鸻形目	鸻科	金眶鸻	*Charadrius dubius*
49	鸻形目	鹬科	白腰草鹬	*Tringa ochropus*
50	鸻形目	鹬科	林鹬	*Tringa glareola*
51	鸻形目	鹬科	针尾沙锥	*Gallinago stenura*
52	鸻形目	鹬科	扇尾沙锥	*Gallinago gallinago*
53	鸻形目	鹬科	丘鹬	*Scolopax rusticola*
54	鸻形目	鹬科	红颈瓣蹼鹬	*Phalaropus lobatus*
55	鸽形目	鸠鸽科	楔尾绿鸠	*Treron sphenurus*
56	鸽形目	鸠鸽科	山斑鸠	*Streptopelia orientalis*
57	鸽形目	鸠鸽科	珠颈斑鸠	*Streptopelia chinensis*
58	鸽形目	鸠鸽科	火斑鸠	*Streptopelia tranquebarica*
59	鸽形目	鸠鸽科	绿翅金鸠	*Chalcophaps indica*
60	鹦形目	鹦鹉科	灰头鹦鹉	*Psittacula himalayana*
61	鹃形目	杜鹃科	红翅凤头鹃	*Clamator coromandus*

（续）

编号	目	科	物种	拉丁名
62	鹃形目	杜鹃科	大鹰鹃	*Hierococcyx sparverioides*
63	鹃形目	杜鹃科	棕腹杜鹃	*Cuculus fugax*
64	鹃形目	杜鹃科	四声杜鹃	*Cuculus micropterus*
65	鹃形目	杜鹃科	大杜鹃	*Cuculus canorus*
66	鹃形目	杜鹃科	中杜鹃	*Cuculus saturatus*
67	鹃形目	杜鹃科	小杜鹃	*Cuculus poliocephalus*
68	鹃形目	杜鹃科	八声杜鹃	*Cacomantis merulinus*
69	鹃形目	杜鹃科	翠金鹃	*Chrysococcyx maculatus*
70	鹃形目	杜鹃科	乌鹃	*Surniculus lugubris*
71	鹃形目	杜鹃科	噪鹃	*Eudynamys scolopaceus*
72	鹃形目	杜鹃科	绿嘴地鹃	*Phaenicophaeus tristis*
73	鹃形目	杜鹃科	褐翅鸦鹃	*Centropus sinensis*
74	鹃形目	杜鹃科	小鸦鹃	*Centropus bengalensis*
75	鸮形目	鸱鸮科	西红角鸮	*Otus scops*
76	鸮形目	鸱鸮科	领角鸮	*Otus lettia*
77	鸮形目	鸱鸮科	褐渔鸮	*Ketupa zeylonensis*
78	鸮形目	鸱鸮科	领鸺鹠	*Glaucidium brodiei*
79	鸮形目	鸱鸮科	斑头鸺鹠	*Glaucidium cuculoides*
80	鸮形目	鸱鸮科	灰林鸮	*Strix aluco*
81	鸮形目	鸱鸮科	褐林鸮	*Strix leptogrammica*
82	夜鹰目	夜鹰科	普通夜鹰	*Caprimulgus indicus*
83	夜鹰目	雨燕科	白腰雨燕	*Apus pacificus*
84	夜鹰目	雨燕科	小白腰雨燕	*Apus nipalensis*
85	咬鹃目	咬鹃科	红头咬鹃	*Harpactes erythrocephalus*
86	佛法僧目	翠鸟科	普通翠鸟	*Alcedo atthis*
87	佛法僧目	翠鸟科	白胸翡翠	*Halcyon smyrnensis*
88	佛法僧目	翠鸟科	蓝翡翠	*Halcyon pileata*
89	佛法僧目	蜂虎科	蓝须蜂虎	*Nyctyornis athertoni*
90	佛法僧目	佛法僧科	三宝鸟	*Eurystomus orientalis*
91	犀鸟目	戴胜科	戴胜	*Upupa epops*
92	啄木鸟目	拟啄木鸟科	大拟啄木鸟	*Psilopogon virens*
93	啄木鸟目	拟啄木鸟科	蓝喉拟啄木鸟	*Psilopogon asiatica*
94	啄木鸟目	啄木鸟科	蚁䴕	*Jynx torquilla*
95	啄木鸟目	啄木鸟科	斑姬啄木鸟	*Picumnus innominatus*
96	啄木鸟目	啄木鸟科	灰头绿啄木鸟	*Picus canus*

（续）

编号	目	科	物种	拉丁名
97	啄木鸟目	啄木鸟科	栗啄木鸟	*Micropternus brachyurus*
98	啄木鸟目	啄木鸟科	大斑啄木鸟	*Dendrocopos major*
99	啄木鸟目	啄木鸟科	黄颈啄木鸟	*Dendrocopos darjellensis*
100	啄木鸟目	啄木鸟科	星头啄木鸟	*Dendrocopos canicapillus*
101	啄木鸟目	啄木鸟科	黄嘴栗啄木鸟	*Blythipicus pyrrhotis*
102	雀形目	䴓科	白尾䴓	*Sitta himalayensis*
103	雀形目	䴓科	滇䴓	*Sitta yunnanensis*
104	雀形目	䴓科	栗臀䴓	*Sitta nagaensis*
105	雀形目	䴓科	绒额䴓	*Sitta frontalis*
106	雀形目	百灵科	小云雀	*Alauda gulgula*
107	雀形目	鹎科	白喉红臀鹎	*Pycnonotus aurigaster*
108	雀形目	鹎科	凤头雀嘴鹎	*Spizixos canifrons*
109	雀形目	鹎科	黑短脚鹎	*Hypsipetes leucocephalus*
110	雀形目	鹎科	黑冠黄鹎	*Pycnonotus melanicterus*
111	雀形目	鹎科	红耳鹎	*Pycnonotus jocosus*
112	雀形目	鹎科	黄绿鹎	*Pycnonotus flavescens*
113	雀形目	鹎科	黄臀鹎	*Pycnonotus xanthorrhous*
114	雀形目	鹎科	灰短脚鹎	*Hemixos flavala*
115	雀形目	鹎科	栗背短脚鹎	*Hemixos castanonotus*
116	雀形目	鹎科	领雀嘴鹎	*Spizixos semitorques*
117	雀形目	鹎科	绿翅短脚鹎	*Ixos mcclellandii*
118	雀形目	鹎科	纵纹绿鹎	*Pycnonotus striatus*
119	雀形目	伯劳科	红尾伯劳	*Lanius cristatus*
120	雀形目	伯劳科	灰背伯劳	*Lanius tephronotus*
121	雀形目	伯劳科	棕背伯劳	*Lanius schach*
122	雀形目	长尾山雀科	红头长尾山雀	*Aegithalos concinnus*
123	雀形目	长尾山雀科	棕额长尾山雀	*Aegithalos iouschistos*
124	雀形目	鸫科	白眉鸫	*Turdus obscurus*
125	雀形目	鸫科	宝兴歌鸫	*Turdus mupinensis*
126	雀形目	鸫科	长尾地鸫	*Zoothera dixoni*
127	雀形目	鸫科	长嘴地鸫	*Zoothera marginata*
128	雀形目	鸫科	橙头地鸫	*Geokichla citrina*
129	雀形目	鸫科	赤颈鸫	*Turdus ruficollis*
130	雀形目	鸫科	淡背地鸫	*Zoothera mollissima*
131	雀形目	鸫科	黑胸鸫	*Turdus dissimilis*

（续）

编号	目	科	物种	拉丁名
132	雀形目	鸫科	虎斑地鸫	*Zoothera aurea*
133	雀形目	鸫科	灰翅鸫	*Turdus boulboul*
134	雀形目	鸫科	灰头鸫	*Turdus rubrocanus*
135	雀形目	钩嘴鵙科	钩嘴林鵙	*Tephrodornis virgatus*
136	雀形目	钩嘴鵙科	褐背鹟鵙	*Hemipus picatus*
137	雀形目	花蜜鸟科	火尾太阳鸟	*Aethopyga ignicauda*
138	雀形目	花蜜鸟科	蓝喉太阳鸟	*Aethopyga gouldiae*
139	雀形目	花蜜鸟科	绿喉太阳鸟	*Aethopyga nipalensis*
140	雀形目	花蜜鸟科	纹背捕蛛鸟	*Arachnothera magna*
141	雀形目	黄鹂科	黑枕黄鹂	*Oriolus chinensis*
142	雀形目	黄鹂科	朱鹂	*Oriolus traillii*
143	雀形目	蝗莺科	沼泽大尾莺	*Megalurus palustris*
144	雀形目	蝗莺科	棕褐短翅蝗莺	*Locustella luteoventris*
145	雀形目	鹡鸰科	白鹡鸰	*Motacilla alba*
146	雀形目	鹡鸰科	粉红胸鹨	*Anthus roseatus*
147	雀形目	鹡鸰科	红喉鹨	*Anthus cervinus*
148	雀形目	鹡鸰科	黄头鹡鸰	*Motacilla citreola*
149	雀形目	鹡鸰科	灰鹡鸰	*Motacilla cinerea*
150	雀形目	鹡鸰科	山鹨	*Anthus sylvanus*
151	雀形目	鹡鸰科	树鹨	*Anthus hodgsoni*
152	雀形目	鹡鸰科	田鹨	*Anthus richardi*
153	雀形目	鹪鹩科	鹪鹩	*Troglodytes troglodytes*
154	雀形目	卷尾科	发冠卷尾	*Dicrurus hottentottus*
155	雀形目	卷尾科	古铜色卷尾	*Dicrurus aeneus*
156	雀形目	卷尾科	黑卷尾	*Dicrurus macrocercus*
157	雀形目	卷尾科	灰卷尾	*Dicrurus leucophaeus*
158	雀形目	阔嘴鸟科	长尾阔嘴鸟	*Psarisomus dalhousiae*
159	雀形目	椋鸟科	黑冠椋鸟	*Sturnia pagodarum*
160	雀形目	椋鸟科	灰头椋鸟	*Sturnia malabarica*
161	雀形目	林鹛科	红头穗鹛	*Cyanoderma ruficeps*
162	雀形目	林鹛科	细嘴钩嘴鹛	*Pomatorhinus superciliaris*
163	雀形目	林鹛科	台湾斑胸钩嘴鹛	*Erythrogenys erythrocnemis*
164	雀形目	林鹛科	棕颈钩嘴鹛	*Pomatorhinus ruficollis*
165	雀形目	鳞胸鹪鹛科	小鳞胸鹪鹛	*Pnoepyga pusilla*
166	雀形目	柳莺科	橙斑翅柳莺	*Phylloscopus pulcher*

（续）

编号	目	科	物种	拉丁名
167	雀形目	柳莺科	褐柳莺	*Phylloscopus fuscatus*
168	雀形目	柳莺科	黄眉柳莺	*Phylloscopus inornatus*
169	雀形目	柳莺科	黄腰柳莺	*Phylloscopus proregulus*
170	雀形目	柳莺科	灰喉柳莺	*Phylloscopus maculipennis*
171	雀形目	柳莺科	金眶鹟莺	*Seicercus burkii*
172	雀形目	柳莺科	栗头鹟莺	*Seicercus castaniceps*
173	雀形目	柳莺科	西南冠纹柳莺	*Phylloscopus reguloides*
174	雀形目	柳莺科	云南白斑尾柳莺	*Phylloscopus davisoni*
175	雀形目	柳莺科	棕腹柳莺	*Phylloscopus subaffinis*
176	雀形目	梅花雀科	白腰文鸟	*Lonchura striata*
177	雀形目	梅花雀科	斑文鸟	*Lonchura punctulata*
178	雀形目	雀科	麻雀	*Passer montanus*
179	雀形目	雀科	山麻雀	*Passer cinnamomeus*
180	雀形目	山椒鸟科	暗灰鹃鵙	*Lalage melaschistos*
181	雀形目	山椒鸟科	赤红山椒鸟	*Pericrocotus flammeus*
182	雀形目	山椒鸟科	大鹃鵙	*Coracina macei*
183	雀形目	山椒鸟科	短嘴山椒鸟	*Pericrocotus brevirostris*
184	雀形目	山椒鸟科	粉红山椒鸟	*Pericrocotus roseus*
185	雀形目	山椒鸟科	灰喉山椒鸟	*Pericrocotus solaris*
186	雀形目	山雀科	黄颊山雀	*Machlolophus spilonotus*
187	雀形目	山雀科	黄眉林雀	*Sylviparus modestus*
188	雀形目	山雀科	绿背山雀	*Parus monticolus*
189	雀形目	山雀科	欧亚大山雀	*Parus major*
190	雀形目	扇尾鹟科	白喉扇尾鹟	*Rhipidura albicollis*
191	雀形目	扇尾鹟科	黄腹扇尾鹟	*Chelidorhynx hypoxanthus*
192	雀形目	扇尾莺科	暗冕山鹪莺	*Prinia rufescens*
193	雀形目	扇尾莺科	长尾缝叶莺	*Orthotomus sutorius*
194	雀形目	扇尾莺科	纯色山鹪莺	*Prinia inornata*
195	雀形目	扇尾莺科	黑喉山鹪莺	*Prinia atrogularis*
196	雀形目	扇尾莺科	灰胸山鹪莺	*Prinia hodgsonii*
197	雀形目	扇尾莺科	棕扇尾莺	*Cisticola juncidis*
198	雀形目	树莺科	黑脸鹟莺	*Abroscopus schisticeps*
199	雀形目	树莺科	黄腹树莺	*Horornis acanthizoides*
200	雀形目	树莺科	灰腹地莺	*Tesia cyaniventer*
201	雀形目	树莺科	栗头树莺	*Cettia castaneocoronata*
202	雀形目	树莺科	栗头织叶莺	*Phyllergates cucullatus*
203	雀形目	树莺科	鳞头树莺	*Urosphena squameiceps*

（续）

编号	目	科	物种	拉丁名
204	雀形目	树莺科	异色树莺	*Horornis flavolivaceus*
205	雀形目	树莺科	棕顶树莺	*Cettia brunnifrons*
206	雀形目	树莺科	棕脸鹟莺	*Abroscopus albogularis*
207	雀形目	王鹟科	黑枕王鹟	*Hypothymis azurea*
208	雀形目	王鹟科	印度寿带	*Terpsiphone paradisi*
209	雀形目	苇莺科	厚嘴苇莺	*Arundinax aedon*
210	雀形目	鹟科	白斑黑石䳭	*Saxicola caprata*
211	雀形目	鹟科	白顶溪鸲	*Chaimarrornis leucocephalus*
212	雀形目	鹟科	白额燕尾	*Enicurus leschenaulti*
213	雀形目	鹟科	白腹短翅鸲	*Luscinia phoenicuroides*
214	雀形目	鹟科	白喉短翅鸫	*Brachypteryx leucophris*
215	雀形目	鹟科	白眉蓝姬鹟	*Ficedula superciliaris*
216	雀形目	鹟科	白尾蓝地鸲	*Myiomela leucurum*
217	雀形目	鹟科	斑背燕尾	*Enicurus maculatus*
218	雀形目	鹟科	北红尾鸲	*Phoenicurus auroreus*
219	雀形目	鹟科	北灰鹟	*Muscicapa dauurica*
220	雀形目	鹟科	橙胸姬鹟	*Ficedula strophiata*
221	雀形目	鹟科	大仙鹟	*Niltava grandis*
222	雀形目	鹟科	黑喉石䳭	*Saxicola maurus*
223	雀形目	鹟科	红喉歌鸲	*Calliope calliope*
224	雀形目	鹟科	红尾歌鸲	*Larvivora sibilans*
225	雀形目	鹟科	红尾水鸲	*Rhyacornis fuliginosa*
226	雀形目	鹟科	红胁蓝尾鸲	*Tarsiger cyanurus*
227	雀形目	鹟科	红胸姬鹟	*Ficedula parva*
228	雀形目	鹟科	灰背燕尾	*Enicurus schistaceus*
229	雀形目	鹟科	灰蓝姬鹟	*Ficedula tricolor*
230	雀形目	鹟科	灰林䳭	*Saxicola ferreus*
231	雀形目	鹟科	金色林鸲	*Tarsiger chrysaeus*
232	雀形目	鹟科	金胸歌鸲	*Calliope pectardens*
233	雀形目	鹟科	蓝短翅鸫	*Brachypteryx montana*
234	雀形目	鹟科	蓝额地鸲	*Cinclidium frontale*
235	雀形目	鹟科	蓝额红尾鸲	*Phoenicuropsis frontalis*
236	雀形目	鹟科	蓝歌鸲	*Larvivora cyane*
237	雀形目	鹟科	蓝喉歌鸲	*Luscinia svecica*
238	雀形目	鹟科	蓝喉仙鹟	*Cyornis rubeculoides*
239	雀形目	鹟科	蓝矶鸫	*Monticola solitarius*
240	雀形目	鹟科	栗背短翅鸫	*Heteroxenicus stellata*
241	雀形目	鹟科	栗腹矶鸫	*Monticola rufiventris*
242	雀形目	鹟科	鹊鸲	*Copsychus saularis*

（续）

编号	目	科	物种	拉丁名
243	雀形目	鹟科	山蓝仙鹟	*Cyornis banyumas*
244	雀形目	鹟科	铜蓝鹟	*Eumyias thalassinus*
245	雀形目	鹟科	乌鹟	*Muscicapa sibirica*
246	雀形目	鹟科	小斑姬鹟	*Ficedula westermanni*
247	雀形目	鹟科	小仙鹟	*Niltava macgrigoriae*
248	雀形目	鹟科	小燕尾	*Enicurus scouleri*
249	雀形目	鹟科	锈腹短翅鸫	*Brachypteryx hyperythra*
250	雀形目	鹟科	玉头姬鹟	*Ficedula sapphira*
251	雀形目	鹟科	紫啸鸫	*Myophonus caeruleus*
252	雀形目	鹟科	棕腹大仙鹟	*Niltava davidi*
253	雀形目	鹟科	棕腹仙鹟	*Niltava sundara*
254	雀形目	鹟科	棕尾褐鹟	*Muscicapa ferruginea*
255	雀形目	鹟科	棕胸蓝姬鹟	*Ficedula hyperythra*
256	雀形目	鹀科	白眉鹀	*Emberiza tristrami*
257	雀形目	鹀科	淡灰眉岩鹀	*Emberiza cia*
258	雀形目	鹀科	凤头鹀	*Melophus lathami*
259	雀形目	鹀科	黄喉鹀	*Emberiza elegans*
260	雀形目	鹀科	灰头鹀	*Emberiza spodocephala*
261	雀形目	鹀科	栗耳鹀	*Emberiza fucata*
262	雀形目	鹀科	栗鹀	*Emberiza rutila*
263	雀形目	鹀科	小鹀	*Emberiza pusilla*
264	雀形目	绣眼鸟科	暗绿绣眼鸟	*Zosterops japonicus*
265	雀形目	绣眼鸟科	白领凤鹛	*Yuhina diademata*
266	雀形目	绣眼鸟科	红胁绣眼鸟	*Zosterops erythropleurus*
267	雀形目	绣眼鸟科	黄颈凤鹛	*Yuhina flavicollis*
268	雀形目	绣眼鸟科	灰腹绣眼鸟	*Zosterops palpebrosus*
269	雀形目	绣眼鸟科	栗耳凤鹛	*Yuhina castaniceps*
270	雀形目	绣眼鸟科	纹喉凤鹛	*Yuhina gularis*
271	雀形目	绣眼鸟科	棕臀凤鹛	*Yuhina occipitalis*
272	雀形目	旋木雀科	高山旋木雀	*Certhia himalayana*
273	雀形目	旋木雀科	欧亚旋木雀	*Certhia familiaris*
274	雀形目	鸦科	大嘴乌鸦	*Corvus macrorhynchos*
275	雀形目	鸦科	红嘴蓝鹊	*Urocissa erythrorhyncha*
276	雀形目	鸦科	灰树鹊	*Dendrocitta formosae*
277	雀形目	鸦科	松鸦	*Garrulus glandarius*
278	雀形目	鸦科	喜鹊	*Pica pica*
279	雀形目	鸦科	星鸦	*Nucifraga caryocatactes*
280	雀形目	岩鹨科	栗背岩鹨	*Prunella immaculata*
281	雀形目	岩鹨科	棕胸岩鹨	*Prunella strophiata*

（续）

编号	目	科	物种	拉丁名
282	雀形目	燕科	褐喉沙燕	*Riparia paludicola*
283	雀形目	燕科	家燕	*Hirundo rustica*
284	雀形目	燕科	金腰燕	*Cecropis daurica*
285	雀形目	燕雀科	褐灰雀	*Pyrrhula nipalensis*
286	雀形目	燕雀科	黑头金翅雀	*Chloris ambigua*
287	雀形目	燕雀科	红眉松雀	*Carpodacus subhimachala*
288	雀形目	燕雀科	灰头灰雀	*Pyrrhula erythaca*
289	雀形目	燕雀科	酒红朱雀	*Carpodacus vinaceus*
290	雀形目	燕雀科	普通朱雀	*Carpodacus erythrinus*
291	雀形目	叶鹎科	橙腹叶鹎	*Chloropsis hardwickii*
292	雀形目	叶鹎科	蓝翅叶鹎	*Chloropsis cochinchinensis*
293	雀形目	莺鹛科	白眉雀鹛	*Fulvetta vinipectus*
294	雀形目	莺鹛科	褐头雀鹛	*Fulvetta cinereiceps*
295	雀形目	莺鹛科	黑喉鸦雀	*Suthora nipalensis*
296	雀形目	莺鹛科	金胸雀鹛	*Lioparus chrysotis*
297	雀形目	莺鹛科	金眼鹛雀	*Chrysomma sinense*
298	雀形目	莺鹛科	棕头雀鹛	*Fulvetta ruficapilla*
299	雀形目	莺鹛科	棕头鸦雀	*Sinosuthora webbiana*
300	雀形目	莺雀科	白腹凤鹛	*Erpornis zantholeuca*
301	雀形目	莺雀科	淡绿鵙鹛	*Pteruthius xanthochlorus*
302	雀形目	莺雀科	红翅鵙鹛	*Pteruthius aeralatus*
303	雀形目	莺雀科	栗额鵙鹛	*Pteruthius intermedius*
304	雀形目	莺雀科	栗喉鵙鹛	*Pteruthius melanotis*
305	雀形目	莺雀科	棕腹鵙鹛	*Pteruthius rufiventer*
306	雀形目	幽鹛科	褐胁雀鹛	*Schoeniparus dubia*
307	雀形目	幽鹛科	灰眶雀鹛	*Alcippe morrisonia*
308	雀形目	幽鹛科	栗头雀鹛	*Schoeniparus castaneceps*
309	雀形目	玉鹟科	方尾鹟	*Culicicapa ceylonensis*
310	雀形目	噪鹛科	白颊噪鹛	*Garrulax sannio*
311	雀形目	噪鹛科	斑喉希鹛	*Minla strigula*
312	雀形目	噪鹛科	纯色噪鹛	*Trochalopteron subunicolor*
313	雀形目	噪鹛科	黑顶噪鹛	*Trochalopteron affine*
314	雀形目	噪鹛科	黑喉噪鹛	*Garrulax chinensis*
315	雀形目	噪鹛科	黑领噪鹛	*Garrulax pectoralis*
316	雀形目	噪鹛科	黑头奇鹛	*Heterophasia desgodinsi*
317	雀形目	噪鹛科	红头噪鹛	*Trochalopteron erythrocephalum*
318	雀形目	噪鹛科	红尾希鹛	*Minla ignotincta*
319	雀形目	噪鹛科	红尾噪鹛	*Trochalopteron milnei*
320	雀形目	噪鹛科	红嘴相思鸟	*Leiothrix lutea*

（续）

编号	目	科	物种	拉丁名
321	雀形目	噪鹛科	画眉	*Garrulax canorus*
322	雀形目	噪鹛科	灰头斑翅鹛	*Sibia souliei*
323	雀形目	噪鹛科	灰兴薮鹛	*Liocichla phoenicea*
324	雀形目	噪鹛科	蓝翅希鹛	*Siva cyanouroptera*
325	雀形目	噪鹛科	矛纹草鹛	*Babax lanceolatus*
326	雀形目	噪鹛科	栗额斑翅鹛	*Actinodura egertoni*
327	雀形目	噪鹛科	银耳相思鸟	*Leiothrix argentauris*
328	雀形目	啄花鸟科	红胸啄花鸟	*Dicaeum ignipectus*
329	雀形目	啄花鸟科	黄腹啄花鸟	*Dicaeum melanozanthum*

表 3 - 2　哺乳类

编号	目	科	物种	拉丁名
1	树鼩目	树鼩科	树鼩	*Tupaia belangeri*
2	灵长目	猴科	短尾猴	*Macaca arctoides*
3	灵长目	长臂猿科	黑长臂猿	*Nomascus concolor*
4	啮齿目	松鼠科	红白鼯鼠	*Petaurista alborufus*
5	啮齿目	松鼠科	赤腹松鼠	*Callosciurus erythrae*
6	啮齿目	松鼠科	珀氏长吻松鼠	*Dremomys pernyi*
7	啮齿目	松鼠科	红颊长吻松鼠	*Dremomys rufigenis*
8	啮齿目	松鼠科	隐纹花松鼠	*Tamiops swinhoei*
9	啮齿目	松鼠科	侧纹岩松鼠	*Sciurotamias forresti*
10	啮齿目	猪尾鼠科	猪尾鼠	*Typhlomys cinereus*
11	啮齿目	竹鼠科	中华竹鼠	*Rhizomys sinensis*
12	啮齿目	仓鼠科	大绒鼠	*Eothenomys miletus*
13	啮齿目	仓鼠科	昭通绒鼠	*Eothenomys olitor*
14	啮齿目	鼠科	中华姬鼠	*Apodemus draco*
15	啮齿目	鼠科	大耳姬鼠	*Apodemus latronum*
16	啮齿目	鼠科	澜沧江姬鼠	*Apodemus ilex*
17	啮齿目	鼠科	大足鼠	*Rattus nitidus*
18	啮齿目	鼠科	巢鼠	*Micromys minutus*
19	啮齿目	鼠科	北社鼠	*Niviventer confucianus*
20	啮齿目	鼠科	针毛鼠	*Niviventer fulvescens*
21	啮齿目	鼠科	川西白腹鼠	*Niviventer excelsior*
22	啮齿目	鼠科	白腹巨鼠	*Niviventer coxingi*
23	啮齿目	鼠科	黑尾鼠	*Niviventer cremoriventer*
24	啮齿目	豪猪科	豪猪	*Hystrix brachyura*
25	兔形目	兔科	云南兔	*Lepus comus*
26	猬形目	猬科	中国鼩猬	*Neotetracus sinensis*

（续）

编号	目	科	物种	拉丁名
27	鼩鼱目	鼩鼱科	云南鼩鼱	*Sorex excelsus*
28	鼩鼱目	鼩鼱科	纹背鼩鼱	*Sorex cylindricauda*
29	鼩鼱目	鼩鼱科	长尾鼩	*Soriculus caudatus*
30	鼩鼱目	鼩鼱科	小纹背鼩鼱	*Sorex bedfordiae*
31	鼩鼱目	鼩鼱科	甘肃川鼩	*Blarinella griselda*
32	鼩鼱目	鼩鼱科	长尾鼩	*Soriculus caudatus*
33	鼩鼱目	鼩鼱科	缅甸长尾鼩	*Soriculus macrurus*
34	鼩鼱目	鼩鼱科	四川短尾鼩	*Anourosorex squamipes*
35	鼩鼱目	鼹科	白尾鼹	*Parascaptor leucura*
36	鼩鼱目	鼹科	针尾鼹	*Scaptonyx fusicaudus*
37	食肉目	猫科	豹猫	*Prionailurus bengalensis*
38	食肉目	灵猫科	花面狸	*Paguma larvata*
39	食肉目	灵猫科	斑灵猫	*Prionodon pardicolor*
40	食肉目	獴科	食蟹獴	*Herpestes urva*
41	食肉目	熊科	黑熊	*Ursus thibetanus*
42	食肉目	鼬科	鼬獾	*Melogale moschata*
43	食肉目	鼬科	青鼬	*Martes flavigula*
44	食肉目	鼬科	黄腹鼬	*Mustela kathiah*
45	偶蹄目	猪科	野猪	*Sus scrofa*
46	偶蹄目	麝科	林麝	*Moschus berezovskii*
47	偶蹄目	鹿科	水鹿	*Rusa unicolor*
48	偶蹄目	鹿科	毛冠鹿	*Elaphodus cephalophus*
49	偶蹄目	鹿科	赤麂	*Muntiacus muntjak*
50	偶蹄目	牛科	鬣羚	*Capricornis sumatraensis*

表 3-3　植物名录

植物名录	拉丁学名
矮芒毛苣苔	*Aeschynanthus humilis* Hemsl.
矮小柳叶箬	*Isachne pulchella* Roth
暗鳞鳞毛蕨	*Dryopteris atrata* （Wall. ex Kunze） Ching
八月瓜	*Holboellia latifolia* Wall.
巴东胡颓子	*Elaeagnus difficilis* Servettaz
白背叶葱木	*Aralia chinensis* var. *nuda* Nakai
白花树萝卜	*Agapetes mannii* Hemsl.
白瑞香	*Daphne papyracea* Wall. ex G. Don in Loudon
小叶乌药	*Lindera aggregata* var. *playfairii* （Hemsl. ） H. P. Tsui
宝铎草	*Disporum sessile* D. Don
贝母兰	*Coelogyne cristata* Lindl.

（续）

植物名录	拉丁学名
鞭打绣球	*Hemiphragma heterophyllum* Wall.
柄花茜草	*Rubia podantha* Diels
薄叶马银花	*Rhododendron leptothrium* Balf. f. et Forrest
薄叶山矾	*Symplocos anomala* Brand
糙皮桦	*Betula utilis* D. Don
糙叶秋海棠	*Begonia asperifolia* Irmsch.
叉蕊薯蓣	*Dioscorea collettii* Hook. f.
茶	*Camellia sinensis*（L.）O. Kuntze
长柄蕗蕨	*Hymenophyllum polyanthos*（Sw.）Sw.
长柄蕗蕨	*Hymenophyllum polyanthos*（Sw.）Sw.
长管黄芩	*Scutellaria macrosiphon* C. Y. Wu
长尖叶蔷薇	*Rosa longicuspis* Bertol.
长穗兔儿风	*Ainsliaea henryi* Diels
长托菝葜	*Smilax ferox* Wall. ex Kunth
长柱十大功劳	*Mahonia duclouxiana* Gagnep.
长柱头薹草	*Carex teinogyna* Boott
常山	*Dichroa febrifuga* Lour.
匙萼金丝桃	*Hypericum uralum* Buch. – Ham. et D. Don
翅柄紫茎	*Stewartia pteropetiolata* W. C. Cheng
川素馨	*Jasminum urophyllum* Hemsl.
刺通草	*Trevesia palmata*（Roxb. ex Lindl.）vis
丛花山矾	*Symplocos poilanei* Guill.
粗糙菝葜	*Smilax lebrunii* H. Lév.
粗梗稠李	*Prunus napaulensis*（Ser.）Steud.
寸金草	*Clinopodium megalanthum*（Diels）C. Y. Wu et S. J. Hsuan ex H. W. Li
大车前	*Plantago major* L.
大果假瘤蕨	*Selliyuea griffithiana*（Hook.）Fraser-Jenk.
大果绣球	*Hydrangea macrocarpa* Hand. -Mazz.
大花斑叶兰	*Goodyera biflora*（Lindl.）Hook. f.
大理铠兰	*Corybas taliensis* et F. T. Wang Tang
大叶唇柱苣苔	*Chirita macrophylla* Wall.
大叶牛奶菜	*Marsdenia kio* Tsiang
大樟叶越橘	*Vaccinium dunalianum* var. *megaphyllum* Sleum.
带叶瓦韦	*Lepisorus loriformis*（Wall. ex Mett.）Ching
袋果草	*Peracarpa carnosa*（Wall.）Hook. f. et Thomson
单花红丝线	*Lycianthes lysimachioides*（Wall.）Bitter
单行节肢蕨	*Arthromeris wallichiana*（Spreng.）Ching
淡竹叶	*Lophatherum gracile* Brongn.

（续）

植物名录	拉丁学名
滇龙胆草	*Gentiana rigescens* Franch.
滇南山杨	*Populus rotundifolia* var. *bonatii*（H. Lév.）C. Wang et S. L. Tung
滇南雪胆	*Hemsleya cissiformis* C. Y. Wu ex C. Y. Wu et C. L. Chen
滇润楠	*Machilus yunnanensis* Lecomte
点花黄精	*Polygonatum punctatum* Royle ex Kunth
豆瓣绿	*Peperomia tetraphylla*（G. Forst.）Hook. et Arn.
短叶黍	*Panicum brevifolium* L.
短柱肖菝葜	*Heterosmilax septemnervia* F. T. Wang et T. Tang
钝叶楼梯草	*Elatostema obtusum* Wedd.
多果新木姜子	*Neolitsea polycarpa* H. Liu
多果新木姜子	*Neolitsea polycarpa* H. Liu
多花含笑	*Michelia floribunda* Finet et Gagnep.
多花黄精	*Polygonatum cyrtonema* Hua
多花山矾	*Symplocos ramosissima* Wall. ex G. Don
多脉冬青	*Ilex polyneura*（Hand.-Mazz.）S. Y. Hu
鹅肠菜	*Myosoton aquaticum*（L.）Moench
反瓣虾脊兰	*Calanthe reflexa* Maxim.
防己叶菝葜	*Smilax menispermoidea* A. DC.
粉叶猕猴桃	*Actinidia glauco－callosa* C. Y. Wu.
佛肚苣苔	*Oreocharis longifolia*（Craib）Mich. Möller et A. Weber
辐射凤仙花	*Impatiens radiata* Hook. f.
附生杜鹃	*Rhododendron dendricola* Hutch.
高盆樱桃	*Prunus cerasoides* Buch. Ham. ex D. Don
高山蓧蕨	*Oleandra wallichii*（Hook.）C. Presl
高山露珠草	*Circaea alpina* L.
革叶耳蕨	*Polystichum neolobatum* Nakai
耿马假瘤蕨	*Selliguea connexa*（Ching）S. G. Lu
骨碎补	*Davallia trichomanoides* Blume
冠盖绣球	*Hydrangea anomala* D. Don
贵州花椒	*Zanthoxylum esquirolii* H. Lév.
合苞铁线莲	*Clematis napaulensis* DC.
荷包山桂花	*Polygala arillata* Buch.－Ham. ex D. Don
褐柄剑蕨	*Loxogramme duclouxii* Chirst
褐叶青冈	*Quercus stewardiana* A. Camus
黑老虎	*Kadsura coccinea*（Lem.）A. C. Sm.
黑鳞耳蕨	*Polystichum makinoi*（Tagawa）Tagawa
红苞树萝卜	*Agapetes rubrobracteata* R. C. Fang et S. H. Huang
红果树	*Stranvaesia davidiana* Decne.

（续）

植物名录	拉丁学名
红河冬青	*Ilex manneiensis* S. Y. Hu
红花木莲	*Manglietia insignis*（Wall.）Blume
红毛悬钩子	*Rubus wallichianus* Wight et Arn.
红纹凤仙花	*Impatiens rubrostriata* Hook. f.
厚皮香	*Ternstroemia gymnanthera*（Wight et Arn.）Bedd.
虎头兰	*Cymbidium hookerianum* Rchb. f.
华北石韦	*Pyrrosia davidii*（Giesenh. ex Diels）Ching
华山松	*Pinus armandii* Franch.
华西箭竹	*Fargesia nitida*（Mitford ex Stapf）P. C. Keng ex T. P. Yi
华肖菝葜	*Smilax chinensis*（F. T. Wang）P. Li et C. X. Fu
华中蹄盖蕨	*Athyrium wardii*（Hook.）Makino
黄丹木姜子	*Litsea elongata*（Wall. ex Ness）Benth. et Hook. f.
黄花香茶菜	*Isodon sculponeatus*（Vaniot）Kudô
黄心树	*Machilus gamblei* King ex Hook. f.
黄杨叶芒毛苣苔	*Aeschynanthus buxifolius* Hemsl.
汇生瓦韦	*Lepisorus confluens* W. M. Chu
吉祥草	*Reineckea carnea*（Andrews）Kunth
假桂钓樟	*Lindera tonkinensis* Lec.
假排草	*Lysimachia ardisioides* Masam.
尖齿拟水龙骨	*Polypodiastrum argutum*（Wall. ex Hook.）Ching
尖叶桂樱	*Prunus undulata* Buch. – Ham. ex D. Don
坚木山矾	*Symplocos dryophila* C. B. Clarke
剑叶铁角蕨	*Asplenium ensiforme* Wall. ex Hook. et Grev.
江南卷柏	*Selaginella moellendorffii* Hieron.
浆果薹草	*Carex baccans* Nees in Wight
交让木	*Daphniphyllum macropodum* Miq.
绞股蓝	*Gynostemma pentaphyllum*（Thunb.）Makino
节肢蕨	*Arthromeris lehmannii*（Mett.）Ching
睫毛萼杜鹃	*Rhododendron ciliicalyx* Franch.
截果柯	*Lithocarpus truncatus*（King ex Hook. f.）Rehd er et E. H. Wilson in Sarg.
金凤花	*Impatiens cyathiflora* Hook. f.
景东冬青	*Ilex gintungensis* H. W. Li ex Y. R. Li
景东柃	*Eurya jintungensis* Hu et L. K. Ling
菊状千里光	*Senecio analogus* DC.
巨序剪股颖	*Agrostis gigantea* Roth
距药姜	*Cautleya gracilis*（Sm.）Dandy
列叶盆距兰	*Gastrochilus distichus*（Lindl.）Kuntze
临时救	*Lysimachia congestiflora* Hemsl.
鳞轴小膜盖蕨	*Araiostegia perdurans*（Christ）Copel.

（续）

植物名录	拉丁学名
柳叶寄生	*Taxillus delavayi*（Tiegh.）Danser
柳叶润楠	*Machilus salicina* Hance
露珠杜鹃	*Rhododendron irroratum* Franch.
马缨杜鹃	*Rhododendron delavayi* Franch.
毛齿藏南槭	*Acer campbellii* var. *serratifolium* Banerji
毛茛铁线莲	*Clematis ranunculoides* Franch.
毛狭叶崖爬藤	*Tetrastigma serrulatum*. var. *puberulum* W. T. Wang
毛杨梅	*Morella esculenta*（Buch. – Ham. ex D. Don）I. M. Turner
毛叶钝果寄生	*Taxillus nigrans*（Hance）Danser
蒙自连蕊茶	*Camellia forrestii*（Diels）Cohen – Stuart
蒙自拟水龙骨	*Polypodiastrum mengtzeense*（Christ）Ching
米团花	*Leucosceptrum canum* Sm.
密花合耳菊	*Synotis cappa*（Buch. – Ham. ex D. Don）C. Jeffrey et Y. L. Chen
密羽瘤足蕨	*Plagiogyria pycnophylla*（Kunze）Mett.
蜜蜂花	*Melissa axillaris*（Benth.）Bakh. f.
木果柯	*Lithocarpus xylocarpus*（Kurz）Markgr.
木樨	*Osmanthus fragrans*（Thunb.）Lour.
南蛇藤	*Celastrus orbiculatus* Thunb.
南五味子	*Kadsura longipedunculata* Finet et Gagnep.
南亚枇杷	*Eriobotrya bengalensis*（Roxb.）Hook. f.
南洋木荷	*Schima noronhae* Reinw. ex Blume
尼泊尔蓼	*Polygonum nepalense* Meisn.
尼泊尔桤木	*Alnus nepalensis* D. Don
尼泊尔天名精	*Carpesium nepalense* Less.
牛膝菊	*Galinsoga parviflora* Cav.
欧洲凤尾蕨	*Pteris cretica* L.
盘托楼梯草	*Elatostema dissectum* Wedd.
霹雳薹草	*Carex perakensis* C. B. Clarke
平卧蓼	*Persicaria strindbergii*（J. Schust.）Galasso
匍匐风轮菜	*Clinopodium repens*（D. Don）Benth.
匍匐酸藤子	*Embelia procumbens* Hemsl.
茜草	*Rubia cordifolia* L.
乔木茵芋	*Skimmia arborescens* T. Anderson ex Gamble
箐姑草	*Stellaria vestita* Kurz.
球序蓼	*Persicaria greuteriana* Galasso
曲柄铁线莲	*Clematis repens* Finet et Gagnep.
曲序马蓝	*Strobilanthes helicta* T. Anderson
柔毛水龙骨	*Polypodiodes amoena* var. *pilosa*（C. B. Clarke et Baker）S. R. Ghosh
肉刺蕨	*Dryopteris squamisetum*（Hook.）Kuntze

（续）

植物名录	拉丁学名
瑞丽鹅掌柴	*Schefflera shweliensis* W. W. Sm.
三股筋香	*Lindera thomsonii* C. K. Allen
三叶地锦	*Parthenocissus semicordata* （Wall.） Planch.
散斑竹根七	*Disporopsis aspersa* （Hua） Engl. ex K. Krause in Engler et Prantl
山酢浆草	*Oxalis griffithii* Edgew. et Hook. f.
山矾	*Symplocos sumuntia* Buch. - Ham. ex D. Don
山鸡椒	*Litsea cubeba* （Lour） Pers.
山青木	*Meliosma kirkii* Hemsl. et E. H. Wilson
珊瑚冬青	*Ilex corallina* Franch.
商陆	*Phytolacca acinosa* Roxb.
十字马唐	*Digitaria cruciata* （Nees） A. Camus
石蝉草	*Peperomia blanda* （Jacq.） Kunth
书带蕨	*Haplopteris flexuosa* （Fée） E. H. Crane
疏花穿心莲	*Andrographis laxiflora* （Blume） Lindau in Engler et Prantl
鼠李叶花楸	*Sorbus rhamnoides* （Decne.） Rehder in Sarg.
鼠麹草	*Pseudognphalium affine* （D. Don） Anderb.
水红木	*Viburnum cylindricum* Buch. - Ham. ex D. Don
水青树	*Tetracentron sinense* Oliv.
顺宁厚叶柯	*Lithocarpus pachyphyllus* var. *fruticosus* （Wall. ex King） A. Camus
四川冬青	*Ilex szechwanensis* Loes.
四回毛枝蕨	*Arachniodes quadripimiata* （Hayata） Seriz.
宿鳞稠李	*Prunus perulata* Koehne in Sarg.
碎米荠	*Cardamine hirsuta* L.
胎生铁角蕨	*Asplenium indicum* Sledge
腾冲栲	*Castanopsis wattii* （King ex Hook. f.） A. Camus
铜锤玉带草	*Lobelia angulata* G. Forst.
瓦山安息香	*Styrax perkinsiae* Rehder
弯蕊开口箭	*Campylandra wattii* C. B. Clarke
碗蕨	*Dennstaedtia scabra* （Wall. ex Hook.） T. Moore
尾叶白珠	*Gaultheria griffithiana* Wight
文山鹅掌柴	*Schefflera fengii* C. J. Tseng et G. Hoo
无量山小檗	*Berberis wuliangshanensis* C. Y. Wu
吴茱萸	*Tetradium ruticarpum* （A. Juss.） T. G. Hartley
吴茱萸五加	*Gamblea ciliata* var. *evodiifolia* （Franch.） C. B. Shang et al.
西伯利亚剪股颖	*Agrostis stolonifera* L.
西藏马兜铃	*Aristolochia griffithii* Hook. f. et Thomson ex Duch.
西藏鼠李	*Rhamnus xizangensis* Y. L. Chen et P. K. Chou
锡金堇菜	*Viola sikkimensis* W. Becker
锡金锯蕨	*Micropolypodium sikkimense* （Hieron.） X. C. Zhang

（续）

植物名录	拉丁学名
喜马拉雅珊瑚	*Aucuba himalaica* Hook. f. et Thomson
细齿桃叶珊瑚	*Aucuba chlorascens* F. T. Wang
细茎石斛	*Dendrobium moniliforme*（L.）Sw.
细木通	*Clematis subumbellata* Kurz.
细莴苣	*Melanoseris graciliflora*（DC.）N. Kilian
纤齿罗伞	*Brassaiopsis ciliata* Dunn
香花鸡血藤	*Callerya dielsiana*（Harms）P. K. Lôc
小斑叶兰	*Goodyera repens*（L.）R. Br.
小唇盆距兰	*Gastrochilus pseudodistichus*（King et Pantl.）Schltr.
小果冬青	*Ilex micrococca* Maxim.
小花剪股颖	*Agrostis micrantha* Steud.
小鱼眼草	*Dichrocephala benthamii* C. B. Clarke
肖菝葜	*Smilax japonica*（Kunth）P. Li et C. X. Fu
斜基叶枔	*Eurya obliquifolia* Hemsl.
血满草	*Sambucus adnata* Wall. ex DC.
芽胞蹄盖蕨	*Athyrium clarkei* Bedd.
岩生香薷	*Elsholtzia saxatilis*（Kom.）Nakai ex Kitag.
沿阶草	*Ophiopogon bodinieri* H. Lév.
羊齿天门冬	*Asparagus filicinus* D. Don
漾濞荚蒾	*Viburnum chingii* P. S. Hsu
野茼蒿	*Crassocephalum crepidioides*（Benth.）S. Moore
一把伞南星	*Arisaema erubescens*（Wall.）Schott
异叶楼梯草	*Elatostema monandrum*（D. Don）H. Hara
硬齿猕猴桃	*Actinidia callosa* Lindl.
硬壳柯	*Lithocarpus hancei*（Benth.）Rehder
硬叶柯	*Lithocarpus crassifolius* A. Camus
疣果冷水花	*Pilea gracillis* Hand. - Mazz.
游藤卫矛	*Euonymus vagans* Wall.
友水龙骨	*Polypodiodes amoena*（Wall. ex Mett.）Ching
鱼鳞鳞毛蕨	*Dryopteris paleolata*（Pic. Serm.）Li Bing Zhang
雨蕨	*Gymnogrammitis dareiformis*（Hook.）Ching ex Tard. - Blot et C. Chr.
玉山竹	*Yushania niitakayamensis*（Hayata）P. C. Keng
圆舌黏冠草	*Myriactis nepalensis* Less.
圆锥悬钩子	*Rubus paniculatus* Sm.
云南独蒜兰	*Pleione yunnanensis*（Rolfe）Rolfe
云南蔓龙胆	*Crawfurdia campanulacea* Wall. et Griff. ex C. B. Clarke in Hook. f.
云南桤叶树	*Clethra delavayi* Franch.
云南清风藤	*Sabia yunnanensis* Franch.
云南肖菝葜	*Smilax binchuanensis* P. Li et C. X. Fu

（续）

植物名录	拉丁学名
云南越橘	*Vaccinium duclouxii* （H. Lév.） Hand. - Mazz.
针齿铁仔	*Myrsine semiserrata* Wall.
珍珠花	*Lyonia ovalifolia* （Wall.） Drude
指叶拟毛兰	*Mycaranthes pannea* （Lindl.） S. C. Chen et J. J. Wood
中华剑蕨	*Loxogramme chinensis* Ching
中缅八角	*Illicium burmanicum* Wils.
骤尖楼梯草	*Elatostema cuspidatum* Wight
朱砂根	*Ardisia crenata* Sims
猪殃殃	*Galium spurium* L.
竹叶子	*Streptolirion volubile* Edgew.
紫背天葵	*Begonia fimbristipula* Hance
紫茎泽兰	*Ageratina adenophora* （Spreng.） R. M. King et H. Rob.
紫雀花	*Parochetus communis* Buch. - Ham. ex D. Don
紫药女贞	*Ligustrum delavayanum* Har.
总序五叶参	*Pentapanax racemosus* Seem.
棕鳞瓦韦	*Lepisorus scolopendrium* （Buch. - Ham. ex Cheng） Mehra et Bir

3.1.2 乔木层、灌木层物种组成及生物量

3.1.2.1 概述

本数据集包含哀牢山站 2008—2015 年 6 个长期监测样地的年尺度观测数据，乔木层观测内容包括植物种类、株数、平均胸径（cm）、平均高度（m）、树干干重（kg/样地）、树枝干重（kg/样地）、树叶干重（kg/样地）、地上部总干重（kg/样地）、地下部总干重（kg/样地）；灌木层观察内容包括植物种类、株（丛）数、平均基径（cm）、平均高度（m）、树干干重（kg/样地）、树叶干重（kg/样地）、地上部总干重（kg/样地）、地下部总干重（kg/样地）；草本层观察内容包括植物种类、株（丛）数、平均高度（cm）、盖度（%）、生活型。

数据采集地点：ALFZH01AC0 _ 01（综合观测场中山湿性常绿阔叶林长期监测样地）、ALFZH01ABC _ 02（综合观测场中山湿性常绿阔叶林长期监测采样样地）、ALFFZ01ABC _ 01（山顶苔藓矮林辅助观测场长期监测采样样地）、ALFFZ02ABC _ 01（滇南山杨次生林辅助观测场长期监测采样样地）、ALFFZ03A00 _ 01（尼泊尔桤木次生林辅助观测场长期监测采样样地）、ALFZQ01（茶叶人工林站区观测场）。

3.1.2.2 数据采集和处理方法

乔木层每木调查在Ⅱ级样方（10 m×10 m）内进行，每木调查的起测径级（胸径）为≥2 cm，按树编号分株调查记录乔木种名（中文名和拉丁名）、测量胸径（1.3 m 处）、高度（目测法估计）、冠幅（南北向长、东西向宽）、枝下高。分植物种观测盖度、生活型、调查时所处的物候期，按样方观测群落盖度。基于每木调查的数据，按Ⅱ级样方分种统计密度、平均胸径、平均高度。最后按Ⅱ级样方统计种数、优势种、优势种平均高度、密度等群落特征。

灌木层调查在设置好的 5 m×5 m 的小样方内进行，起测径级（胸径）小于 2 cm 的幼树或幼苗随灌木一起调查，分植物种调查记录种名（中文名和拉丁名）、株数、平均基径、平均高度、盖度、生活型、调查时所处的物候期，按样方观测群落总盖度。基于分种调查的数据，按样方分种统计种

数、优势种、优势种平均高度、优势种平均基径、密度等群落特征。

草本层调查在设置好的 2 m×2 m 小样方内进行，分种调查，记录种名（中文名和拉丁名）、株数、高度、盖度、生活型、调查时所处的物候期，按样方观测群落总盖度。基于分种调查的数据，按样方分种统计种数、优势种、优势种平均高度、密度等群落特征。

乔木层和灌木层各部分生物量由相应的生物量模型计算而来。草本层生物量调查采用收割法，在破坏性采样地进行。

3.1.2.3　数据质量控制和评估

①调查过程的质量控制：观测人员熟练掌握野外观测规范及相关科学技术知识，观察和采样过程中，严格执行各观测项目的操作规程。

②数据录入过程的质量控制：及时分析数据，检查、筛选异常值，对明显异常的数据补充测定。严格避免原始数据录入报表过程产生的误差。观测内容要立刻记录，不可事后补记。

③数据质量评估：将所获取的数据与各项辅助信息数据以及历史数据信息比较，评价数据的正确、一致性、完整性、可比性和连续性，经过数据管理员和数据质控人员的审核认定，批准上报。

④植物种的鉴定：在野外调查时，必须准确鉴定并详细记录群落中所有的植物种名，对当场不能鉴定的植物种类，采集带花果的标本或者做好标记以备在花果期鉴定，本站常用的物种鉴定工具书有：《中国植物志》《中国高等植物图鉴》《云南植物志》《云南树木图志》等。

3.1.2.4　数据价值/数据使用方法和建议

每木调查是获取森林生态系统基础数据的重要途径，基于每木调查数据可得到各层的物种组成和群落特征，结合生物量模型可估算每木、种群、群落不同层次的生物量。乔木层、灌木层和草本层物种调查可以了解各层植物的物种多样性、生物量的长期变化及其与环境的关系。

本数据集包含了乔木层、灌木层和草本层物种组成及生物量情况，展现了较长时间尺度下，哀牢山亚热带常绿阔叶林物种种类、生物多样性和生物量等的变化情况，为致力于此研究的科研工作者提供相应的数据基础。

3.1.2.5　数据

乔木层、灌木层物种组成及生物量具体数据见表 3-4～表 3-7。

表 3-4　综合观测场中山湿性常绿阔叶林长期观测样地乔木层植物种类及其生物量

年份	物种种名	株数/ （株/样地）	平均胸径/ cm	平均高度/ m	树干干重/ （kg/样地）	树枝干重/ （kg/样地）	树叶干重/ （kg/样地）	地上部总干重/ （kg/样地）	地下部总干重/ （kg/样地）
2010	薄叶山矾	81	7.3	8.3	1 076.07	259.85	47.63	1 445.39	422.23
2010	变色锥	76	32.3	12.7	77 674.57	15 180.30	600.78	93 865.25	21 516.01
2010	翅柄紫茎	59	12.7	12.4	3 249.09	738.82	86.14	4 235.43	1 154.42
2010	丛花山矾	57	4.9	4.8	237.32	60.66	16.74	328.01	102.26
2010	粗梗稠李	3	28.7	14.0	1 298.01	272.97	17.01	1 627.58	405.17
2010	滇润楠	40	20.7	11.8	11 458.83	2 386.03	147.24	14 294.30	3 521.95
2010	多果新木姜子	17	14.9	12.0	3 039.30	631.98	40.61	3 788.02	932.68
2010	多花含笑	4	25.0	17.7	1 153.08	244.56	17.00	1 451.75	365.26
2010	多花山矾	78	4.4	5.2	236.91	61.63	19.16	330.32	105.09
2010	多脉冬青	2	4.6	4.5	6.24	1.63	0.52	8.73	2.80
2010	褐叶青冈	4	9.5	7.3	71.76	17.49	3.26	96.84	28.55
2010	红河冬青	4	31.9	26.0	1 388.87	299.03	22.24	1 762.01	450.68
2010	红花木莲	43	21.4	16.9	8 348.01	1 805.70	143.86	10 614.23	2 731.11

（续）

年份	物种种名	株数/ （株/样地）	平均胸径/ cm	平均高度/ m	树干干重/ （kg/样地）	树枝干重/ （kg/样地）	树叶干重/ （kg/样地）	地上部总干重/ （kg/样地）	地下部总干重/ （kg/样地）
2010	厚皮香	1	4.9	5.2	3.55	0.92	0.28	4.95	1.57
2010	黄丹木姜子	4	3.6	4.2	7.14	1.90	0.70	10.09	3.29
2010	黄心树	61	27.9	18.1	30 399.03	6 233.07	341.64	37 630.02	9 109.61
2010	尖叶桂樱	20	10.8	8.5	853.62	195.09	23.71	1 115.58	305.86
2010	景东冬青	101	8.5	7.9	3 082.69	697.29	85.31	4 006.74	1 087.36
2010	景东柃	2	16.1	10.6	126.96	29.37	3.72	166.96	46.38
2010	南亚枇杷	28	10.4	8.9	1 182.26	268.56	31.80	1 540.27	419.49
2010	柳叶润楠	3	6.7	6.3	28.51	7.03	1.50	38.71	11.59
2010	毛齿藏南械	3	23.6	19.7	556.54	122.11	10.66	712.73	186.38
2010	蒙自连蕊茶	197	5.7	4.9	1 166.15	294.84	74.21	1 602.86	493.40
2010	木果柯	24	68.0	23.1	87 268.32	16 662.13	521.94	104 261.3	23 239.69
2010	南洋木荷	78	37.4	22.1	55 402.79	11 357.99	613.09	68 578.32	16 595.11
2010	三股筋香	1	6.3	7.5	6.46	1.64	0.42	8.91	2.76
2010	山矾	68	7.5	6.8	1 262.87	293.87	44.23	1 664.79	466.79
2010	山青木	10	44.5	23.1	7 826.25	1 628.27	93.99	9 760.51	2 400.26
2010	珊瑚冬青	3	9.8	7.0	84.60	19.93	2.93	112.27	31.85
2010	水青树	2	48.8	26.2	1 886.38	390.59	21.58	2 347.07	573.91
2010	文山鹅掌柴	1	4.4	7.2	2.73	0.72	0.24	3.83	1.23
2010	西藏鼠李	1	3.5	4.8	1.57	0.42	0.17	2.22	0.74
2010	斜基叶柃	56	6.2	5.0	461.06	113.80	24.80	626.04	187.57
2010	宿鳞稠李	2	55.4	27.8	3 183.82	637.32	28.06	3 894.73	916.45
2010	多果新木姜子	15	34.3	23.3	8 310.83	1 734.21	103.52	10 379.81	2 561.7
2010	硬壳柯	6	28.7	14.2	4 320.41	867.44	39.78	5 292.84	1 250.04
2010	云南越橘	6	5.0	5.3	22.59	5.87	1.77	31.48	9.99
2010	长柱十大功劳	30	2.5	3.2	21.02	5.83	2.90	30.29	10.37
2010	中缅八角	48	16.7	13.8	4 068.1	920.33	100.86	5 289.89	1 432.81
2010	紫药女贞	2	25.3	15.3	413.47	90.67	7.80	529.37	138.31
2015	白瑞香	2	2.3	3.0	1.09	0.30	0.17	1.59	0.55
2015	薄叶山矾	91	8.6	7.9	3 855.25	820.73	73.15	4 859.24	1 232.84
2015	变色锥	82	31.4	11.5	83 055.03	16 049.88	581.31	99 807.67	22 579.53
2015	翅柄紫茎	61	12.8	11.8	3 615.41	812.17	87.78	4 684.13	1 259.33
2015	丛花山矾	60	5.1	5.0	308.66	77.03	18.44	421.43	127.92
2015	粗梗稠李	3	29.4	14.7	1 534.49	312.01	15.39	1 891.92	453.15
2015	滇润楠	37	22.5	12.0	12 757.41	2 608.12	144.40	15 767.7	3 805.87
2015	多果新木姜子	19	13.7	10.2	3 216.68	665.17	40.27	3 998.46	977.83
2015	多花含笑	4	25.5	19.1	1 193.23	252.84	17.47	1 501.56	377.38
2015	多花山矾	90	4.3	5.0	282.94	72.43	20.80	391.39	122.34
2015	多脉冬青	2	4.9	5.0	7.52	1.93	0.55	10.41	3.26

（续）

年份	物种种名	株数/ （株/样地）	平均胸径/ cm	平均高度/ m	树干干重/ （kg/样地）	树枝干重/ （kg/样地）	树叶干重/ （kg/样地）	地上部总干重/ （kg/样地）	地下部总干重/ （kg/样地）
2015	褐叶青冈	4	10.2	7.4	86.08	20.71	3.55	115.41	33.53
2015	红河冬青	7	22.6	16.6	1 546.02	331.81	24.21	1 958.27	499.06
2015	红花木莲	42	21.5	15.9	8 356.95	1 800.17	139.87	10 603.46	2 715.64
2015	厚皮香	1	5.5	7.2	4.69	1.21	0.34	6.51	2.05
2015	黄丹木姜子	4	3.7	5.3	7.73	2.05	0.74	10.88	3.53
2015	黄心树	56	29.3	18.8	30 769.33	6 283.78	331.90	38 013.43	9 158.74
2015	尖叶桂樱	18	10.9	8.1	762.58	174.23	21.28	996.40	273.13
2015	景东冬青	102	8.9	7.8	3 409.37	762.36	87.19	4 405.56	1 180.17
2015	景东枔	2	16.8	12.5	147.67	33.63	3.87	192.65	52.57
2015	南亚枇杷	27	10.9	9.2	1 440.41	312.55	29.06	1 833.56	474.58
2015	柳叶润楠	4	6.0	6.0	32.95	8.12	1.73	44.73	13.38
2015	毛齿藏南槭	3	24.3	20.8	579.28	127.12	11.07	741.92	194.04
2015	蒙自连蕊茶	216	5.6	5.0	1 330.56	330.69	75.85	1 813.11	547.52
2015	木果柯	22	73.9	22.3	88 894.56	16 946.55	522.13	106 124.5	23 611.19
2015	南洋木荷	76	38.3	21.0	58 531.26	11 885.66	602.35	72 106.04	17 260.51
2015	山矾	69	7.7	6.2	1 350.64	312.90	45.21	1 776.61	495.49
2015	山青木	10	45.0	19.8	8 393.28	1 727.35	93.10	10 410.63	2 528.83
2015	珊瑚冬青	2	11.0	6.1	95.27	21.74	2.54	124.41	34.03
2015	水青树	2	50.8	31.2	2 126.83	435.78	22.56	2 632.27	636.09
2015	文山鹅掌柴	1	4.6	9.0	3.04	0.80	0.26	4.26	1.36
2015	西藏鼠李	1	4.1	5.0	2.30	0.61	0.21	3.24	1.05
2015	斜基叶枔	47	6.1	4.7	342.13	84.77	18.92	465.46	140.04
2015	宿鳞稠李	2	55.8	28.3	3 255.13	650.85	28.42	3 979.72	935.23
2015	多果新木姜子	19	28.2	17.2	8 924.25	1 852.57	107.04	11 116.93	2 727.53
2015	硬壳柯	5	34.9	11.4	4 300.84	863.59	39.60	5 269.13	1 244.58
2015	云南越橘	4	5.8	6.1	24.76	6.12	1.36	33.67	10.11
2015	长柱十大功劳	36	2.5	3.3	25.74	7.15	3.51	37.06	12.65
2015	中缅八角	42	17.1	12.9	3 873.50	869.70	90.55	5 017.71	1 347.44
2015	紫药女贞	2	25.6	17.0	424.57	92.99	7.92	543.26	141.73

注：哀牢山综合观测场中山湿性常绿阔叶林长期观测样地 1 hm²。

表 3-5　综合观测场中山湿性常绿阔叶林土壤生物采样样地乔木层植物种类及其生物量

年份	物种种名	株数/ （株/样地）	平均胸径/ cm	平均高度/ m	树干干重/ （kg/样地）	树枝干重/ （kg/样地）	树叶干重/ （kg/样地）	地上部总干重/ （kg/样地）	地下部总干重/ （kg/样地）
2010	薄叶马银花	32	9.70	7.60	700.93	167.39	27.85	936.35	270.00
2010	薄叶山矾	4	3.20	4.70	5.03	1.37	0.57	7.16	2.39
2010	变色锥	26	35.80	10.80	28 506.86	5 641.59	233.24	34 671.99	8 054.90
2010	翅柄紫茎	27	20.20	16.70	4 000.64	879.16	78.51	5 127.03	1 343.36
2010	丛花山矾	8	2.90	4.00	8.56	2.34	1.00	12.20	4.08

（续）

年份	物种种名	株数/ （株/样地）	平均胸径/ cm	平均高度/ m	树干干重/ （kg/样地）	树枝干重/ （kg/样地）	树叶干重/ （kg/样地）	地上部总干重/ （kg/样地）	地下部总干重/ （kg/样地）
2010	滇润楠	18	19.10	11.60	4 664.98	970.48	60.03	5 816.45	1 431.85
2010	多果新木姜子	6	17.50	13.10	1 487.44	310.57	19.04	1 858.24	459.04
2010	多花含笑	1	27.10	18.50	225.80	49.58	4.25	289.30	75.68
2010	多花山矾	3	3.70	5.50	5.70	1.52	0.56	8.04	2.63
2010	褐叶青冈	7	10.40	8.10	161.81	38.87	6.60	216.80	62.90
2010	红河冬青	1	47.80	27.20	896.01	185.92	10.43	1 116.01	273.55
2010	红花木莲	19	17.90	15.30	2 215.48	491.25	46.67	2 852.09	754.94
2010	厚皮香	1	3.70	4.60	1.79	0.48	0.18	2.54	0.83
2010	黄丹木姜子	1	5.40	4.60	4.49	1.16	0.33	6.23	1.96
2010	黄心树	22	28.90	22.00	7 429.72	1 584.09	111.76	9 379.39	2 373.15
2010	尖叶桂樱	18	8.10	7.90	363.59	85.53	13.17	482.05	136.72
2010	景东冬青	21	13.10	8.30	2 427.31	522.99	40.79	3 080.36	789.01
2010	南亚枇杷	28	11.40	10.50	1 069.12	248.39	33.46	1 408.70	393.44
2010	毛齿藏南槭	1	51.90	24.50	1 094.26	225.20	11.88	1 357.35	329.58
2010	蒙自连蕊茶	41	5.10	5.00	201.18	51.02	13.29	276.89	85.54
2010	木果柯	18	45.00	23.80	18 947.01	3 840.00	187.22	23 320.59	5 567.44
2010	木犀	5	5.00	6.40	19.16	4.97	1.49	26.67	8.45
2010	南洋木荷	4	26.80	16.80	1 938.92	397.86	21.58	2 401.27	581.56
2010	瑞丽鹅掌柴	1	29.40	19.50	275.20	59.94	4.84	351.16	91.01
2010	山矾	17	10.50	7.70	1 851.20	386.41	25.83	2 311.83	571.72
2010	山青木	2	54.00	24.00	2 823.41	569.60	26.47	3 467.39	823.21
2010	珊瑚冬青	2	52.90	26.60	2 307.82	473.69	24.54	2 858.93	692.10
2010	鼠李叶花楸	4	4.80	27.50	13.82	3.60	1.12	19.29	6.15
2010	四川冬青	1	5.40	10.60	4.39	1.13	0.33	6.10	1.92
2010	吴茱萸五加	1	37.20	25.70	487.37	103.69	7.02	614.65	155.06
2010	小果冬青	1	29.20	26.50	270.67	58.99	4.78	345.51	89.62
2010	斜基叶柃	7	4.60	4.90	24.40	6.30	1.86	33.90	10.69
2010	多果新木姜子	1	35.40	26.30	432.06	92.38	6.49	546.25	138.59
2010	硬壳柯	3	25.90	12.10	609.50	134.42	11.91	782.60	205.76
2010	中缅八角	6	16.20	13.90	959.45	204.99	15.14	1 212.41	307.61
2015	薄叶马银花	27	9.89	6.98	670.50	157.50	23.67	888.30	251.43
2015	薄叶山矾	5	3.30	5.32	7.13	1.92	0.76	10.13	3.35
2015	变色锥	24	37.82	11.00	34 615.80	6 553.10	198.37	41 178.02	9 092.26
2015	翅柄紫茎	23	19.44	16.35	3 317.42	723.17	60.99	4 234.41	1 099.31
2015	丛花山矾	8	3.16	4.55	10.56	2.85	1.15	15.02	4.97
2015	滇润楠	20	19.49	11.31	5 517.26	1 140.13	66.61	6 856.50	1 674.68
2015	多果新木姜子	6	18.13	11.50	1 610.07	335.19	20.09	2 008.46	494.44
2015	多花含笑	1	27.10	19.60	225.80	49.58	4.25	289.30	75.68

（续）

年份	物种种名	株数/ （株/样地）	平均胸径/ cm	平均高度/ m	树干干重/ （kg/样地）	树枝干重/ （kg/样地）	树叶干重/ （kg/样地）	地上部总干重/ （kg/样地）	地下部总干重/ （kg/样地）
2015	多花山矾	3	3.47	4.43	5.24	1.40	0.51	7.40	2.42
2015	褐叶青冈	4	13.35	6.95	168.80	39.61	5.61	223.54	63.13
2015	红河冬青	1	47.80	28.50	896.01	185.92	10.43	1 116.01	273.55
2015	红花木莲	20	17.54	15.03	2 292.66	507.02	47.34	2 947.55	777.88
2015	厚皮香	1	4.50	5.00	2.88	0.76	0.25	4.04	1.30
2015	黄丹木姜子	1	5.40	3.00	4.49	1.16	0.33	6.23	1.96
2015	黄心树	21	30.61	23.93	8 317.57	1 747.79	112.49	10 423.71	2 594.52
2015	尖叶桂樱	15	8.66	8.45	354.68	82.56	11.72	467.79	131.05
2015	景东冬青	20	13.69	8.96	2 646.49	558.97	38.20	3 325.09	832.56
2015	南亚枇杷	26	13.07	10.83	1 442.20	324.03	34.66	1 868.73	502.35
2015	露珠杜鹃	1	2.40	3.20	0.63	0.18	0.09	0.91	0.31
2015	毛齿藏南槭	1	52.00	26.50	1 099.38	226.21	11.92	1 363.58	331.02
2015	蒙自连蕊茶	37	5.30	5.26	205.67	51.41	12.32	281.05	85.44
2015	木果柯	16	49.21	23.16	19 795.85	3 983.68	184.36	24 279.32	5 749.23
2015	木犀	5	5.26	6.54	22.18	5.68	1.57	30.69	9.58
2015	南洋木荷	4	27.13	12.45	2 022.64	414.17	22.11	2 502.32	604.56
2015	山矾	15	11.01	7.48	1 875.60	390.41	25.10	2 339.12	576.40
2015	山青木	2	54.00	24.75	2 823.41	569.60	26.47	3 467.39	823.21
2015	珊瑚冬青	2	53.35	27.35	2 357.97	483.53	24.87	2 919.68	706.03
2015	鼠李叶花楸	4	5.90	28.20	22.73	5.79	1.52	31.36	9.73
2015	四川冬青	1	5.40	10.60	4.49	1.16	0.33	6.23	1.96
2015	吴茱萸五加	1	37.70	26.00	503.43	106.96	7.17	634.49	159.82
2015	小果冬青	1	29.20	27.50	270.67	58.99	4.78	345.51	89.62
2015	斜基叶柃	6	4.83	5.43	25.70	6.55	1.78	35.47	11.03
2015	多果新木姜子	1	36.10	27.80	453.10	96.69	6.69	572.29	144.87
2015	硬壳柯	1	45.80	27.50	807.66	168.30	9.75	1 008.11	248.32
2015	中缅八角	5	18.52	13.94	956.19	204.12	14.87	1 207.84	306.14

注：哀牢山综合观测场中山湿性常绿阔叶林土壤生物采样样地面积 2 500 m²。

表 3-6　综合观测场中山湿性常绿阔叶林长期观测样地灌木层植物种类及其生物量

年份	物种种名	株（丛）数/ ［株（丛）/样地］	平均基径/ cm	平均高度/ m	树干干重/ （kg/样地）	树叶干重/ （kg/样地）	地上部总干重/ （kg/样地）	地下部总干重/ （kg/样地）
2010	白瑞香	28	0.5	0.9	231.85	108.46	340.31	274.55
2010	薄叶山矾	19	0.8	1.2	750.82	246.69	997.50	606.50
2010	腾冲栲	12	1.0	1.5	631.03	209.13	840.14	514.05
2010	翅柄紫茎	2	0.4	0.9	3.14	2.51	5.66	6.60
2010	丛花山矾	56	0.4	0.8	151.22	104.06	255.27	270.40
2010	粗梗稠李	3	1.0	1.6	193.30	59.88	253.18	146.34
2010	滇润楠	8	0.9	1.2	419.98	133.43	553.41	327.18

（续）

年份	物种种名	株（丛）数/[株（丛）/样地]	平均基径/cm	平均高度/m	树干干重/（kg/样地）	树叶干重/（kg/样地）	地上部总干重/（kg/样地）	地下部总干重/（kg/样地）
2010	多果新木姜子	85	0.6	1.0	912.85	417.78	1 330.61	1 054.58
2010	多花山矾	111	0.6	1.0	1 198.67	523.01	1 721.57	1 315.93
2010	红河冬青	2	0.8	1.0	28.44	13.61	42.05	34.37
2010	红花木莲	3	0.3	0.5	2.18	2.08	4.26	5.55
2010	华西箭竹	3 319	1.0	2.5	355 710.03	52 316.57	408 026.62	87 769.54
2010	华肖菝葜	13	0.5	1.1	37.35	25.33	62.67	65.77
2010	黄丹木姜子	9	0.6	0.8	90.95	41.83	132.79	105.58
2010	黄心树	37	0.4	0.7	134.47	66.97	201.42	171.13
2010	尖叶桂樱	5	0.7	1.0	54.44	26.80	81.23	67.89
2010	交让木	1	0.4	0.6	0.89	0.81	1.70	2.16
2010	景东冬青	3	1.1	1.3	174.12	57.91	232.03	142.36
2010	柳叶润楠	1	0.4	0.8	1.71	1.34	3.06	3.52
2010	蒙自连蕊茶	68	0.7	1.1	1 468.15	552.76	2 020.95	1 375.24
2010	木果柯	3	0.5	0.8	11.64	7.16	18.81	18.46
2010	南亚枇杷	1	0.8	1.1	13.75	6.64	20.39	16.80
2010	南洋木荷	1	0.4	0.7	1.09	0.95	2.03	2.50
2010	乔木茵芋	3	0.7	1.0	167.56	46.64	214.20	113.20
2010	三股筋香	12	0.7	1.1	181.70	84.21	265.91	212.30
2010	山矾	24	0.7	1.0	701.34	230.00	931.34	566.82
2010	珊瑚冬青	4	0.5	0.7	9.09	6.45	15.53	16.80
2010	无量山小檗	23	0.4	0.8	37.33	29.29	66.62	76.86
2010	西藏鼠李	2	0.4	0.7	3.09	2.43	5.52	6.40
2010	喜马拉雅珊瑚	8	0.4	0.7	21.62	13.22	34.83	34.13
2010	斜基叶柃	5	0.8	1.6	118.21	49.11	167.32	122.75
2010	宿鳞稠李	3	0.8	1.6	192.23	51.54	243.75	124.68
2010	多果新木姜子	30	0.5	0.7	101.88	60.23	162.10	155.12
2010	云南肖菝葜	6	0.4	0.8	6.32	5.35	11.65	14.12
2010	长尖叶蔷薇	3	0.7	1.7	39.30	19.21	58.51	48.60
2010	长柱十大功劳	58	0.7	1.2	1 168.23	480.01	1 648.23	1 200.13
2010	中缅八角	17	0.4	0.7	58.25	34.50	92.72	88.87
2010	朱砂根	26	0.3	0.6	20.86	19.11	39.97	50.79
2010	紫药女贞	2	0.4	0.6	2.52	2.06	4.58	5.44
2015	白瑞香	24	0.6	1.1	437.35	155.04	592.38	384.80
2015	薄叶山矾	19	0.5	1.3	241.75	93.46	335.21	233.12
2015	腾冲栲	3	0.6	1.5	38.67	17.24	55.90	43.36
2015	丛花山矾	42	0.6	1.6	613.73	242.83	856.58	606.42
2015	粗梗稠李	3	0.4	1.1	5.07	3.88	8.96	10.17
2015	滇润楠	4	0.7	1.2	93.88	34.54	128.43	85.67

（续）

年份	物种种名	株（丛）数/ [株（丛）/样地]	平均基径/ cm	平均高度/ m	树干干重/ (kg/样地)	树叶干重/ (kg/样地)	地上部总干重/ (kg/样地)	地下部总干重/ (kg/样地)
2015	多果新木姜子	50	0.5	1.4	402.63	184.36	587.01	465.40
2015	多花山矾	63	0.6	1.4	1 046.16	401.17	1 447.33	999.23
2015	荷包山桂花	1	0.3	1.2	0.58	0.58	1.16	1.55
2015	褐叶青冈	1	0.9	2.2	22.47	9.69	32.16	24.28
2015	红花木莲	1	0.4	1.1	1.57	1.26	2.83	3.30
2015	厚皮香	1	0.5	0.9	3.69	2.42	6.11	6.26
2015	华西箭竹	2 977	1.4	3.6	1 051 840.44	137 170.05	1 189 010.50	291 846.78
2015	黄丹木姜子	7	0.5	1.5	79.63	33.38	113.00	83.66
2015	黄心树	20	0.4	0.8	63.92	37.92	101.84	97.68
2015	尖叶桂樱	1	0.2	1.0	0.14	0.20	0.34	0.54
2015	坚木山矾	13	0.7	0.6	503.25	158.46	661.71	388.11
2015	交让木	1	0.3	0.5	0.80	0.75	1.55	1.99
2015	景东冬青	1	0.4	0.9	0.89	0.81	1.70	2.15
2015	蒙自连蕊茶	47	0.6	1.3	635.89	252.41	888.31	630.79
2015	南亚枇杷	2	1.0	1.7	187.02	49.89	236.91	120.54
2015	乔木茵芋	2	0.8	1.8	41.00	16.42	57.41	40.95
2015	山矾	4	0.7	1.0	52.32	23.36	75.69	58.78
2015	山青木	1	0.4	0.6	1.57	1.26	2.83	3.30
2015	珊瑚冬青	1	0.8	0.8	20.65	9.08	29.73	22.79
2015	喜马拉雅珊瑚	8	0.5	0.7	21.59	14.80	36.39	38.45
2015	斜基叶枔	2	0.6	1.2	14.39	8.07	22.46	20.63
2015	多果新木姜子	19	0.7	1.7	286.65	121.69	408.33	304.90
2015	长柱十大功劳	26	1.1	1.5	2 021.60	613.88	2 635.48	1 499.13
2015	中缅八角	22	0.6	1.2	169.85	87.93	257.78	223.71
2015	朱砂根	18	0.6	0.8	92.45	55.44	147.89	142.49
2015	紫药女贞	1	0.3	0.9	0.58	0.58	1.16	1.55

注：哀牢山综合观测场中山湿性常绿阔叶林长期观测样地 1 hm²。

表 3-7 综合观测场中山湿性常绿阔叶林土壤生物采样样地灌木层植物种类及其生物量

年份	物种种名	株（丛）数/ [株（丛）/样地]	平均基径/ cm	平均高度/ m	树干干重/ (kg/样地)	树叶干重/ (kg/样地)	地上部总干/ (kg/样地)	地下部总干重/ (kg/样地)
2010	白瑞香	3	0.5	0.9	25.44	11.76	37.20	29.69
2010	薄叶山矾	1	0.6	1.0	6.17	3.59	9.76	9.21
2010	腾冲栲	5	1.3	1.8	455.52	141.99	597.52	347.06
2010	丛花山矾	15	0.5	0.7	44.47	30.41	74.88	78.96
2010	滇润楠	7	0.9	1.5	257.06	90.80	347.85	224.61
2010	多果新木姜子	4	0.3	0.6	3.97	3.43	7.39	9.07
2010	多花含笑	1	0.6	0.9	5.46	3.27	8.73	8.40
2010	多花山矾	4	0.4	0.6	2.94	2.78	5.73	7.42

（续）

年份	物种种名	株（丛）数/ ［株（丛）/样地］	平均基径/ cm	平均高度/ m	树干干重/ （kg/样地）	树叶干重/ （kg/样地）	地上部总干/ （kg/样地）	地下部总干重/ （kg/样地）
2010	红花木莲	8	0.8	1.1	164.77	70.79	235.56	177.36
2010	华西箭竹	895	0.9	2.0	67 570.69	10 293.64	77 864.30	16 107.88
2010	华肖菝葜	10	0.4	0.9	15.89	12.32	28.20	32.32
2010	黄心树	3	0.6	1.1	67.21	23.46	90.67	57.96
2010	蒙自连蕊茶	36	0.5	0.8	135.95	82.18	218.11	211.71
2010	密花合耳菊	1	0.4	1.0	1.31	1.09	2.41	2.88
2010	乔木茵芋	2	0.5	0.9	7.66	4.89	12.55	12.64
2010	山矾	7	0.5	0.8	34.75	19.31	54.06	49.46
2010	珊瑚冬青	1	0.3	0.6	0.80	0.75	1.55	1.99
2010	喜马拉雅珊瑚	2	0.3	0.5	0.70	0.79	1.50	2.14
2010	斜基叶柃	2	1.1	1.9	131.11	42.01	173.12	103.00
2010	多果新木姜子	1	0.3	0.5	0.65	0.63	1.28	1.69
2010	云南肖菝葜	13	0.3	0.8	9.49	9.02	18.51	24.00
2010	长柱十大功劳	9	0.4	0.8	39.60	20.75	60.36	53.03
2010	中缅八角	5	0.5	0.8	13.78	9.39	23.16	24.36
2010	朱砂根	6	0.3	0.5	2.57	2.74	5.32	7.37
2015	白瑞香	5	0.4	1.0	9.81	7.44	17.28	19.48
2015	薄叶山矾	1	0.3	1.2	0.58	0.58	1.16	1.55
2015	翅柄紫茎	2	0.4	0.7	2.92	2.23	5.15	5.84
2015	丛花山矾	6	0.5	0.9	13.93	10.11	24.02	26.34
2015	滇润楠	3	0.8	0.7	46.57	21.67	68.24	54.61
2015	多果新木姜子	8	0.5	1.1	68.42	27.95	96.38	70.03
2015	多花山矾	3	0.2	0.6	1.04	1.09	2.13	2.95
2015	华西箭竹	896	1.1	3.3	173 708.59	23 703.57	197 412.18	46 175.67
2015	黄心树	1	0.2	0.8	0.27	0.32	0.59	0.87
2015	坚木山矾	1	0.6	1.7	8.22	4.48	12.70	11.42
2015	蒙自连蕊茶	16	0.5	1.1	311.98	100.23	412.21	246.60
2015	乔木茵芋	2	0.4	0.6	1.78	1.60	3.38	4.24
2015	山矾	2	0.4	1.1	2.29	1.95	4.24	5.14
2015	四川冬青	2	0.8	2.3	88.70	27.99	116.68	68.48
2015	瓦山安息香	1	0.2	0.5	0.14	0.20	0.34	0.54
2015	西藏鼠李	2	0.4	0.7	1.78	1.62	3.41	4.31
2015	香花鸡血藤	1	0.2	0.6	0.07	0.11	0.18	0.31
2015	斜基叶柃	1	1.6	2.9	233.19	58.45	291.65	140.48
2015	长柱十大功劳	4	0.8	1.1	63.92	28.82	92.75	72.51
2015	朱砂根	1	0.5	0.5	3.44	2.29	5.74	5.94

注：哀牢山综合观测场中山湿性常绿阔叶林土壤生物采样样地面积 2 500 m²。

3.1.3　草本层植物组成

草木层物种组成及生物量见表3-8、表3-9。

表 3-8　综合观测场中山湿性常绿阔叶林长期观测样地草木层植物种类及其生物量

年份	物种种名	株数/（株或丛/样地）	平均高度/cm	盖度/%	生活型
2010	暗鳞鳞毛蕨	8	28.74	0.70	地面芽植物
2010	宝铎草	152	16.54	0.94	地面芽植物
2010	糙叶秋海棠	1	6.20	0.06	地面芽植物
2010	单花红丝线	427	13.75	3.82	地面芽植物
2010	钝叶楼梯草	1 314	8.22	3.62	地面芽植物
2010	矮小柳叶箬	4	19.00	0.06	地面芽植物
2010	欧洲凤尾蕨	6	15.23	0.12	地面芽植物
2010	革叶耳蕨	3	24.23	0.26	地面芽植物
2010	黑鳞耳蕨	5	14.44	0.38	地面芽植物
2010	红纹凤仙花	158	10.74	1.31	春生一年生
2010	吉祥草	5	18.60	0.06	地面芽植物
2010	绞股蓝	2	16.60	0.06	草质藤本植物
2010	金凤花	1	14.00	0.08	地面芽植物
2010	临时救	90	6.99	0.42	地面芽植物
2010	密羽瘤足蕨	646	28.02	20.92	地面芽植物
2010	盘托楼梯草	36	7.55	0.24	地面芽植物
2010	平卧蓼	494	9.84	2.37	地面芽植物
2010	茜草	12	15.04	0.04	草质藤本植物
2010	球序蓼	158	11.74	0.43	地面芽植物
2010	曲序马蓝	543	15.20	4.30	地面芽植物
2010	肉刺蕨	9	19.72	0.58	地面芽植物
2010	散斑竹根七	63	9.22	0.55	地下芽植物
2010	山酢浆草	142	10.00	0.75	地面芽植物
2010	四回毛枝蕨	58	18.49	2.18	地面芽植物
2010	弯蕊开口箭	29	12.55	0.67	地面芽植物
2010	纤齿罗伞	1	6.00	0.04	矮高位芽植物
2010	疏花穿心莲	41	8.40	0.18	地面芽植物
2010	小斑叶兰	16	5.00	0.04	地面芽植物
2010	芽胞蹄盖蕨	61	10.78	0.62	地面芽植物
2010	沿阶草	67	11.89	0.90	地面芽植物
2010	羊齿天门冬	6	19.68	0.38	地下芽植物
2010	一把伞南星	6	12.05	0.14	地下芽植物
2010	疣果冷水花	413	13.59	1.65	地面芽植物
2010	鱼鳞鳞毛蕨	1	49.50	0.20	地面芽植物
2010	云南蔓龙胆	1	30.30	0.02	地面芽植物

（续）

年份	物种种名	株数/（株或丛/样地）	平均高度/cm	盖度/%	生活型
2010	长穗兔儿风	1	9.00	0.01	地面芽植物
2010	长柱头苔草	652	22.83	9.26	地面芽植物
2010	骤尖楼梯草	33	11.52	0.32	地面芽植物
2015	暗鳞鳞毛蕨	7	0.28	0.80	地面芽植物
2015	宝铎草	83	0.12	0.56	地面芽植物
2015	柄花茜草	9	0.48	0.10	草质藤本植物
2015	刺通草	1	0.26	0.04	小高位芽植物
2015	大花斑叶兰	3	0.04	0.02	地上芽植物
2015	大理铠兰	45	0.04	0.06	地上芽植物
2015	霹雳薹草	54	0.36	1.12	地面芽植物
2015	单花红丝线	187	0.11	1.05	地面芽植物
2015	滇南雪胆	56	0.24	2.35	攀援草本植物
2015	滇西瘤足蕨	531	0.30	17.93	地上芽植物
2015	钝叶楼梯草	321	0.10	1.50	地面芽植物
2015	反瓣虾脊兰	6	0.14	0.22	地上芽植物
2015	欧洲凤尾蕨	4	0.28	0.26	地面芽植物
2015	辐射凤仙花	85	0.55	3.86	地面芽植物
2015	革叶耳蕨	13	0.26	0.94	地面芽植物
2015	黑鳞耳蕨	11	0.39	0.88	地面芽植物
2015	红纹凤仙花	424	0.21	5.05	春生一年生
2015	华中蹄盖蕨	35	0.32	1.46	地面芽植物
2015	吉祥草	5	0.28	0.08	地面芽植物
2015	浆果薹草	7	0.38	0.14	地上芽植物
2015	临时救	11	0.11	0.26	地上芽植物
2015	毛茛铁线莲	10	0.18	0.20	草质藤本植物
2015	盘托楼梯草	86	0.15	0.86	地面芽植物
2015	平卧蓼	477	0.23	8.65	地面芽植物
2015	球序蓼	140	0.24	1.87	地面芽植物
2015	曲序马蓝	146	0.11	0.71	地面芽植物
2015	肉刺蕨	63	0.48	2.14	地面芽植物
2015	散斑竹根七	39	0.14	0.30	地下芽植物
2015	山酢浆草	164	0.14	1.57	地面芽植物
2015	鼠麹草	3	0.03	0.00	地面芽植物
2015	四回毛枝蕨	78	0.30	2.92	地面芽植物
2015	弯蕊开口箭	12	0.09	0.26	地面芽植物
2015	长柱头薹草	284	0.33	6.54	地面芽植物
2015	细莴苣	4	0.32	0.26	地面芽植物
2015	血满草	2	0.05	0.00	地上芽植物
2015	沿阶草	67	0.17	0.74	地面芽植物

（续）

年份	物种种名	株数/（株或丛/样地）	平均高度/cm	盖度/%	生活型
2015	羊齿天门冬	4	0.28	0.28	地下芽植物
2015	一把伞南星	20	0.27	0.77	地下芽植物
2015	疣果冷水花	306	0.19	3.67	地面芽植物
2015	鱼鳞鳞毛蕨	10	0.46	0.78	地面芽植物
2015	长管黄芩	1	0.16	0.02	地面芽植物
2015	猪殃殃	31	0.16	0.06	地面芽植物
2015	紫茎泽兰	14	0.06	0.06	地面芽植物

注：哀牢山综合观测场中山湿性常绿阔叶林长期观测样地面积 1 hm²。

表 3 - 9　综合观测场中山湿性常绿阔叶林土壤生物采样样地草木层植物种类及其生物量

年份	物种种名	株数/（株或丛/样地）	平均高度/cm	盖度/%	地上部总干重/（g/样地）	生活型
2010	暗鳞鳞毛蕨	1	12.70	0.15	1.68	地面芽植物
2010	宝铎草	1	8.10	0.02	0.04	地面芽植物
2010	袋果草	4	16.55	0.38	1.34	地面芽植物
2010	钝叶楼梯草	18	7.36	0.17	1.87	地面芽植物
2010	欧洲凤尾蕨	1	16.20	0.15	1.95	地面芽植物
2010	黑鳞耳蕨	1	27.20	0.15	0.84	地面芽植物
2010	红纹凤仙花	11	11.27	0.58	1.55	春性一年生
2010	华中蹄盖蕨	4	35.10	0.69	4.85	地面芽植物
2010	假排草	21	8.50	0.38	2.13	地面芽植物
2010	密羽瘤足蕨	59	33.86	6.62	186.50	地面芽植物
2010	盘托楼梯草	12	17.30	1.15	4.62	地面芽植物
2010	平卧蓼	8	11.65	0.22	2.05	地面芽植物
2010	曲序马蓝	33	11.30	0.15	11.48	地面芽植物
2010	山酢浆草	11	8.87	0.15	0.61	地面芽植物
2010	四回毛枝蕨	26	27.83	2.52	9.88	地面芽植物
2010	弯蕊开口箭	3	11.80	0.54	6.68	地面芽植物
2010	疏花穿心莲	6	10.80	0.31	1.33	地面芽植物
2010	小斑叶兰	3	4.50	0.01	0.20	地面芽植物
2010	芽胞蹄盖蕨	4	11.90	0.18	2.39	地面芽植物
2010	沿阶草	18	10.65	0.40	2.42	地面芽植物
2010	羊齿天门冬	3	20.87	0.23	1.02	地下芽植物
2010	疣果冷水花	12	12.27	0.32	0.86	地面芽植物
2010	长穗兔儿风	2	10.20	0.08	0.23	中高位芽植物
2010	长柱头苔草	68	20.95	5.23	104.11	地面芽植物
2015	暗鳞鳞毛蕨	1	0.33	0.38	6.64	地面芽植物
2015	单花红丝线	3	0.06	0.15	0.16	地面芽植物
2015	滇南雪胆	1	0.09	0.15	0.01	攀援草本植物
2015	滇西瘤足蕨	79	0.27	15.08	240.63	地上芽植物

（续）

年份	物种种名	株数/（株或丛/样地）	平均高度/cm	盖度/%	地上部总干重/（g/样地）	生活型
2015	钝叶楼梯草	3	0.03	0.01	0.01	地面芽植物
2015	黑鳞耳蕨	1	0.21	0.38	0.01	地面芽植物
2015	红纹凤仙花	14	0.19	3.31	10.88	春性一年生
2015	华中蹄盖蕨	14	0.22	5.92	20.50	地面芽植物
2015	平卧蓼	70	0.12	7.62	51.60	地面芽植物
2015	球序蓼	3	0.14	0.31	1.65	地面芽植物
2015	曲序马蓝	5	0.11	0.23	1.33	地面芽植物
2015	四回毛枝蕨	32	0.25	9.15	50.89	地面芽植物
2015	弯蕊开口箭	5	0.10	0.85	8.78	地面芽植物
2015	长柱头薹草	45	0.33	7.54	173.27	地面芽植物
2015	沿阶草	20	0.11	1.38	6.60	地面芽植物
2015	长管黄芩	3	0.14	0.46	0.51	地面芽植物
2015	竹叶子	1	0.10	0.15	0.01	地面芽植物

注：哀牢山综合观测场中山湿性常绿阔叶林土壤生物采样样地面积 2 500 m²。

3.1.4 树种更新状况

3.1.4.1 概述

本数据集包含哀牢山站 2008—2015 年 2 个长期监测样地的年尺度观测数据，观测内容包括幼苗名称、实生苗株数（株/样地）、萌生苗株数（株/样地）、平均基径（cm）、平均高度（cm）。数据采集地点：ALFZH01AC0 _ 01（综合观测场中山湿性常绿阔叶林长期监测样地）、ALFZH01ABC _ 02（综合观测场中山湿性常绿阔叶林长期监测采样样地）。数据采集时间：生长季中后期，一般在每年的9—10 月进行。

3.1.4.2 数据采集和处理方法

树种更新调查在综合观测场中山湿性常绿阔叶林长期观测样地、综合观测场中山湿性常绿阔叶林土壤生物采样样地内选定的 25 个 2 m×2 m 小样方内进行，调查样方内所有的幼树和幼苗，并记录相关数据。基径采用游标卡尺测量；高度采用钢卷尺测量，以基径测定位置为起点，植株最远端为终点量取净高度。

3.1.4.3 数据质量控制和评估

物种更新监测主要是监测样地内植物种类变化、个体数量的增减、乔灌木幼苗基径和高度的变化。幼苗基径和高度的数据一致性、完整性、合理性审验方法、数据出错原因的查找以及异常数据矫正办法与灌木基径和树高数据的检验原理及程序基本一致。

3.1.4.4 数据价值/数据使用方法和建议

幼苗更新是一个重要的生态学过程，是生物种群在时间和空间上不断延续、发展或发生演替，对未来森林群落的结构、格局及其生物多样性都有深远的影响。因此，森林群落中树种的更新是森林生态系统动态研究中的重要方向之一。

哀牢山站多年长期尺度调查哀牢山亚热带常绿阔叶林幼苗的更新动态，数据具有连续性、完整性、一致性和可比性，可以结合光照、水分、土壤肥力等数据从森林物种多样性维持、森林演替和植被恢复等角度探讨和研究。

3.1.4.5　数据

具体树种更新状况见表 3-10、表 3-11。

表 3-10　综合观测场中山湿性常绿阔叶林长期观测样地树种更新状况

年份	幼苗种名	实生苗株数/（株/样地）	萌生苗株数/（株/样地）	平均基径/cm	平均高度/cm
2008	八月瓜	56	0	0.20	10.5
2008	白瑞香	9	0	0.97	76.8
2008	变色锥	2	0	0.40	34.5
2008	翅柄紫茎	2	1	0.37	36.7
2008	丛花山矾	3	3	0.55	41.0
2008	粗糙菝葜	4	0	0.28	19.5
2008	粗梗稠李	31	0	0.33	32.3
2008	滇润楠	4	8	0.47	41.9
2008	多果新木姜子	36	13	0.38	46.6
2008	多花含笑	1	0	0.60	36.0
2008	多花山矾	11	14	0.56	50.8
2008	贵州花椒	4	0	0.38	18.8
2008	褐叶青冈	1	0	1.20	130.0
2008	黑老虎	14	0	0.20	9.3
2008	红花木莲	2	1	0.53	42.3
2008	华肖菝葜	18	3	0.20	23.2
2008	黄丹木姜子	1	3	0.38	44.3
2008	黄心树	510	10	0.31	24.1
2008	尖叶桂樱	7	0	0.26	21.7
2008	坚木山矾	3	1	0.35	34.0
2008	景东冬青	6	0	0.32	16.4
2008	蒙自连蕊茶	5	3	0.51	47.9
2008	木果柯	5	0	0.52	57.1
2008	南亚枇杷	1	0	0.20	12.0
2008	南洋木荷	1	0	0.10	8.5
2008	乔木茵芋	0	1	0.30	18.0
2008	瑞丽鹅掌柴	7	2	0.38	13.8
2008	喜马拉雅珊瑚	3	0	0.53	22.9
2008	斜基叶柃	0	2	0.30	30.5
2008	宿鳞稠李	4	0	0.10	10.3
2008	多果新木姜子	18	1	0.34	35.8
2008	硬壳柯	2	0	0.35	31.0
2008	长柱十大功劳	7	1	0.29	15.2
2008	中缅八角	11	2	0.47	43.2
2008	朱砂根	27	0	0.40	32.1
2009	八月瓜	29	0	0.22	12.6

（续）

年份	幼苗种名	实生苗株数/（株/样地）	萌生苗株数/（株/样地）	平均基径/cm	平均高度/cm
2009	白瑞香	11	0	0.93	54.5
2009	薄叶山矾	3	0	0.33	33.1
2009	变色锥	4	0	0.35	24.4
2009	翅柄紫茎	2	1	0.40	38.0
2009	粗糙菝葜	3	0	0.27	19.5
2009	粗梗稠李	32	0	0.41	32.6
2009	滇润楠	3	3	0.52	47.4
2009	多果新木姜子	33	9	0.44	50.9
2009	多花含笑	1	0	0.60	40.0
2009	多花山矾	16	14	0.50	44.6
2009	贵州花椒	4	0	0.38	18.1
2009	荷包山桂花	1	0	0.10	4.5
2009	褐叶青冈	1	0	1.60	150.0
2009	黑老虎	15	0	0.23	11.5
2009	红花木莲	2	0	0.75	68.1
2009	华肖菝葜	30	0	0.14	27.2
2009	黄丹木姜子	3	1	0.40	44.2
2009	黄心树	541	2	0.33	23.0
2009	尖叶桂樱	10	0	0.21	10.6
2009	坚木山矾	4	1	0.36	33.8
2009	景东冬青	5	1	0.33	16.2
2009	蒙自连蕊茶	5	3	0.51	50.4
2009	木果柯	5	0	0.58	62.5
2009	南洋木荷	1	0	0.10	10.0
2009	乔木茵芋	0	1	0.30	18.5
2009	瑞丽鹅掌柴	7	0	0.33	11.3
2009	山矾	0	1	1.60	111.0
2009	珊瑚冬青	1	0	0.10	8.5
2009	喜马拉雅珊瑚	3	0	0.60	21.5
2009	斜基叶柃	0	2	0.40	31.6
2009	宿鳞稠李	9	0	0.12	7.5
2009	多果新木姜子	18	0	0.37	37.7
2009	硬壳柯	1	0	0.50	43.0
2009	长柱十大功劳	6	1	0.33	11.8
2009	中缅八角	9	3	0.55	40.8
2009	朱砂根	16	1	0.43	27.8
2009	中缅八角	20	5	0.51	42.0
2009	朱砂根	43	1	0.41	30.4
2010	八月瓜	3	0	0.23	14.2

（续）

年份	幼苗种名	实生苗株数/（株/样地）	萌生苗株数/（株/样地）	平均基径/cm	平均高度/cm
2010	白瑞香	10	0	1.02	84.1
2010	薄叶山矾	2	0	0.55	45.0
2010	变色锥	3	0	0.47	29.0
2010	翅柄紫茎	1	0	0.60	61.0
2010	丛花山矾	2	0	0.40	33.5
2010	粗梗稠李	19	0	0.60	44.5
2010	滇润楠	4	6	0.56	47.5
2010	多果新木姜子	40	0	0.42	60.6
2010	多花含笑	3	0	0.50	28.7
2010	多花山矾	13	0	0.40	31.5
2010	贵州花椒	2	0	0.55	26.3
2010	褐叶青冈	1	0	1.80	177.0
2010	黑老虎	28	0	0.21	11.4
2010	红花木莲	1	0	1.00	107.5
2010	黄丹木姜子	2	0	0.40	50.0
2010	黄心树	218	0	0.26	21.5
2010	尖叶桂樱	4	0	0.20	9.9
2010	景东冬青	5	0	0.38	21.0
2010	蒙自连蕊茶	6	3	0.53	54.6
2010	木果柯	6	0	0.53	54.8
2010	瑞丽鹅掌柴	4	0	0.43	13.3
2010	山矾	3	1	0.40	35.1
2010	瓦山安息香	1	0	0.10	8.0
2010	细齿桃叶珊瑚	1	0	0.70	24.0
2010	宿鳞稠李	4	0	0.13	10.0
2010	多果新木姜子	19	0	0.30	32.0
2010	硬壳柯	4	0	0.23	19.2
2010	长柱十大功劳	4	0	0.40	15.5
2010	中缅八角	10	0	0.61	49.9
2010	朱砂根	16	0	0.46	40.9
2010	紫药女贞	2	0	0.10	4.5*
2011	八月瓜	2	0	0.25	13.5
2011	白瑞香	5	0	1.30	111.4
2011	薄叶山矾	3	0	0.37	40.7
2011	变色锥	2	0	0.65	43.5
2011	翅柄紫茎	2	0	0.50	44.0
2011	丛花山矾	3	0	0.40	30.5
2011	粗糙菝葜	1	0	0.30	23.0
2011	粗梗稠李	29	0	0.40	30.9

（续）

年份	幼苗种名	实生苗株数/（株/样地）	萌生苗株数/（株/样地）	平均基径/cm	平均高度/cm
2011	滇润楠	3	6	0.48	42.9
2011	多果新木姜子	23	7	0.34	41.5
2011	多花含笑	1	0	0.60	39.5
2011	多花山矾	14	0	0.41	34.1
2011	贵州花椒	2	0	0.30	19.3
2011	黑老虎	76	0	0.20	8.0
2011	红花木莲	1	0	0.60	29.4
2011	黄丹木姜子	1	0	0.40	82.0
2011	黄心树	324	19	0.30	24.4
2011	尖叶桂樱	2	0	0.30	16.0
2011	景东冬青	5	0	0.38	20.4
2011	蒙自连蕊茶	6	0	0.55	47.3
2011	木果柯	3	0	0.67	66.3
2011	瑞丽鹅掌柴	5	0	0.34	14.0
2011	山矾	2	2	0.30	40.8
2011	细齿桃叶珊瑚	2	2	0.50	19.4
2011	斜基叶柃	1	0	0.60	54.0
2011	宿鳞稠李	2	0	0.15	12.5
2011	多果新木姜子	18	0	0.33	39.2
2011	硬壳柯	1	0	0.50	44.0
2011	长柱十大功劳	3	0	0.43	19.0
2011	中缅八角	8	3	0.50	28.0
2011	朱砂根	41	0	0.27	13.2
2011	紫药女贞	3	0	0.10	7.7
2012	八月瓜	2	0	0.30	17.0
2012	白瑞香	5	0	0.80	62.5
2012	薄叶山矾	3	0	0.47	45.3
2012	变色锥	2	0	0.70	44.8
2012	翅柄紫茎	2	0	0.60	48.5
2012	丛花山矾	3	0	0.50	40.4
2012	粗糙菝葜	3	0	0.30	32.8
2012	粗梗稠李	37	0	0.40	32.9
2012	滇润楠	2	5	0.50	45.0
2012	多果新木姜子	18	10	0.38	43.0
2012	多花含笑	1	0	0.70	35.0
2012	多花山矾	9	8	0.36	31.7
2012	贵州花椒	2	0	0.35	19.5
2012	黑老虎	57	0	0.22	8.9
2012	红花木莲	1	0	0.60	34.5

（续）

年份	幼苗种名	实生苗株数/（株/样地）	萌生苗株数/（株/样地）	平均基径/cm	平均高度/cm
2012	黄心树	301	17	0.26	20.9
2012	尖叶桂樱	2	0	0.30	19.8
2012	景东冬青	4	0	0.45	23.8
2012	蒙自连蕊茶	4	0	0.45	33.9
2012	木果柯	2	0	0.50	45.9
2012	瑞丽鹅掌柴	5	0	0.46	11.8
2012	山矾	2	2	0.40	42.4
2012	细齿桃叶珊瑚	2	2	0.50	21.8
2012	斜基叶枰	1	0	0.60	57.5
2012	宿鳞稠李	2	0	0.15	13.6
2012	多果新木姜子	16	0	0.35	38.2
2012	硬壳柯	1	0	0.50	47.7
2012	长柱十大功劳	1	0	0.40	33.7
2012	中缅八角	7	3	0.43	31.8
2012	朱砂根	25	1	0.31	15.0
2012	紫药女贞	3	0	0.13	8.5
2013	八月瓜	2	0	0.30	17.0
2013	白瑞香	5	0	0.80	62.5
2013	薄叶山矾	3	0	0.47	45.3
2013	变色锥	2	0	0.70	44.8
2013	翅柄紫茎	2	0	0.60	48.5
2013	丛花山矾	3	0	0.50	40.4
2013	粗糙菝葜	3	0	0.30	32.8
2013	粗梗稠李	37	0	0.40	32.9
2013	滇润楠	2	5	0.50	45.0
2013	多果新木姜子	18	10	0.38	43.0
2013	多花含笑	1	0	0.70	35.0
2013	多花山矾	9	8	0.36	31.7
2013	贵州花椒	2	0	0.35	19.5
2013	黑老虎	57	0	0.22	8.9
2013	红花木莲	1	0	0.60	34.5
2013	黄心树	301	17	0.26	20.9
2013	尖叶桂樱	2	0	0.30	19.8
2013	景东冬青	4	0	0.45	23.8
2013	蒙自连蕊茶	4	0	0.45	33.9
2013	木果柯	2	0	0.50	45.9
2013	瑞丽鹅掌柴	5	0	0.46	11.8
2013	山矾	2	2	0.40	42.4
2013	细齿桃叶珊瑚	2	2	0.50	21.8

（续）

年份	幼苗种名	实生苗株数/（株/样地）	萌生苗株数/（株/样地）	平均基径/cm	平均高度/cm
2013	斜基叶柃	1	0	0.60	57.5
2013	宿鳞稠李	2	0	0.15	13.6
2013	多果新木姜子	16	0	0.35	38.2
2013	硬壳柯	1	0	0.50	47.7
2013	长柱十大功劳	1	0	0.40	33.7
2013	中缅八角	7	3	0.43	31.8
2013	朱砂根	25	1	0.31	15.0
2013	紫药女贞	3	0	0.13	8.5
2014	八月瓜	9	0	0.21	8.8
2014	白瑞香	2	0	0.15	8.2
2014	薄叶山矾	2	0	0.50	52.0
2014	变色锥	1	0	0.40	30.3
2014	翅柄紫茎	1	0	0.60	45.5
2014	丛花山矾	1	1	0.50	45.8
2014	粗糙菝葜	2	0	0.20	27.2
2014	粗梗稠李	26	0	0.40	33.0
2014	滇润楠	1	2	0.40	36.7
2014	多果新木姜子	24	3	0.27	24.5
2014	多花含笑	1	0	0.70	40.7
2014	多花山矾	6	7	0.42	27.7
2014	贵州花椒	2	0	0.35	18.2
2014	黑老虎	36	0	0.22	9.2
2014	红花木莲	1	0	0.60	34.7
2014	黄心树	349	4	0.31	23.7
2014	尖叶桂樱	1	0	0.50	34.0
2014	坚木山矾	3	0	0.50	50.3
2014	景东冬青	2	1	0.30	16.3
2014	蒙自连蕊茶	6	0	0.32	21.5
2014	木果柯	1	0	0.30	19.0
2014	瑞丽鹅掌柴	4	1	0.46	9.5
2014	山矾	1	0	0.10	9.2
2014	细齿桃叶珊瑚	6	0	0.53	20.5
2014	宿鳞稠李	3	0	0.17	14.3
2014	多果新木姜子	13	0	0.21	18.3
2014	硬壳柯	2	0	0.45	28.5
2014	长柱十大功劳	4	0	0.30	14.2
2014	中缅八角	7	0	0.36	23.6
2014	朱砂根	49	0	0.25	12.8
2014	紫药女贞	2	0	0.20	13.4

（续）

年份	幼苗种名	实生苗株数/（株/样地）	萌生苗株数/（株/样地）	平均基径/cm	平均高度/cm
2015	八月瓜	29	0	0.20	12.0
2015	白瑞香	1	0	0.20	8.8
2015	薄叶山矾	1	0	0.60	58.0
2015	变色锥	1	0	0.80	46.0
2015	翅柄紫茎	2	0	0.35	27.3
2015	粗糙菝葜	2	0	0.20	19.6
2015	粗梗稠李	14	0	0.41	38.9
2015	滇润楠	1	2	0.53	39.9
2015	多果新木姜子	17	6	0.31	26.8
2015	多花含笑	1	0	0.60	51.0
2015	多花山矾	7	4	0.39	31.3
2015	高盆樱桃	1	0	0.20	14.5
2015	贵州花椒	4	0	0.23	13.9
2015	黑老虎	21	0	0.30	13.4
2015	红花木莲	49	0	0.19	7.1
2015	黄丹木姜子	1	0	0.10	6.5
2015	黄心树	192	5	0.32	22.7
2015	尖叶桂樱	3	0	0.30	39.1
2015	坚木山矾	2	0	0.35	28.9
2015	景东冬青	4	0	0.28	13.8
2015	蒙自连蕊茶	6	0	0.33	20.2
2015	木果柯	1	0	0.50	17.0
2015	南亚枇杷	1	0	0.20	13.5
2015	南洋木荷	10	0	0.10	6.1
2015	瑞丽鹅掌柴	3	1	0.55	26.4
2015	山鸡椒	40	0	0.13	9.3
2015	山青木	39	0	0.17	6.7
2015	水红木	1	0	0.10	6.0
2015	瓦山安息香	2	0	0.25	20.3
2015	细齿桃叶珊瑚	4	0	0.70	25.8
2015	宿鳞稠李	6	0	0.25	25.5
2015	多果新木姜子	12	0	0.25	20.2
2015	硬壳柯	1	0	0.60	53.0
2015	长柱十大功劳	7	0	0.26	10.2
2015	中缅八角	10	0	0.25	12.2
2015	朱砂根	21	0	0.26	13.2
2015	紫药女贞	3	0	0.17	12.2

注：哀牢山综合观测场中山湿性常绿阔叶林长期观测样地面积 1 hm²。

表 3-11　综合观测场中山湿性常绿阔叶林土壤生物采样样地树种更新状况

年份	幼苗种名	实生苗株数/（株/样地）	萌生苗株数/（株/样地）	平均基径/cm	平均高/cm
2008	白瑞香	1	0	0.70	37.0
2008	变色锥	1	7	0.56	49.1
2008	丛花山矾	0	4	0.40	36.0
2008	多果新木姜子	9	3	0.32	39.5
2008	多花山矾	2	3	0.40	36.4
2008	贵州花椒	2	0	0.30	26.5
2008	黑老虎	4	0	0.30	10.0
2008	红花木莲	0	5	0.66	73.4
2008	华肖菝葜	14	0	0.20	27.1
2008	黄丹木姜子	1	1	0.45	48.5
2008	黄心树	171	5	0.21	16.4
2008	尖叶桂樱	2	0	0.30	25.5
2008	景东冬青	2	4	0.30	24.5
2008	景东柃	1	0	0.30	20.0
2008	蒙自连蕊茶	1	7	0.41	40.9
2008	南亚枇杷	8	0	0.24	17.6
2008	瑞丽鹅掌柴	1	0	0.20	7.0
2008	山矾	1	0	0.30	23.0
2008	珊瑚冬青	1	0	0.30	29.0
2008	四川冬青	2	0	0.30	27.0
2008	西藏鼠李	1	0	0.30	44.0
2008	喜马拉雅珊瑚	1	0	0.40	17.0
2008	多果新木姜子	2	1	0.40	44.0
2008	长柱十大功劳	3	0	0.87	37.7
2008	中缅八角	2	2	0.55	47.3
2008	朱砂根	9	1	0.44	33.2
2009	白瑞香	1	0	0.70	36.0
2009	变色锥	1	5	0.63	48.3
2009	多果新木姜子	6	3	0.42	45.7
2009	多花山矾	5	4	0.42	30.7
2009	贵州花椒	2	0	0.35	28.5
2009	黑老虎	3	0	0.33	10.9
2009	红花木莲	1	4	0.78	77.8
2009	华肖菝葜	7	0	0.10	31.0
2009	黄丹木姜子	1	0	0.40	43.0
2009	黄心树	143	3	0.29	17.0
2009	尖叶桂樱	2	0	0.30	22.8
2009	景东冬青	1	4	0.30	28.3
2009	景东柃	1	0	0.30	19.0

（续）

年份	幼苗种名	实生苗株数/（株/样地）	萌生苗株数/（株/样地）	平均基径/cm	平均高/cm
2009	蒙自连蕊茶	2	6	0.43	43.0
2009	南亚枇杷	9	0	0.30	17.2
2009	乔木茵芋	1	0	0.50	42.0
2009	瑞丽鹅掌柴	1	0	0.10	6.5
2009	山矾	1	0	0.30	24.5
2009	珊瑚冬青	3	0	0.23	13.5
2009	四川冬青	1	0	0.40	50.5
2009	西藏鼠李	1	0	0.30	48.5
2009	喜马拉雅珊瑚	0	1	0.50	9.5
2009	多果新木姜子	3	0	0.40	46.5
2009	长柱十大功劳	3	0	0.83	32.7
2009	中缅八角	3	2	0.50	27.7
2009	朱砂根	12	0	0.48	32.2
2010	变色锥	2	2	0.60	43.4
2010	丛花山矾	1	3	0.50	45.1
2010	多果新木姜子	7	0	0.43	54.2
2010	多花山矾	2	1	0.33	27.9
2010	贵州花椒	2	0	0.40	24.0
2010	黑老虎	3	0	0.30	12.3
2010	红花木莲	2	3	0.88	80.5
2010	华肖菝葜	3	0	0.10	15.8
2010	黄丹木姜子	1	0	0.50	51.0
2010	黄心树	116	1	0.42	19.2
2010	尖叶桂樱	2	0	0.35	23.0
2010	景东冬青	2	3	0.40	41.0
2010	蒙自连蕊茶	3	5	0.44	40.5
2010	南亚枇杷	8	0	0.25	18.2
2010	山矾	1	0	0.40	27.0
2010	珊瑚冬青	3	0	0.23	15.0
2010	四川冬青	1	0	0.40	56.0
2010	西藏鼠李	1	0	0.30	49.0
2010	多果新木姜子	3	0	0.47	48.3
2010	长柱十大功劳	2	0	0.90	24.0
2010	中缅八角	4	0	0.50	39.8
2010	朱砂根	9	0	0.47	34.7
2011	变色锥	2	2	0.60	43.4
2011	丛花山矾	1	3	0.50	45.1
2011	多果新木姜子	7	0	0.43	54.2
2011	多花山矾	2	1	0.33	27.9

（续）

年份	幼苗种名	实生苗株数/（株/样地）	萌生苗株数/（株/样地）	平均基径/cm	平均高/cm
2011	贵州花椒	2	0	0.40	24.0
2011	黑老虎	3	0	0.30	12.3
2011	红花木莲	2	3	0.88	80.5
2011	华肖菝葜	3	0	0.10	15.8
2011	黄丹木姜子	1	0	0.50	51.0
2011	黄心树	116	1	0.42	19.2
2011	尖叶桂樱	2	0	0.35	23.0
2011	景东冬青	2	3	0.40	41.0
2011	蒙自连蕊茶	3	5	0.44	40.5
2011	南亚枇杷	8	0	0.25	18.2
2011	山矾	1	0	0.40	27.0
2011	珊瑚冬青	3	0	0.23	15.0
2011	四川冬青	1	0	0.40	56.0
2011	西藏鼠李	1	0	0.30	49.0
2011	多果新木姜子	3	0	0.47	48.3
2011	长柱十大功劳	2	0	0.90	24.0
2011	中缅八角	4	0	0.50	39.8
2011	朱砂根	9	0	0.47	34.7
2012	白瑞香	3	0	0.33	20.5
2012	变色锥	0	2	0.40	31.2
2012	丛花山矾	0	3	0.40	33.7
2012	粗梗稠李	2	0	0.25	16.5
2012	多果新木姜子	2	0	0.20	15.4
2012	多花山矾	0	3	0.20	25.3
2012	贵州花椒	2	0	0.40	28.9
2012	黑老虎	6	0	0.22	10.0
2012	红花木莲	1	0	0.60	41.3
2012	华肖菝葜	1	0	0.20	12.5
2012	黄心树	85	3	0.25	18.7
2012	景东冬青	2	3	0.30	24.4
2012	蒙自连蕊茶	2	3	0.20	32.4
2012	南亚枇杷	8	0	0.23	17.4
2012	乔木茵芋	1	0	0.40	42.5
2012	瑞丽鹅掌柴	1	0	0.20	6.5
2012	山矾	1	0	0.40	32.0
2012	山樱花	1	0	0.10	13.5
2012	珊瑚冬青	1	2	0.17	16.5
2012	西藏鼠李	1	0	0.30	27.5
2012	细齿桃叶珊瑚	0	1	0.30	11.8

（续）

年份	幼苗种名	实生苗株数/（株/样地）	萌生苗株数/（株/样地）	平均基径/cm	平均高/cm
2012	多果新木姜子	1	2	0.33	30.0
2012	硬壳柯	1	0	0.20	20.0
2012	长柱十大功劳	3	0	0.77	26.5
2012	中缅八角	2	0	0.20	11.5
2012	朱砂根	11	0	0.34	20.8
2013	变色锥	2	2	0.60	43.4
2013	丛花山矾	1	3	0.50	45.1
2013	多果新木姜子	7	0	0.43	54.2
2013	多花山矾	2	1	0.33	27.9
2013	贵州花椒	2	0	0.40	24.0
2013	黑老虎	3	0	0.30	12.3
2013	红花木莲	2	3	0.88	80.5
2013	华肖菝葜	3	0	0.10	15.8
2013	黄丹木姜子	1	0	0.50	51.0
2013	黄心树	116	1	0.42	19.2
2013	尖叶桂樱	2	0	0.35	23.0
2013	景东冬青	2	3	0.40	41.0
2013	蒙自连蕊茶	3	5	0.44	40.5
2013	南亚枇杷	8	0	0.25	18.2
2013	山矾	1	0	0.40	27.0
2013	珊瑚冬青	3	0	0.23	15.0
2013	四川冬青	1	0	0.40	56.0
2013	西藏鼠李	1	0	0.30	49.0
2013	多果新木姜子	3	0	0.47	48.3
2013	长柱十大功劳	2	0	0.90	24.0
2013	中缅八角	4	0	0.50	39.8
2013	朱砂根	9	0	0.47	34.7
2014	白瑞香	1	0	0.20	7.1
2014	变色锥	0	1	0.60	40.8
2014	丛花山矾	0	2	0.40	23.2
2014	粗梗稠李	1	0	0.40	35.0
2014	多果新木姜子	7	0	0.17	11.4
2014	高盆樱桃	1	0	0.20	10.9
2014	贵州花椒	1	0	0.50	35.8
2014	黑老虎	6	0	0.25	8.9
2014	红花木莲	1	0	0.60	43.0
2014	黄丹木姜子	2	0	0.15	10.0
2014	黄心树	77	1	0.26	18.8
2014	景东冬青	2	3	0.42	26.6

（续）

年份	幼苗种名	实生苗株数/（株/样地）	萌生苗株数/（株/样地）	平均基径/cm	平均高/cm
2014	蒙自连蕊茶	2	3	0.34	36.1
2014	南亚枇杷	6	0	0.33	21.8
2014	乔木茵芋	1	0	0.60	45.1
2014	瑞丽鹅掌柴	1	0	0.20	4.5
2014	山矾	1	0	0.50	34.7
2014	珊瑚冬青	1	1	0.30	11.3
2014	细齿桃叶珊瑚	0	1	0.50	27.9
2014	多果新木姜子	2	2	0.30	28.7
2014	硬壳柯	2	0	0.20	14.6
2014	长柱十大功劳	3	0	0.87	41.5
2014	中缅八角	3	0	0.27	13.7
2014	朱砂根	11	0	0.37	23.6
2015	八月瓜	2	0	0.20	6.0
2015	白瑞香	1	0	0.20	9.5
2015	变色锥	1	1	0.50	35.9
2015	翅柄紫茎	10	0	0.08	4.3
2015	丛花山矾	0	2	0.50	34.5
2015	粗梗稠李	1	0	0.40	21.2
2015	滇润楠	1	0	0.20	22.0
2015	多果新木姜子	5	0	0.18	12.7
2015	高盆樱桃	1	0	0.20	7.7
2015	贵州花椒	8	0	0.15	8.4
2015	黑老虎	5	1	0.25	9.0
2015	红花木莲	10	0	0.22	9.3
2015	黄丹木姜子	3	0	0.20	12.7
2015	黄心树	52	4	0.30	18.5
2015	尖叶桂樱	1	0	0.10	8.2
2015	景东冬青	2	3	0.42	27.5
2015	蒙自连蕊茶	2	2	0.35	29.4
2015	木果柯	1	0	0.30	17.0
2015	南亚枇杷	17	0	0.26	15.9
2015	南洋木荷	3	0	0.10	3.8
2015	乔木茵芋	1	0	0.60	51.0
2015	瑞丽鹅掌柴	1	0	0.30	10.0
2015	山矾	1	0	0.50	41.0
2015	山鸡椒	10	0	0.19	10.1
2015	山青木	20	0	0.18	6.4
2015	珊瑚冬青	0	1	0.30	18.5
2015	瓦山安息香	1	0	0.20	16.0

（续）

年份	幼苗种名	实生苗株数/（株/样地）	萌生苗株数/（株/样地）	平均基径/cm	平均高/cm
2015	细齿桃叶珊瑚	0	1	0.60	32.0
2015	多果新木姜子	2	0	0.30	23.5
2015	硬壳柯	1	0	0.20	10.0
2015	长柱十大功劳	3	0	0.93	31.7
2015	中缅八角	15	0	0.19	7.5
2015	朱砂根	8	1	0.33	18.1

注：哀牢山综合观测场中山湿性常绿阔叶林土壤生物采样样地面积 2 500 m²。

3.1.5　乔、灌、草各层叶面积指数

3.1.5.1　概述

本数据集包含哀牢山站 2008—2015 年 6 个长期监测样地的年尺度观测数据，观测内容包括乔木层叶面积指数、灌木层叶面积指数和草本层叶面积指数，其中哀牢山茶叶人工林站区观测场只观测灌木层叶面积指数。数据采集地点：ALFZH01AC0_01（综合观测场中山湿性常绿阔叶林长期监测样地）、ALFZH01ABC_02（综合观测场中山湿性常绿阔叶林长期监测采样样地）、ALFFZ01ABC_01（山顶苔藓矮林辅助观测长期监测采样样地）、ALFFZ02ABC_01（滇南山杨次生林辅助观测长期监测采样样地）、ALFFZ03A00_01（尼泊尔桤木次生林辅助观测长期监测采样样地）、ALFZQ01（茶叶人工林站区观测场）。数据采集时间：观测年的生长季每月一次，非生长季一个季度一次。

3.1.5.2　数据采集和处理方法

叶面积指数（LAI）监测点选定在Ⅱ级样方内进行，测量位置设在凋落物框附近。叶面积指数测定仪器是 LAI2000 冠层分析仪，在观测当天的 8：00、16：00 测定乔木层、灌木层、草本层各层的叶面积指数。

在灌木层之上用冠层分析仪对乔木层冠层进行扫描，测定得到乔木层叶面积指数（LAI_0）；在每一个选定的Ⅱ级样方中，将冠层分析仪置于森林群落灌木层下、草本层上的位置，对整个群落进行扫描，可得到森林群落乔木层与灌木层的叶面积指数 LAI_1（LAI_1＝乔木层叶面积指数＋灌木层叶面积指数）；在每一个选定的Ⅱ级样方中，将冠层分析仪置于森林群落草本层下的地面上，对整个群落进行扫描，可得到森林群落的总叶面积指数 LAI_2（LAI_2＝乔木层叶面积指数＋灌木层叶面积指数＋草本层叶面积指数）。

用乔木层叶面积指数和灌木层叶面积指数（LAI_1）减去乔木层叶面积指数（LAI_0）即得到森林灌木层叶面积指数；用森林群落的总叶面积指数（LAI_2）减去乔木层叶面积指数和灌木层叶面积指数即得到森林草本层叶面积指数。

3.1.5.3　数据质量控制和评估

由于叶面积指数具有明显的季节动态变化，叶面积指数数据随季节具有一定幅度的波动性。因此，叶面积指数数据审验主要是核查数据的完整性与合理性，如果室内分析发现异常数据时（$LAI_{乔木}$＞$LAI_{乔木}$＋$LAI_{灌木}$，或者 $LAI_{乔木}$＋$LAI_{灌木}$＞$LAI_{乔木}$＋$LAI_{灌木}$＋$LAI_{草本}$），可能的原因有，乔木、灌木、草本不同层次的测定顺序弄错，或各层次高度没有把握好。叶面积指数数据缺失往往是仪器故障造成的。叶面积指数数据合理性的审验主要是看叶面积指数数据是否符合季节动态变化规律。

3.1.5.4　数据价值/数据使用方法和建议

叶面积指数是表征冠层结构的关键参数，它影响森林植物光合、呼吸、蒸腾、降水截留、能量交换等诸多生态过程，本数据集可以为相关研究提供基础数据。

3.1.5.5　数据

各层具体叶面积指数见表 3-12～表 3-17。

表 3-12　综合观测场中山湿性常绿阔叶林长期观测样地乔、灌、草各层叶面积指数

时间（年-月）	乔木层叶面积指数	灌木层叶面积指数	草本层叶面积指数
2010-04	3.76	1.03	0.52
2010-08	4.31	0.64	0.71
2010-12	4.02	0.77	0.64
2015-04	2.51	0.73	0.94
2015-08	3.36	1.43	1.21
2015-11	2.21	1.62	1.17

注：每 4 个月观测 1 次。

表 3-13　综合观测场中山湿性常绿阔叶林土壤生物采样样地乔、灌、草各层叶面积指数

时间（年-月）	乔木层叶面积指数	灌木层叶面积指数	草本层叶面积指数
2010-04	4.16	1.02	0.28
2010-08	4.62	0.91	0.54
2010-12	4.02	1.05	0.62
2015-04	2.11	0.90	0.58
2015-08	2.51	1.43	0.50
2015-11	1.98	1.98	0.50

注：每 4 个月观测 1 次。

表 3-14　尼泊尔桤木次生林辅助长期观测样地乔、灌、草各层叶面积指数

时间（年-月）	乔木层叶面积指数	灌木层叶面积指数	草本层叶面积指数
2010-05	1.72	0.45	0.24
2010-08	3.14	0.62	0.36
2010-12	1.17	0.41	0.17
2015-05	2.33	0.79	1.44
2015-08	1.96	1.76	1.35
2015-11	2.07	0.99	0.60

注：每 4 个月观测 1 次。

表 3-15　滇南山杨次生林辅助长期观测样地乔、灌、草各层叶面积指数

时间（年-月）	乔木层叶面积指数	灌木层叶面积指数	草本层叶面积指数
2010-05	3.533	1.382	0.078
2010-08	3.737	1.180	0.287
2010-12	3.850	1.398	0.472

（续）

时间（年-月）	乔木层叶面积指数	灌木层叶面积指数	草本层叶面积指数
2015 - 04	2.290	0.847	0.407
2015 - 08	2.865	1.253	0.183
2015 - 11	2.768	1.547	0.542

注：每 4 个月观测 1 次。

表 3 - 16　山顶苔藓矮林辅助长期观测采样地乔、灌、草各层叶面积指数

时间（年-月）	乔木层叶面积指数	灌木层叶面积指数	草本层叶面积指数
2010 - 04	3.51	0.57	0.27
2010 - 08	3.82	0.67	0.45
2010 - 12	3.77	0.52	0.28
2015 - 04	1.91	0.40	0.54
2015 - 08	2.34	1.39	0.68
2015 - 11	2.65	0.77	0.55

注：每 4 个月观测 1 次。

表 3 - 17　茶叶人工林站区观测场乔、灌、草各层叶面积指数

年份	月份	灌木层叶面积指数
2010	4	2.96
2010	8	3.61
2010	12	3.68
2015	4	4.38
2015	8	6.95
2015	11	7.31

注：每 4 个月观测 1 次。

3.1.6　凋落物回收量季节动态与现存量

3.1.6.1　概述

本数据集包含哀牢山站 2008—2015 年 5 个长期监测样地的年尺度观测数据，观测内容包括枯枝干重、枯叶干重、落果（花）干重、树皮干重、苔藓地衣干重、杂物干重。数据采集地点：ALFZH01AC0 _ 01（综合观测场中山湿性常绿阔叶林长期监测样地）、ALFZH01ABC _ 02（综合观测场中山湿性常绿阔叶林长期监测采样样地）、ALFFZ01ABC _ 01（山顶苔藓矮林辅助观测场长期监测采样样地）、ALFFZ02ABC _ 01（滇南山杨次生林辅助观测长期监测采样样地）、ALFFZ03A00 _ 01（尼泊尔桤木次生林辅助观测长期监测采样样地）。植物群落凋落物现存量的收集在每年 4 月进行；凋落物回收量季节动态 1 次／月，在每个月的 30 日（2 月在 28 日）收集。

3.1.6.2　数据采集和处理方法

采集和处理流程：野外样品收集进站—分拣—烘烤—干重称量—保存备用或放回原地。

凋落物回收量：每个月把野外凋落物框（1 m×1 m）中凋落物收回室内，然后按叶、枝、落花（果）、树皮、附生物（苔藓地衣）、杂物等类别分拣，根据凋落物框编号，将体积较小的枝、落花（果）、树皮、附生物（苔藓地衣）、杂物等放置于玻璃培养皿中，体积较大的叶片放置在铝质轻盘中，内置标签，注明样品所在凋落物框编号。

凋落物现存量：凋落物现存量的取样样方（样方投影面积为 1 m×1 m）设置在凋落物框附近，用卷尺或者边框确定边界，首先将延伸出边界的枝干用枝剪或锯子截断并收集，然后收集样方范围内的凋落物并编号，带回室内风干，按枝、叶、繁殖器官（花、果或种子）、树皮、附生物（苔藓地衣）、杂物等类别分拣，分别置于布袋内并编号。

在恒温干燥箱里烘烤样品，将分拣后的凋落物按部位装在布袋并放进烘干箱里，烘干温度为65℃，烘烤至接近恒重即可，烘烤时间一般为 24 h，由于哀牢山地区干湿季节差别大，根据所处季节需作适当调整。称量采用电子天平，将烘干后的凋落物分别按叶、枝、落花（果）、树皮、附生物（苔藓地衣）、杂物等类别称量，称量的同时记录。

3.1.6.3　数据质量控制和评估

由于植物具有季节性的落叶现象，因此月份间的数据不存在增加或减少的必然趋势，但具有一定的季节性，尤其是年总量在年际间具有一定程度的稳定性。数据审验人员主要根据数据的季节性来判断数据的一致性，从年总量的基本稳定性来判断数据的合理性，从数据有无缺失判断数据的完整性。为了更好地保障数据质量，一线观测人员在日常工作中须把握好两点：一是在野外收集时应当检查凋落物框的水平状况与完好状况，如果收集框倾斜或破烂，则应在备注栏目里注明，并及时布置好凋落物收集框；二是称量读数时，若发现某些数据异常，当时就要重新调零称量并准确读数。

3.1.6.4　数据价值/数据使用方法和建议

凋落物是森林地上净生产量回归地表的主要方式，也是森林生态系统养分归还的重要途径，在维持土壤肥力、促进森林生态系统正常的物质循环和养分平衡方面，凋落物有着特别重要的作用。因此，研究凋落物对于理解森林碳循环的机理，预测森林碳循环对气候变化的响应方面都有着极其重要的意义。

本数据集包含凋落物回收量和凋落物现存量两方面数据。哀牢山站能长期稳定地提供凋落物量监测数据，从而为相关科研人员提供数据基础。

3.1.6.5　数据

具体数据见表 3-18～表 3-24。

表 3-18　综合观测场中山湿性常绿阔叶林长期观测样地凋落物回收量季节动态

时间 （年-月）	枯枝干重/ （g/框）	枯叶干重/ （g/框）	落果（花）干重/ （g/框）	树皮干重/ （g/框）	苔藓地衣干重/ （g/框）	杂物干重/ （g/框）
2008-01	14.12	19.07	2.69	2.09	1.62	6.56
2008-02	13.84	15.35	0.99	0.91	1.10	2.65
2008-03	8.03	30.16	0.73	0.86	0.64	3.77
2008-04	41.13	107.54	1.43	1.17	2.32	14.56
2008-05	13.40	70.71	1.74	1.02	1.10	12.12
2008-06	41.20	39.02	5.03	2.14	3.40	12.00
2008-07	9.24	22.72	9.42	0.80	0.78	3.73
2008-08	12.29	22.70	7.29	0.79	0.67	4.13
2008-09	17.91	21.54	6.33	6.84	2.01	5.91
2008-10	13.92	27.22	19.16	1.02	1.06	5.03
2008-11	7.17	35.02	32.07	0.74	0.68	5.26
2008-12	3.31	32.20	4.79	0.37	0.27	3.27
2009-01	9.17	13.20	7.64	0.73	0.76	7.12

（续）

时间 （年-月）	枯枝干重/ （g/框）	枯叶干重/ （g/框）	落果（花）干重/ （g/框）	树皮干重/ （g/框）	苔藓地衣干重/ （g/框）	杂物干重/ （g/框）
2009 - 02	15.05	17.12	3.61	1.13	0.64	3.51
2009 - 03	9.85	44.92	1.53	0.85	0.68	6.90
2009 - 04	23.90	61.73	3.91	1.07	0.94	12.59
2009 - 05	8.36	52.35	2.66	0.47	0.96	12.95
2009 - 06	12.26	23.79	3.22	2.26	1.50	6.16
2009 - 07	9.34	21.96	3.57	1.06	0.47	3.49
2009 - 08	8.45	25.86	2.93	0.53	0.53	2.82
2009 - 09	22.92	19.89	3.24	0.83	1.49	4.89
2009 - 10	4.83	31.94	8.15	0.59	0.37	5.39
2009 - 11	7.40	39.77	7.44	0.62	0.79	5.12
2009 - 12	5.25	57.34	3.98	0.32	0.49	4.37
2010 - 01	5.67	19.62	1.28	0.31	0.51	3.09
2010 - 02	9.41	17.88	1.01	0.42	0.52	9.51
2010 - 03	14.63	74.73	0.97	0.57	1.20	14.45
2010 - 04	33.57	102.01	2.20	0.85	1.64	24.48
2010 - 05	20.62	62.57	3.61	0.46	1.05	12.28
2010 - 06	11.70	30.57	3.25	0.40	0.56	5.37
2010 - 07	5.67	19.01	8.91	0.80	0.45	4.53
2010 - 08	6.87	23.96	4.92	0.31	0.60	3.70
2010 - 09	6.83	19.74	4.39	0.45	0.50	3.74
2010 - 10	7.48	26.12	8.61	0.60	0.67	2.70
2010 - 11	6.24	43.81	6.15	0.98	0.56	5.74
2010 - 12	7.08	33.94	3.18	0.55	0.38	7.38
2011 - 01	21.63	13.05	7.88	0.55	0.90	6.39
2011 - 02	10.61	10.83	4.17	2.66	0.53	3.75
2011 - 03	8.94	36.81	1.28	0.68	1.09	4.54
2011 - 04	5.70	62.37	1.15	0.73	0.78	13.88
2011 - 05	4.32	73.98	0.92	2.46	0.50	10.10
2011 - 06	14.88	40.00	2.60	2.07	0.58	8.42
2011 - 07	12.35	20.22	4.45	0.92	0.74	3.91
2011 - 08	21.04	26.51	7.69	0.74	1.36	4.80
2011 - 09	7.66	24.12	3.74	1.42	1.01	4.18
2011 - 10	12.74	32.23	7.07	0.89	0.75	3.74
2011 - 11	5.00	42.96	9.16	1.16	0.48	3.94
2011 - 12	6.99	38.43	9.78	0.94	0.98	2.17
2012 - 01	12.25	17.50	11.67	0.86	1.07	4.02
2012 - 02	24.84	26.84	3.88	1.14	1.47	4.31
2012 - 03	8.47	73.56	1.95	0.40	0.76	4.83

（续）

时间 （年-月）	枯枝干重/ （g/框）	枯叶干重/ （g/框）	落果（花）干重/ （g/框）	树皮干重/ （g/框）	苔藓地衣干重/ （g/框）	杂物干重/ （g/框）
2012 - 04	22.84	110.16	17.51	1.02	1.50	19.42
2012 - 05	4.86	60.04	8.88	0.57	0.93	13.88
2012 - 06	16.90	19.88	6.05	5.60	2.36	8.78
2012 - 07	11.81	23.54	8.85	0.87	0.63	3.32
2012 - 08	13.18	26.28	5.02	0.88	1.21	4.15
2012 - 09	21.04	20.53	5.59	14.46	2.43	6.88
2012 - 10	6.10	28.44	4.54	0.61	0.39	3.34
2012 - 11	13.69	49.66	5.46	1.11	0.90	6.88
2012 - 12	7.17	23.61	11.64	0.79	0.70	6.91
2013 - 01	4.14	12.32	3.68	1.28	0.46	3.43
2013 - 02	9.80	15.69	1.59	1.46	0.50	2.95
2013 - 03	9.61	54.70	1.19	2.40	0.56	6.81
2013 - 04	9.01	89.34	1.36	2.45	0.63	13.28
2013 - 05	7.53	45.94	2.80	4.10	1.34	13.20
2013 - 06	12.22	38.66	3.26	1.29	2.05	6.73
2013 - 07	12.18	25.67	4.18	0.88	0.62	5.09
2013 - 08	6.45	26.51	4.48	1.20	0.42	3.92
2013 - 09	19.42	27.16	5.87	0.50	1.57	5.11
2013 - 10	28.67	27.64	31.31	0.98	1.25	4.94
2013 - 11	7.51	44.68	26.76	0.93	0.30	5.10
2013 - 12	8.17	38.65	7.02	0.68	0.38	3.39
2014 - 01	5.62	27.73	5.89	0.36	0.53	2.30
2014 - 02	37.66	46.77	10.30	1.04	1.35	4.47
2014 - 03	27.30	98.01	11.62	1.44	0.82	8.65
2014 - 04	18.42	135.82	18.13	0.82	0.74	11.31
2014 - 05	11.93	48.64	6.82	0.65	0.95	11.37
2014 - 06	16.40	18.11	7.99	1.38	1.34	8.04
2014 - 07	10.49	18.71	9.13	1.83	0.76	4.07
2014 - 08	63.75	25.16	12.51	3.26	1.79	6.68
2014 - 09	9.18	19.05	24.57	1.53	1.42	6.82
2014 - 10	5.46	18.46	6.02	0.55	0.58	6.05
2014 - 11	3.16	28.01	3.84	0.33	0.36	6.04
2014 - 12	3.82	27.77	1.34	0.42	0.26	2.45
2015 - 01	168.69	48.04	8.71	7.60	10.49	19.97
2015 - 02	12.54	16.36	0.97	1.28	7.80	4.09
2015 - 03	15.14	56.06	1.54	1.35	2.05	9.01
2015 - 04	8.74	45.42	8.36	0.95	1.65	9.38
2015 - 05	5.64	29.73	11.77	0.57	0.53	8.14

（续）

时间 （年-月）	枯枝干重/ （g/框）	枯叶干重/ （g/框）	落果（花）干重/ （g/框）	树皮干重/ （g/框）	苔藓地衣干重/ （g/框）	杂物干重/ （g/框）
2015 - 06	5.20	19.71	5.50	0.47	0.62	6.81
2015 - 07	4.65	15.13	4.88	1.02	0.89	3.90
2015 - 08	11.53	21.57	13.20	1.33	0.86	5.97
2015 - 09	2.40	12.68	3.89	0.72	0.66	3.26
2015 - 10	5.00	18.85	7.61	0.36	0.46	8.48
2015 - 11	13.23	24.71	4.25	1.05	1.07	7.07
2015 - 12	3.96	25.80	4.42	0.75	0.65	3.92

注：每个凋落物框面积为 1 m²。

表 3-19　综合观测场中山湿性常绿阔叶林土壤生物采样样地凋落物回收量季节动态

时间 （年-月）	枯枝干重/ （g/框）	枯叶干重/ （g/框）	落果（花）干重/ （g/框）	树皮干重/ （g/框）	苔藓地衣干重/ （g/框）	杂物干重/ （g/框）
2008 - 01	6.39	5.33	0.38	0.52	0.44	1.52
2008 - 02	3.90	5.11	0.21	0.27	0.30	0.81
2008 - 03	2.59	6.20	0.12	0.09	0.10	1.29
2008 - 04	5.18	28.00	0.67	0.14	0.22	3.95
2008 - 05	0.73	18.06	0.89	0.62	0.07	4.72
2008 - 06	0.60	8.95	1.01	0.05	0.11	1.19
2008 - 07	0.99	5.40	2.17	0.19	0.12	1.44
2008 - 08	1.73	4.81	2.13	0.18	0.13	1.04
2008 - 09	2.24	5.91	1.31	0.23	0.09	0.64
2008 - 10	1.69	5.38	16.46	0.32	0.15	1.20
2008 - 11	2.45	6.26	15.06	0.20	0.14	1.50
2008 - 12	0.74	7.24	4.02	0.27	0.09	0.59
2009 - 01	4.75	2.94	1.84	0.17	0.91	1.19
2009 - 02	3.43	3.32	1.27	0.62	0.11	1.20
2009 - 03	2.65	12.39	0.68	0.29	0.18	3.46
2009 - 04	2.87	18.14	1.37	0.40	0.29	6.09
2009 - 05	1.62	18.51	4.15	0.11	0.14	3.49
2009 - 06	1.89	6.14	2.36	0.43	0.16	1.59
2009 - 07	4.23	4.52	1.05	0.93	0.44	0.97
2009 - 08	1.25	6.14	5.01	0.37	0.13	1.67
2009 - 09	2.50	4.97	0.48	0.49	0.23	1.17
2009 - 10	0.96	5.34	3.07	0.38	0.26	2.07
2009 - 11	2.15	6.12	2.86	0.14	0.16	1.79
2009 - 12	1.30	7.38	0.36	0.35	0.03	1.29
2010 - 01	10.92	12.81	0.60	0.47	1.11	5.62
2010 - 02	16.80	19.23	0.74	0.72	0.65	6.02
2010 - 03	22.35	70.97	0.61	1.03	1.07	38.11

（续）

时间 （年-月）	枯枝干重/ （g/框）	枯叶干重/ （g/框）	落果（花）干重/ （g/框）	树皮干重/ （g/框）	苔藓地衣干重/ （g/框）	杂物干重/ （g/框）
2010 - 04	30.49	122.52	2.62	1.64	1.52	42.00
2010 - 05	16.76	86.06	7.19	0.72	0.77	14.36
2010 - 06	18.07	41.50	13.35	0.53	0.89	4.54
2010 - 07	7.40	17.31	12.16	0.82	0.38	3.48
2010 - 08	7.15	22.48	6.67	1.09	0.56	1.95
2010 - 09	17.26	23.47	3.50	1.59	1.15	3.75
2010 - 10	17.95	21.80	22.75	1.60	1.82	3.61
2010 - 11	7.82	31.28	34.81	0.54	0.34	8.86
2010 - 12	10.85	19.41	8.23	0.98	0.38	6.97
2011 - 01	15.94	10.91	2.51	0.61	0.63	4.75
2011 - 02	12.37	7.83	2.96	0.73	0.32	2.73
2011 - 03	12.05	26.18	1.64	0.91	0.77	5.50
2011 - 04	12.78	77.93	2.06	0.76	0.68	19.23
2011 - 05	5.83	101.92	2.81	0.56	0.28	12.73
2011 - 06	9.14	49.75	9.39	0.91	0.55	7.42
2011 - 07	10.27	19.32	2.89	0.87	1.26	3.40
2011 - 08	15.67	25.99	16.53	1.15	1.32	5.32
2011 - 09	7.51	25.61	3.00	1.12	0.70	3.91
2011 - 10	15.52	30.96	21.96	1.16	1.15	3.73
2011 - 11	13.61	28.84	18.93	1.45	0.91	5.00
2011 - 12	8.38	22.69	18.07	0.68	1.01	3.23
2012 - 01	21.10	13.66	4.01	0.64	0.67	3.63
2012 - 02	40.52	27.41	1.36	1.30	1.18	4.26
2012 - 03	7.67	54.03	2.57	0.88	0.69	7.73
2012 - 04	24.15	102.75	24.90	1.58	1.42	21.38
2012 - 05	7.21	78.92	27.58	0.72	0.62	15.26
2012 - 06	68.35	21.60	21.36	1.54	1.85	8.87
2012 - 07	4.80	18.07	10.98	0.92	0.70	3.36
2012 - 08	11.74	20.92	20.84	2.32	0.56	3.65
2012 - 09	7.15	15.12	5.45	1.50	0.43	3.44
2012 - 10	9.93	20.28	13.44	0.93	0.53	3.59
2012 - 11	18.58	33.48	6.65	0.99	0.40	5.29
2012 - 12	12.09	16.98	3.59	1.03	0.62	3.93
2013 - 01	3.58	7.37	2.30	0.45	0.27	2.14
2013 - 02	10.93	16.29	1.09	0.86	0.39	2.77
2013 - 03	14.40	57.11	1.70	1.38	0.85	7.37
2013 - 04	16.37	113.96	1.00	0.63	0.38	20.59
2013 - 05	28.99	60.50	10.29	0.86	1.12	11.95

（续）

时间 （年-月）	枯枝干重/ （g/框）	枯叶干重/ （g/框）	落果（花）干重/ （g/框）	树皮干重/ （g/框）	苔藓地衣干重/ （g/框）	杂物干重/ （g/框）
2013-06	9.11	38.35	8.06	0.50	1.06	4.61
2013-07	4.14	20.72	15.22	2.98	0.70	2.48
2013-08	6.45	23.78	21.03	0.72	0.24	2.47
2013-09	14.14	22.50	7.44	4.15	0.98	3.30
2013-10	9.73	26.19	63.27	0.57	0.34	2.41
2013-11	9.81	32.62	70.31	0.83	0.20	2.61
2013-12	7.05	16.36	4.99	0.41	0.23	2.81
2014-01	7.00	14.57	6.36	0.44	0.29	1.52
2014-02	42.75	57.84	6.66	1.98	0.80	5.52
2014-03	28.75	99.44	16.55	0.97	0.79	12.70
2014-04	17.82	176.11	13.19	0.99	0.60	20.70
2014-05	11.61	68.25	10.57	2.13	0.56	10.96
2014-06	4.68	22.00	7.36	3.23	0.86	6.03
2014-07	4.45	15.03	12.88	2.31	0.72	4.62
2014-08	27.39	20.69	28.84	3.56	0.90	7.05
2014-09	13.71	14.21	21.75	1.60	1.40	5.63
2014-10	7.69	17.51	8.89	0.70	0.34	5.81
2014-11	2.97	18.12	4.22	1.08	0.26	3.87
2014-12	8.43	19.69	3.38	0.24	0.26	2.15
2015-01	205.75	79.94	6.11	12.90	12.72	24.37
2015-02	11.68	20.08	0.61	1.72	0.93	5.68
2015-03	17.63	59.97	1.45	2.17	1.81	2.43
2015-04	7.66	41.99	20.70	1.49	0.68	9.91
2015-05	5.82	35.69	20.30	1.43	0.52	9.66
2015-06	4.18	13.90	14.56	1.52	0.46	6.29
2015-07	3.46	9.44	4.22	1.82	0.55	4.28
2015-08	3.44	13.73	21.98	1.85	0.33	6.55
2015-09	2.03	7.44	3.31	1.03	0.76	2.74
2015-10	4.01	13.74	19.04	0.85	0.33	9.54
2015-11	4.96	15.44	15.24	0.94	0.41	7.89
2015-12	11.10	14.51	4.50	1.46	0.64	6.64

注：每个凋落物框面积为 1 m²。

表 3-20　综合观测场中山湿性常绿阔叶林长期观测样地凋落物现存量

年份	枯枝干重/ （g/样方）	枯叶干重/ （g/样方）	落果（花）干重/ （g/样方）	树皮干重/ （g/样方）	苔藓地衣干重/ （g/样方）	杂物干重/ （g/样方）	总干重/ （g/样方）
2008	244.96	346.34	25.03	10.05	10.77	117.54	754.70
2009	411.53	287.48	47.32	12.99	14.12	42.28	815.72
2010	235.70	388.29	11.56	7.97	7.05	13.14	663.71

（续）

年份	枯枝干重/ (g/样方)	枯叶干重/ (g/样方)	落果（花）干重/ (g/样方)	树皮干重/ (g/样方)	苔藓地衣干重/ (g/样方)	杂物干重/ (g/样方)	总干重/ (g/样方)
2011	311.72	257.06	31.17	14.66	7.90	28.61	651.12
2012	178.16	314.36	36.55	9.67	7.37	32.94	579.05
2013	279.50	391.04	26.23	25.37	9.03	36.78	767.94
2014	181.58	472.44	51.37	18.95	7.75	24.80	756.88
2015	495.35	364.22	27.91	18.61	18.51	34.57	959.18

注：凋落物现存量取样面积为 1 m²。

表 3-21 哀牢山综合观测场中山湿性常绿阔叶林土壤生物采样样地凋落物现存量

年份	枯枝干重/ (g/样方)	枯叶干重/ (g/样方)	落果（花）干重/ (g/样方)	树皮干重/ (g/样方)	苔藓地衣干重/ (g/样方)	杂物干重/ (g/样方)	总干重/ (g/样方)
2008	434.91	344.99	102.89	8.46	10.62	82.03	983.89
2009	443.88	413.96	114.88	14.92	8.48	114.56	1 110.68
2010	372.28	373.85	68.13	20.47	7.68	98.03	940.45
2011	225.62	237.90	66.90	7.78	4.65	44.10	586.96
2012	323.87	295.14	71.01	11.90	6.88	31.62	740.40
2013	336.47	391.06	54.66	12.07	7.58	73.60	875.44
2014	318.90	495.34	228.61	10.30	8.55	97.46	1 159.16
2015	789.52	441.70	52.10	19.47	15.18	54.96	1 372.92

注：凋落物现存量取样面积为 1 m²。

表 3-22 尼泊尔桤木次生林辅助长期观测样地凋落物现存量

年份	枯枝干重/ (g/样方)	枯叶干重/ (g/样方)	落果（花）干重/ (g/样方)	树皮干重/ (g/样方)	苔藓地衣干重/ (g/样方)	杂物干重/ (g/样方)	总干重/ (g/样方)
2008	207.93	444.19	2.94	15.26	2.77	47.21	720.30
2009	274.28	385.63	1.90	22.48	3.68	6.15	694.11
2010	275.89	397.39	2.78	20.11	2.31	74.85	773.33
2011	181.32	242.79	5.28	6.19	2.44	44.85	482.86
2012	175.09	319.47	6.57	8.21	1.57	32.92	543.82
2013	192.38	429.82	1.63	6.18	6.23	59.29	695.52
2014	218.48	440.66	2.38	18.38	1.80	41.38	723.08
2015	245.16	320.36	0.94	12.27	2.34	40.70	621.78

注：凋落物现存量取样面积为 1 m²。

表 3-23 滇南山杨次生林辅助长期观测样地凋落物现存量

年份	枯枝干重/ (g/样方)	枯叶干重/ (g/样方)	落果（花）干重/ (g/样方)	树皮干重/ (g/样方)	苔藓地衣干重/ (g/样方)	杂物干重/ (g/样方)	总干重/ (g/样方)
2008	184.78	514.22	16.79	11.71	10.20	79.12	816.82
2009	270.94	409.73	3.15	6.38	5.83	78.67	774.69
2010	315.99	403.94	8.23	18.33	11.74	127.97	886.18
2011	220.41	317.29	9.93	5.73	8.22	71.64	633.22

（续）

年份	枯枝干重/ (g/样方)	枯叶干重/ (g/样方)	落果（花）干重/ (g/样方)	树皮干重/ (g/样方)	苔藓地衣干重/ (g/样方)	杂物干重/ (g/样方)	总干重/ (g/样方)
2012	146.30	412.00	6.87	6.34	6.63	46.63	624.77
2013	198.64	516.71	6.50	16.31	8.37	68.68	815.22
2014	224.30	474.60	24.68	5.44	6.70	43.02	778.73
2015	571.19	422.70	6.43	15.30	15.66	33.05	1 064.32

注：凋落物现存量取样面积为 1 m²。

表 3 - 24　山顶苔藓矮林辅助长期观测采样地凋落物现存量

年份	枯枝干重/ (g/样方)	枯叶干重/ (g/样方)	落果（花）干/ (g/样方)	树皮干重/ (g/样方)	苔藓地衣干重/ (g/样方)	杂物干重/ (g/样方)	总干重/ (g/样方)
2008	169.22	530.88	10.01	3.35	40.40	44.88	798.75
2009	173.64	449.68	10.13	2.73	34.81	65.76	736.91
2010	425.56	411.90	6.51	3.39	37.15	73.51	958.02
2011	148.90	420.19	7.50	2.79	19.26	37.23	635.86
2012	142.40	407.56	2.92	3.25	23.95	50.32	630.39
2013	246.93	481.93	9.98	4.47	32.50	48.82	824.63
2014	366.62	636.35	14.16	5.60	47.30	55.56	1 125.59
2015	457.25	456.43	17.75	20.03	70.63	72.29	1 094.37

注：凋落物现存量取样面积为 1 m²。

3.1.7　乔、灌木植物物候观测

3.1.7.1　概述

本数据集包含哀牢山站 2008—2015 年 2 个长期监测样地的年尺度观测数据，乔木、灌木的主要观测物候期为展叶期、花蕾期、开花始期、开花盛期、开花末期、果实和种子成熟期、果实和种子脱落期、秋季叶变色期、落叶期；草本植物的主要观测物候期为萌动期、展叶期、花蕾、开花、果实脱落期、种子散布期、黄枯期。数据采集地点：ALFZH01AC0_01（综合观测场中山湿性常绿阔叶林长期监测样地）、ALFZH01ABC_02（综合观测场中山湿性常绿阔叶林长期监测采样样地）。数据采集时间：每周星期一。

3.1.7.2　数据采集和处理方法

物候观测的地点选在综合观测场，据样地复查数据、生物量数据等资料确定 16 个优势种，每个优势种选定 5 次重复物候观察，并对样树编号、挂牌，以便长期观测。高大乔木一般借助望远镜观测，采用东、南、西、北 4 个方位分别观测和记录。草本植物的物候观测应当在一定地点选定若干株作为观测目标。

3.1.7.3　数据质量控制和评估

不同物种发育节律一般不同，由于地形、地势、海拔等不同，在不同的地方，即使同一物种发育节律一般也不尽相同。物种发育年际差异很大。所以物候观测的审验主要是核对观测数据是否符合本物种在本地区常规的发育节律，或者偏离常规发育节律时间段不能太大。如果偏离常规发育节律时间段太大则应查找这段时间内是否出现过重大灾害等情况。

3.1.7.4　数据价值/数据使用方法和建议

本部分数据体现了较长时间尺度（15 年，2005 年开始监测）下，年际间植物物候期的变化情况。

可以提供植物一年或多年中生长和发育状况的变化数据，研究这些变化与自然环境或人类活动胁迫因子之间的关联性；也可以比较哀牢山区域不同植物物候进程的季节变化；了解区域植物物候是否受区域环境变化的影响，并对未来趋势提供预测。

3.1.7.5　数据

乔、灌木植物物候具体数据见表 3-25、表 3-26。

表 3-25　综合观测场中山湿性常绿阔叶林长期观测样地乔、灌木植物物候观测

年份	植物种名	出芽期 （月/日/年）	展叶期 （月/日/年）	首花期 （月/日/年）	盛花期 （月/日/年）	结果期 （月/日/年）	秋季叶变色 （月/日/年）	落叶期 （月/日/年）
2008	木果柯	03/31/2008	04/07/2008	05/26/2008	06/23/2008	10/29/2008	*	*
2008	硬壳柯	03/31/2008	04/07/2008	05/26/2008	06/23/2008	10/29/2008	*	*
2008	变色锥	03/31/2008	04/07/2008	06/21/2008	06/30/2008	10/20/2008	*	*
2008	红花木莲	04/07/2008	04/14/2008	05/26/2008	06/09/2008	09/30/2008	*	*
2008	南洋木荷	04/07/2008	04/21/2008	08/11/2008	09/10/2008	10/20/2008	*	*
2008	翅柄紫茎	03/31/2008	04/07/2008	04/21/2008	04/29/2008	07/23/2008	*	*
2008	云南越橘	01/14/2008	03/10/2008	03/17/2008	04/07/2008	05/19/2008	*	*
2008	蒙自连蕊茶	03/31/2008	04/07/2008	02/18/2008	03/10/2008	10/20/2008	*	*
2008	大花八角	04/29/2008	05/06/2008	01/14/2008	03/05/2008	10/13/2008	*	*
2008	毛齿藏南槭	03/24/2008	03/31/2008	04/14/2008	04/21/2008	10/13/2008	09/22/2008	10/29/2008
2008	吴茱萸五加	04/07/2008	04/14/2008	05/06/2008	05/26/2008	08/04/2008	11/03/2008	12/01/2008
2008	瓦山安息香	03/31/2008	04/21/2008	05/26/2008	06/09/2008	10/13/2008	11/03/2008	11/17/2008
2009	木果柯	03/09/2009	04/06/2009	05/11/2009	05/18/2009	11/02/2009	*	*
2009	硬壳柯	03/16/2009	03/23/2009	05/11/2009	05/25/2009	10/26/2009	*	*
2009	变色锥	03/16/2009	03/30/2009	04/27/2009	05/25/2009	11/02/2009	*	*
2009	红花木莲	02/09/2009	03/23/2009	05/11/2009	05/18/2009	08/24/2009	*	*
2009	南洋木荷	03/16/2009	03/23/2009	08/17/2009	08/24/2009	09/14/2009	*	*
2009	翅柄紫茎	03/16/2009	04/13/2009	05/18/2009	05/18/2009	10/05/2009	*	*
2009	云南越橘	02/16/2009	03/23/2009	04/06/2009	04/27/2009	08/10/2009	*	*
2009	蒙自连蕊茶	03/23/2009	04/06/2009	03/09/2009	03/23/2009	09/28/2009	*	*
2009	大花八角	04/13/2009	04/27/2009	02/16/2009	03/02/2009	08/10/2009	*	*
2009	毛齿藏南槭	03/02/2009	03/23/2009	04/20/2009	04/27/2009	09/07/2009	08/31/2009	10/12/2009
2009	吴茱萸五加	03/16/2009	04/06/2009	06/15/2009	06/29/2009	08/17/2009	10/05/2009	11/09/2009
2009	瓦山安息香	04/06/2009	04/20/2009	05/25/2009	06/01/2009	09/14/2009	10/12/2009	11/16/2009
2010	木果柯	03/01/2010	03/30/2010	05/03/2010	05/10/2010	04/05/2010	*	*
2010	硬壳柯	03/01/2010	03/30/2010	04/19/2010	05/3/2010	04/05/2010	*	*
2010	变色锥	02/08/2010	03/15/2010	04/19/2010	04/26/2010	06/07/2010	*	*
2010	红花木莲	02/01/2010	03/30/2010	05/17/2010	05/24/2010	06/14/2010	*	*
2010	南洋木荷	03/30/2010	04/12/2010	07/26/2010	08/2/2010	08/23/2010	*	*
2010	翅柄紫茎	03/30/2010	03/15/2010	05/17/2010	05/24/2010	07/12/2010	*	*
2010	云南越橘	01/04/2010	03/08/2010	03/30/2010	03/15/2010	04/19/2010	*	*
2010	蒙自连蕊茶	02/01/2010	04/05/2010	03/08/2010	02/15/2010	04/05/2010	*	*
2010	大花八角	03/22/2010	03/30/2010	02/01/2010	02/15/2010	03/15/2010	*	*

（续）

年份	植物种名	出芽期 （月/日/年）	展叶期 （月/日/年）	首花期 （月/日/年）	盛花期 （月/日/年）	结果期 （月/日/年）	秋季叶变色 （月/日/年）	落叶期 （月/日/年）
2010	毛齿藏南槭	03/15/2010	03/30/2010	04/12/2010	04/19/2010	05/10/2010	10/04/2010	11/08/2010
2010	吴茱萸五加	04/05/2010	04/19/2010	05/17/2010	05/24/2010	06/14/2010	10/04/2010	11/08/2010
2010	瓦山安息香	04/05/2010	04/26/2010	05/24/2010	05/31/2010	06/14/2010	10/18/2010	11/01/2010
2011	木果柯	03/06/2011	03/28/2011	06/06/2011	06/20/2011	10/24/2011	*	*
2011	硬壳柯	03/21/2011	04/11/2011	06/06/2011	06/20/2011	10/18/2011	*	*
2011	变色锥	03/14/2011	03/28/2011	04/25/2011	05/16/2011	10/18/2011	*	*
2011	红花木莲	03/06/2011	04/25/2011	05/16/2011	05/23/2011	08/08/2011	*	*
2011	南洋木荷	04/11/2011	05/16/2011	06/27/2011	07/04/2011	10/03/2011	*	*
2011	翅柄紫茎	02/28/2011	04/11/2011	—	—	—	*	*
2011	云南越橘	02/14/2011	03/06/2011	—	—	—	*	*
2011	蒙自连蕊茶	03/14/2011	04/04/2011	03/06/2011	03/21/2011	08/22/2011	*	*
2011	大花八角	04/04/2011	04/18/2011	01/24/2011	02/07/2011	08/08/2011	*	*
2011	毛齿藏南槭	03/06/2011	03/21/2011	04/25/2011	05/09/2011	08/17/2011	09/26/2011	10/18/2011
2011	吴茱萸五加	03/28/2011	04/18/2011	05/23/2011	06/06/2011	08/01/2011	10/10/2011	11/14/2011
2011	瓦山安息香	04/04/2011	04/18/2011	05/30/2011	06/06/2011	08/30/2011	10/18/2011	11/21/2011
2012	木果柯	03/19/2012	04/02/2012	05/14/2012	05/28/2012	10/08/2012	*	*
2012	硬壳柯	03/26/2012	04/09/2012	05/21/2012	06/04/2012	10/08/2012	*	*
2012	变色锥	03/12/2012	03/26/2012	04/16/2012	05/07/2012	10/08/2012	*	*
2012	红花木莲	03/12/2012	04/09/2012	05/07/2012	05/21/2012	07/23/2012	*	*
2012	南洋木荷	04/02/2012	04/09/2012	07/09/2012	07/16/2012	09/03/2012	*	*
2012	翅柄紫茎	02/27/2012	03/12/2012	05/07/2012	05/14/2012	11/12/2012	*	*
2012	云南越橘	02/13/2012	02/20/2012	03/12/2012	03/19/2012	07/31/2012	*	*
2012	蒙自连蕊茶	03/26/2012	04/09/2012	02/20/2012	03/12/2012	07/31/2012	*	*
2012	大花八角	04/09/2012	04/23/2012	01/09/2012	02/06/2012	07/31/2012	*	*
2012	毛齿藏南槭	03/05/2012	03/19/2012	04/09/2012	04/23/2012	08/06/2012	09/03/2012	10/08/2012
2012	吴茱萸五加	03/26/2012	04/02/2012	06/04/2012	06/11/2012	07/31/2012	10/08/2012	10/29/2012
2012	瓦山安息香	04/02/2012	04/16/2012	05/14/2012	05/21/2012	08/27/2012	10/15/2012	11/27/2012
2013	木果柯	03/04/2013	03/25/2013	05/06/2013	05/28/2013	09/23/2013	*	*
2013	硬壳柯	03/11/2013	04/09/2013	06/03/2013	06/10/2013	09/23/2013	*	*
2013	变色锥	03/04/2013	03/25/2013	04/15/2013	04/29/2013	09/23/2013	*	*
2013	红花木莲	03/11/2013	04/01/2013	04/29/2013	05/13/2013	08/05/2013	*	*
2013	南洋木荷	03/25/2013	04/15/2013	07/29/2013	08/12/2013	09/16/2013	*	*
2013	翅柄紫茎	03/04/2013	03/25/2013	05/06/2013	05/20/2013	11/11/2013	*	*
2013	云南越橘	02/11/2013	02/18/2013	02/25/2013	03/18/2013	08/12/2013	*	*
2013	蒙自连蕊茶	03/25/2013	04/01/2013	02/04/2013	02/18/2013	08/12/2013	*	*
2013	大花八角	04/15/2013	04/29/2013	12/17/2012	01/28/2013	08/05/2013	*	*
2013	毛齿藏南槭	03/04/2013	03/18/2013	04/01/2013	04/15/2013	08/12/2013	09/09/2013	10/21/2013
2013	吴茱萸五加	03/25/2013	04/01/2013	05/28/2013	06/03/2013	08/05/2013	10/14/2013	11/04/2013

（续）

年份	植物种名	出芽期 （月/日/年）	展叶期 （月/日/年）	首花期 （月/日/年）	盛花期 （月/日/年）	结果期 （月/日/年）	秋季叶变色 （月/日/年）	落叶期 （月/日/年）
2013	瓦山安息香	04/08/2013	04/22/2013	05/20/2013	06/03/2013	09/09/2013	10/28/2013	11/18/2013
2014	木果柯	03/10/2014	03/25/2014	05/05/2014	05/19/2014	09/29/2014	*	*
2014	硬壳柯	03/17/2014	03/25/2014	05/19/2014	05/26/2014	09/15/2014	*	*
2014	变色锥	03/03/2014	03/17/2014	04/21/2014	05/05/2014	09/29/2014	*	*
2014	红花木莲	03/10/2014	03/25/2014	04/28/2014	05/12/2014	08/18/2014	*	*
2014	南洋木荷	03/10/2014	03/17/2014	07/29/2014	08/12/2014	11/19/2013	*	*
2014	翅柄紫茎	03/17/2014	03/25/2014	05/05/2014	05/12/2014	12/01/2014	*	*
2014	云南越橘	02/10/2014	02/24/2014	03/31/2014	04/07/2014	09/01/2014	*	*
2014	蒙自连蕊茶	03/25/2014	03/31/2014	02/24/2014	03/10/2014	09/15/2014	*	*
2014	大花八角	04/14/2014	04/21/2014	01/06/2014	01/27/2014	09/08/2014	*	*
2014	毛齿藏南槭	02/24/2014	03/10/2014	03/17/2014	03/31/2014	08/25/2014	09/15/2014	10/14/2014
2014	吴茱萸五加	03/17/2014	03/25/2014	05/28/2014	06/03/2014	09/01/2014	10/14/2014	11/27/2014
2014	瓦山安息香	04/07/2014	04/14/2014	05/05/2014	05/19/2014	09/01/2014	10/14/2014	11/17/2014
2015	木果柯	03/16/2015	03/30/2015	05/04/2015	05/11/2015	10/12/2015	*	*
2015	硬壳柯	03/30/2015	04/06/2015	05/11/2015	05/25/2015	09/14/2015	*	*
2015	变色锥	03/16/2015	03/23/2015	04/13/2015	05/04/2015	09/28/2015	*	*
2015	红花木莲	03/23/2015	04/06/2015	04/27/2015	05/18/2015	08/17/2015	*	*
2015	南洋木荷	05/18/2015	05/25/2015	—	—	—	*	*
2015	翅柄紫茎	03/09/2015	03/30/2015	05/04/2015	05/18/2015	11/09/2015	*	*
2015	云南越橘	03/09/2015	03/23/2015	01/26/2015	02/23/2015	08/03/2015	*	*
2015	蒙自连蕊茶	03/23/2015	04/06/2015	02/09/2015	03/02/2015	08/24/2015	*	*
2015	大花八角	04/06/2015	04/20/2015	01/05/2015	01/26/2015	08/03/2015	*	*
2015	毛齿藏南槭	03/09/2015	03/23/2015	03/23/2015	03/30/2015	08/17/2015	09/28/2015	10/19/2015
2015	吴茱萸五加	03/23/2015	04/06/2015	05/18/2015	06/01/2015	08/03/2015	10/26/2015	11/16/2015
2015	瓦山安息香	04/06/2015	04/13/2015	05/18/2015	05/25/2015	08/24/2015	10/19/2015	11/16/2015

注：— 表示不开花不结果，* 表示常绿树种，秋季也不变色和不落叶。

表 3-26　综合观测场中山湿性常绿阔叶林长期观测样地草本层物候观测

年份	植物种名	出芽期 （月/日/年）	开花期 （月/日/年）	结实期 （月/日/年）	种子散布期 （月/日/年）	枯黄期 （月/日/年）
2008	红纹凤仙	04/14/2008	09/01/2008	10/10/2008	11/24/2008	12/22/2008
2008	象头花	04/21/2008	05/26/2008	11/10/2008	12/08/2008	11/24/2008
2008	一把伞南星	04/14/2008	05/26/2008	11/17/2008	12/22/2008	11/24/2008
2008	沿阶草	05/06/2008	06/23/2008	11/24/2008	12/30/2008	＋
2009	红纹凤仙花	04/06/2009	08/10/2009	11/09/2009	11/23/2009	12/07/2009
2009	象头花	06/01/2009	06/01/2009	11/09/2009	12/01/2009	11/23/2009
2009	一把伞南星	04/06/2009	05/11/2009	11/16/2009	12/01/2009	12/07/2009
2009	沿阶草	06/01/2009	06/08/2009	11/16/2009	11/23/2009	＋
2010	红纹凤仙花	04/19/2010	09/06/2010	10/04/2010	12/06/2010	12/20/2010

（续）

年份	植物种名	出芽期 （月/日/年）	开花期 （月/日/年）	结实期 （月/日/年）	种子散布期 （月/日/年）	枯黄期 （月/日/年）
2010	象头花	04/26/2010	05/24/2010	07/12/2010	11/15/2010	12/06/2010
2010	一把伞南星	04/05/2010	05/17/2010	07/12/2010	11/15/2010	12/06/2010
2010	沿阶草	04/12/2010	06/28/2010	07/12/2010	11/15/2010	+
2011	红纹凤仙花	03/28/2011	07/25/2011	10/18/2011	11/14/2011	12/12/2011
2011	象头花	04/04/2011	05/23/2011	10/10/2011	11/07/2011	11/28/2011
2011	一把伞南星	04/11/2011	05/23/2011	10/03/2011	11/07/2011	11/28/2011
2011	沿阶草	05/16/2011	06/20/2011	09/26/2011	11/07/2011	+
2012	红纹凤仙花	04/30/2012	08/13/2012	10/15/2012	10/29/2012	12/10/2012
2012	象头花	03/26/2012	05/07/2012	10/01/2012	10/15/2012	11/19/2012
2012	一把伞南星	04/09/2012	05/28/2012	10/08/2012	10/29/2012	11/19/2012
2012	沿阶草	05/14/2012	06/11/2012	10/18/2012	11/05/2012	+
2013	红纹凤仙花	04/15/2013	08/05/2013	10/14/2013	10/28/2013	11/18/2013
2013	象头花	03/11/2013	05/13/2013	07/02/2013	07/15/2013	11/04/2013
2013	一把伞南星	04/15/2013	06/13/2013	09/23/2013	10/21/2013	11/11/2013
2013	沿阶草	05/13/2013	06/13/2013	10/07/2013	11/04/2013	+
2014	红纹凤仙花	04/14/2014	08/18/2014	10/14/2014	10/27/2014	11/24/2014
2014	象头花	03/17/2014	03/25/2014	07/14/2014	07/28/2014	09/29/2014
2014	一把伞南星	05/05/2014	06/02/2014	09/15/2014	10/27/2014	11/03/2014
2014	沿阶草	05/19/2014	06/09/2014	10/20/2014	11/03/2014	+
2015	红纹凤仙花	04/13/2015	08/10/2015	10/05/2015	10/19/2015	11/23/2015
2015	象头花	03/09/2015	04/13/2015	07/13/2015	08/03/2015	10/05/2015
2015	一把伞南星	04/27/2015	06/08/2015	09/21/2015	10/27/2015	11/09/2015
2015	沿阶草	04/27/2015	06/15/2015	10/22/2015	10/26/2015	+

注：+ 表示多年生草本不枯黄。

3.1.8　各层优势植物和凋落物的矿质元素含量与能值

3.1.8.1　概述

本数据集包含哀牢山站 2008—2015 年 5 个长期监测样地的年尺度观测数据，各层优势植物包含植物名称和采样部位，凋落物包含采样部位，元素含量与能值包括全碳（g/kg）、全氮（g/kg）、全磷（g/kg）、全钾（g/kg）、全硫（g/kg）、全钙（g/kg）、全镁（g/kg）、干重热值（MJ/kg）、灰分（%）。数据采集地点：ALFZH01AC0_01（综合观测场中山湿性常绿阔叶林长期监测样地）、ALFZH01ABC_02（综合观测场中山湿性常绿阔叶林长期监测采样样地）、ALFFZ01ABC_01（山顶苔藓矮林辅助观测场长期监测采样样地）、ALFFZ02ABC_01（滇南山杨次生林辅助观测长期监测采样样地）、ALFFZ03A00_01（尼泊尔桤木次生林辅助观测长期监测采样样地）。

3.1.8.2　数据采集和处理方法

根据各样地群落乔木层的优势种，在样地外选取同种但不同大小的植株个体 5 株，树干用凿子取样；树根用锄头挖开土面取出，样品取好后把土回填；树枝和叶的取样，在树冠的不同方向用高枝剪剪取叶相完整的成熟叶及其枝条；树皮采样，从树干的上、中、下各取一块。灌木整株挖出，按叶、枝、根采样。草本整株挖出，分种采样，按地上部分、地下部分取样。各器官的采样量为鲜重500克左右，所有样品在75~80℃下烘干，磨碎制样，并编号，用封口袋装好，以便后续分析。

淍落物制样，将各样地3月、6月、9月、12月烘干称量记录后的每框淍落物按各组分混合、磨碎，制样编号，装入封口袋以做分析。

由于哀牢山生态站的条件限制，预制好的所有生物样品都送往具有国家资质的中国科学院西双版纳热带植物园公共技术服务中心检测分析。检测结果，由公共技术服务中心出示加盖印章的检测报告。

3.1.8.3 数据质量控制和评估

采集作物分析样品时，严格按照观测规范要求，保证样品的代表性，完成规定的采样点数、样方重复数；室内分析时严格检查实验环境条件、仪器和各种实验耗材的性能和状态、试剂和药品纯度、分析人员的实验素质、所采取的分析方法等，同时详细记录室内分析方法以及每一个环节。

植物矿质元素与热值数据的审验，主要核实分析报告数据的合理性与完整性。主要审核测定出来的植物元素含量是否正常，各器官的元素含量是否符合常规情况，如发现可疑的数据一般需要重测，如果重测结果还是异常，则必须重新采样补测。严格避免原始数据录入报表过程产生的误差。

3.1.8.4 数据价值/数据使用方法和建议

优势植物营养元素的含量是反映植物是否正常生长，以及整个群落元素总量的重要参数，也是衡量环境质量的重要指标。不同植物的不同器官中元素含量也存在很大差异，因此，有必要对植物体内的元素含量按器官分别测定。淍落物中的元素含量是决定淍落物质量的重要因素，它对淍落物的分解进程和速率有着显著的影响。热值则是植物对太阳能利用转化效率的直接反应，可反映出群落对自然资源的利用情况。

本数据集包含了哀牢山常绿阔叶林优势物种和淍落物不同器官的元素含量和热值等数据，通过对这些数据的分析，可以了解植物体内各种养分元素的积累和转化动态，从而研究、比较不同植物物种对各种养分的吸收利用及养分的新陈代谢规律，以及水分、土壤、气候等因素对植物生长的影响等。与土壤元素含量的观察相结合则可揭示不同生态系统的物质循环特点。

3.1.8.5 数据

具体数据见表3-27~表3-32。

表3-27　综合观测场中山湿性常绿阔叶林长期观测样地淍落物的矿质元素含量与能值

时间 （年-月）	采样部位	全碳/ （g/kg）	全氮/ （g/kg）	全磷/ （g/kg）	全钾/ （g/kg）	全硫/ （g/kg）	全钙/ （g/kg）	全镁/ （g/kg）	干重热值/ （MJ/kg）	灰分/%
2010-03	淍落叶	520.75	11.42	0.60	5.36	1.27	12.02	2.58	20.68	4.95
2010-03	淍落杂物	489.25	15.60	1.00	4.51	1.40	9.08	1.79	20.75	4.05
2010-03	淍落枝	488.75	9.05	0.51	1.81	0.91	13.17	1.55	19.57	4.38
2010-04	淍落叶	494.33	12.93	0.71	3.30	1.28	12.26	2.32	20.70	5.47
2010-04	淍落杂物	442.67	17.86	1.10	2.72	1.66	12.97	2.22	18.52	12.43
2010-04	淍落枝	476.00	7.38	0.44	1.42	0.66	10.79	1.23	19.72	3.80
2010-06	淍落叶	494.00	17.22	0.95	4.51	1.37	12.81	2.23	20.83	5.63
2010-06	淍落杂物	488.50	27.60	1.93	4.54	2.02	11.11	2.27	20.42	5.48
2010-06	淍落枝	474.25	10.33	0.50	1.73	0.86	14.32	1.48	19.37	4.70
2010-09	淍落叶	507.25	14.24	0.72	3.59	1.15	12.51	2.30	21.11	4.80
2010-09	淍落杂物	492.67	20.62	1.44	3.42	1.70	9.71	2.07	20.50	5.37
2010-09	淍落枝	497.75	11.16	0.50	1.85	0.97	14.58	1.63	20.05	4.73

（续）

时间 （年-月）	采样部位	全碳/ (g/kg)	全氮/ (g/kg)	全磷/ (g/kg)	全钾/ (g/kg)	全硫/ (g/kg)	全钙/ (g/kg)	全镁/ (g/kg)	干重热值/ (MJ/kg)	灰分/%
2010-12	凋落叶	507.00	12.38	0.70	4.73	1.22	11.41	2.78	20.98	5.10
2010-12	凋落杂物	506.75	19.12	1.62	4.41	1.76	11.02	2.36	21.04	4.98
2010-12	凋落枝	496.50	10.34	0.47	1.82	0.96	15.47	1.51	20.18	4.73
2015-03	凋落附生	462.00	18.56	1.45	5.52	1.84	6.53	1.85	18.65	0.10
2015-03	凋落叶	506.00	12.51	0.62	5.05	1.06	9.60	2.46	20.45	0.10
2015-03	凋落杂物	466.00	16.71	1.16	4.98	1.80	8.62	1.79	19.99	0.10
2015-03	凋落枝	488.75	6.63	0.36	1.68	0.60	10.20	1.38	19.28	0.08
2015-04	凋落附生	448.00	19.58	1.59	4.19	1.88	8.56	2.14	18.23	0.10
2015-04	凋落叶	489.50	16.91	0.91	3.12	1.36	12.12	2.45	20.30	0.10
2015-04	凋落杂物	450.50	20.70	1.29	2.55	1.68	13.74	2.36	18.39	0.18
2015-04	凋落枝	477.00	9.92	0.51	1.60	0.85	14.79	1.41	19.36	0.10
2015-06	凋落附生	476.00	22.93	1.97	5.35	2.16	8.00	1.99	18.78	0.10
2015-06	凋落叶	520.00	17.92	0.97	4.86	1.42	9.19	2.57	20.82	0.10
2015-06	凋落杂物	516.50	22.61	1.41	3.56	1.95	9.43	1.86	20.46	0.10
2015-06	凋落枝	502.50	11.60	0.69	4.36	0.97	12.00	1.84	19.70	0.10
2015-09	凋落附生	469.00	16.37	1.26	5.44	1.61	6.93	1.54	19.40	0.10
2015-09	凋落叶	496.50	15.46	0.89	5.62	1.38	11.69	2.62	20.58	0.10
2015-09	凋落杂物	499.75	15.84	1.13	4.91	1.38	9.84	1.68	20.80	0.10
2015-09	凋落枝	484.25	7.95	0.46	3.40	0.71	9.70	1.19	19.68	0.10
2015-12	凋落附生	458.00	18.14	1.71	5.48	2.00	7.72	1.90	19.28	0.10
2015-12	凋落叶	489.25	12.42	0.70	4.95	1.11	14.39	2.63	20.37	0.10
2015-12	凋落杂物	496.33	16.49	1.25	3.55	1.67	10.09	1.87	20.81	0.10
2015-12	凋落枝	478.33	8.61	0.53	2.79	0.75	14.27	1.60	19.58	0.10

表 3-28　综合观测场中山湿性常绿阔叶林土壤生物采样样地各层优势植物的矿质元素含量与能值

年份	植物种名	采样部位	全碳/ (g/kg)	全氮/ (g/kg)	全磷/ (g/kg)	全钾/ (g/kg)	全硫/ (g/kg)	全钙/ (g/kg)	全镁/ (g/kg)	干重热值/ (MJ/kg)	灰分/%
2010	变色锥	茎干	479.50	3.90	0.20	1.04	0.13	0.56	0.10	19.20	0.30
2010	变色锥	根	471.00	4.86	0.40	2.46	0.30	3.27	0.44	18.65	1.90
2010	变色锥	皮	458.67	8.52	0.50	4.79	0.59	24.53	1.14	18.02	6.93
2010	变色锥	叶	497.33	18.93	1.46	8.62	1.41	5.69	2.62	20.51	3.82
2010	变色锥	枝	472.50	7.11	0.86	3.32	0.54	6.11	0.95	19.13	2.57
2010	黄心树	茎干	474.00	2.07	0.11	1.45	0.11	1.88	0.22	19.39	0.75
2010	黄心树	根	478.33	4.40	0.32	2.47	0.55	4.97	0.37	19.57	2.53
2010	黄心树	皮	476.67	6.88	0.56	6.40	0.56	14.73	1.18	19.40	4.68
2010	黄心树	叶	528.00	19.01	1.38	10.00	1.36	4.41	1.77	22.01	3.60
2010	黄心树	枝	502.17	7.44	0.63	5.21	0.43	4.41	0.61	20.15	2.40
2010	硬壳柯	茎干	478.17	3.27	0.40	2.01	0.17	0.96	0.19	19.12	0.82
2010	硬壳柯	根	491.83	5.65	1.04	2.18	0.26	2.31	0.59	18.98	1.95

（续）

年份	植物种名	采样部位	全碳/(g/kg)	全氮/(g/kg)	全磷/(g/kg)	全钾/(g/kg)	全硫/(g/kg)	全钙/(g/kg)	全镁/(g/kg)	干重热值/(MJ/kg)	灰分/%
2010	硬壳柯	皮	491.67	8.92	0.32	2.84	0.37	18.48	0.81	19.46	5.18
2010	硬壳柯	叶	507.50	23.87	1.87	9.87	1.34	3.42	1.52	21.34	3.58
2010	硬壳柯	枝	479.83	10.11	1.32	8.35	0.64	4.45	0.82	19.27	2.82
2010	蒙自连蕊茶	茎干	482.33	2.45	0.19	1.85	0.37	0.92	0.52	19.75	0.65
2010	蒙自连蕊茶	根	468.17	4.77	0.66	2.39	1.03	0.75	0.95	19.20	1.37
2010	蒙自连蕊茶	皮	486.50	8.35	0.64	3.41	1.96	8.64	3.52	20.09	3.92
2010	蒙自连蕊茶	叶	471.33	15.09	0.93	7.02	1.39	4.06	2.90	19.13	4.47
2010	蒙自连蕊茶	枝	482.50	3.75	0.42	2.53	0.73	2.11	0.97	19.75	1.38
2010	木果柯	茎干	474.17	3.29	0.14	1.34	0.14	1.79	0.16	18.96	0.80
2010	木果柯	根	469.67	5.14	0.62	1.82	0.26	1.86	0.47	18.65	1.30
2010	木果柯	皮	483.67	7.85	0.27	2.70	0.36	6.72	1.04	19.06	2.62
2010	木果柯	叶	511.33	18.50	1.55	6.60	1.11	3.53	1.54	21.14	3.15
2010	木果柯	枝	478.17	5.84	0.70	3.17	0.35	3.61	0.52	19.21	2.07
2010	南洋木荷	茎干	482.33	3.40	0.12	1.46	0.24	0.56	0.19	19.63	0.47
2010	南洋木荷	根	492.00	3.47	0.30	3.92	0.71	1.97	0.61	19.62	1.78
2010	南洋木荷	皮	497.50	6.27	0.34	6.17	1.20	8.36	1.44	20.34	3.77
2010	南洋木荷	叶	512.33	19.54	1.15	8.72	1.34	2.98	1.48	21.41	3.63
2010	南洋木荷	枝	484.50	5.09	0.56	3.67	0.50	3.56	1.03	19.68	2.12
2010	华西箭竹	茎干	480.50	4.13	0.48	4.03	0.32	0.10	2.13	19.37	0.30
2010	华西箭竹	根	457.00	5.33	1.31	6.39	0.75	0.16	4.65	18.60	0.38
2010	华西箭竹	叶	441.83	23.16	1.48	4.71	2.00	2.84	10.72	18.88	1.42
2010	华西箭竹	枝	462.67	6.67	0.74	3.76	0.70	0.37	4.18	19.13	0.47
2010	长柱头薹草	地上部分	445.17	11.27	1.10	4.83	1.13	2.25	1.44	18.43	6.43
2010	长柱头薹草	地下部分	464.67	9.87	1.64	3.50	1.14	1.89	1.24	18.95	4.53
2010	滇西瘤足蕨	地上部分	462.33	16.18	1.06	12.22	1.28	1.89	1.92	18.76	5.92
2010	滇西瘤足蕨	地下部分	444.67	10.08	0.75	6.69	0.91	1.33	2.93	17.42	5.28
2015	变色锥	茎干	466.20	3.45	0.49	2.57	0.26	3.48	0.51	19.04	0.00
2015	变色锥	根	460.40	3.99	0.61	3.21	0.30	4.24	0.47	18.43	0.00
2015	变色锥	皮	457.40	7.35	0.46	4.77	0.58	25.09	1.77	18.49	0.12
2015	变色锥	叶	493.40	19.89	1.19	7.47	1.56	6.41	2.32	20.40	0.10
2015	变色锥	枝	465.80	8.27	1.13	6.29	0.74	8.73	1.77	18.83	0.10
2015	黄心树	茎干	467.40	2.18	0.15	2.55	0.13	1.87	0.23	19.06	0.00
2015	黄心树	根	484.60	4.21	0.27	3.69	0.33	1.03	0.36	19.49	0.02
2015	黄心树	皮	493.20	6.64	0.55	6.37	0.50	9.53	0.70	19.61	0.08
2015	黄心树	叶	513.00	15.94	1.34	10.79	1.29	7.73	1.66	20.90	0.10
2015	黄心树	枝	489.40	6.78	0.97	9.86	0.50	4.01	0.54	19.73	0.04
2015	硬壳柯	茎干	484.00	3.74	0.48	2.50	0.20	4.31	0.33	19.12	0.00
2015	硬壳柯	根	485.40	5.27	1.95	2.98	0.27	3.27	0.96	18.90	0.02

（续）

年份	植物种名	采样部位	全碳/ (g/kg)	全氮/ (g/kg)	全磷/ (g/kg)	全钾/ (g/kg)	全硫/ (g/kg)	全钙/ (g/kg)	全镁/ (g/kg)	干重热值/ (MJ/kg)	灰分/%
2015	硬壳柯	皮	492.60	6.97	0.35	2.27	0.34	23.56	0.76	19.20	0.10
2015	硬壳柯	叶	505.00	25.38	1.71	9.66	1.27	3.91	1.46	20.95	0.10
2015	硬壳柯	枝	483.60	11.33	1.22	9.30	0.72	3.13	0.97	19.45	0.06
2015	蒙自连蕊茶	茎干	480.80	2.05	0.27	3.28	0.53	1.02	0.52	19.41	0.00
2015	蒙自连蕊茶	根	472.40	4.43	0.84	4.77	1.16	1.48	0.76	18.87	0.02
2015	蒙自连蕊茶	皮	483.20	7.75	0.58	3.88	2.18	7.32	3.41	19.08	0.10
2015	蒙自连蕊茶	叶	475.80	15.02	1.02	8.59	1.74	5.04	2.46	18.83	0.10
2015	蒙自连蕊茶	枝	481.80	5.98	0.73	4.78	0.86	2.37	1.04	19.52	0.00
2015	木果柯	茎干	474.80	2.13	0.21	1.86	0.16	3.29	0.23	18.92	0.00
2015	木果柯	根	473.20	4.01	0.71	2.79	0.25	3.29	0.55	18.58	0.02
2015	木果柯	皮	488.20	6.21	0.40	2.60	0.35	12.41	1.02	19.28	0.08
2015	木果柯	叶	507.80	15.40	1.11	7.54	1.08	4.84	1.34	20.66	0.08
2015	木果柯	枝	479.80	6.51	1.01	6.58	0.51	6.23	0.95	19.23	0.08
2015	南洋木荷	茎干	471.20	2.51	0.30	2.46	0.27	1.97	0.33	19.23	0.00
2015	南洋木荷	根	477.60	3.34	0.63	4.93	0.54	1.61	0.44	19.59	0.00
2015	南洋木荷	皮	491.60	4.72	0.60	7.71	0.82	8.12	0.82	20.01	0.10
2015	南洋木荷	叶	501.00	12.34	1.38	8.42	1.38	8.25	1.68	20.74	0.10
2015	南洋木荷	枝	467.20	6.59	1.30	6.20	0.79	15.40	1.51	18.72	0.10
2015	华西箭竹	茎干	470.00	5.53	0.59	8.98	0.78	0.41	0.56	19.03	0.08
2015	华西箭竹	根	459.20	3.78	1.26	9.98	0.81	0.26	0.38	18.49	0.12
2015	华西箭竹	叶	454.00	17.24	1.32	11.70	1.82	1.38	1.29	18.78	0.12
2015	华西箭竹	枝	467.40	5.81	0.68	6.39	0.72	0.16	0.38	18.81	0.10
2015	长柱头薹草	地上部分	464.20	8.53	1.24	8.02	1.03	2.13	1.06	18.44	0.10
2015	长柱头薹草	地下部分	454.80	9.90	1.00	14.02	1.10	2.04	1.52	18.25	0.10
2015	滇西瘤足蕨	地上部分	478.00	15.56	1.34	13.86	1.49	1.76	2.23	19.09	0.10
2015	滇西瘤足蕨	地下部分	453.20	8.45	0.70	6.83	1.02	2.08	3.66	17.12	0.10

表 3-29　样地凋落物的矿质元素含量与能值

时间 （年-月）	采样部位	全碳/ (g/kg)	全氮/ (g/kg)	全磷/ (g/kg)	全钾/ (g/kg)	全硫/ (g/kg)	全钙/ (g/kg)	全镁/ (g/kg)	干重热值/ (MJ/kg)	灰分/%
2010-03	凋落叶	502.25	14.72	0.63	4.57	1.30	9.41	1.92	21.17	3.95
2010-03	凋落杂物	508.00	16.18	0.78	2.71	1.26	6.16	1.24	21.49	3.30
2010-03	凋落枝	483.75	9.83	0.40	2.09	0.82	11.85	1.37	19.85	4.05
2010-04	凋落叶	490.33	15.68	0.81	2.50	1.39	9.63	1.66	20.68	5.67
2010-04	凋落杂物	462.67	17.33	0.97	2.18	1.51	8.40	1.54	19.26	10.07
2010-04	凋落枝	481.00	7.01	0.26	1.20	0.60	8.22	0.89	20.08	3.00
2010-06	凋落叶	493.50	14.35	0.60	2.22	1.10	9.86	1.65	20.95	5.03
2010-06	凋落杂物	479.75	23.05	1.46	2.60	1.72	8.42	1.81	20.52	5.28
2010-06	凋落枝	496.25	11.16	0.55	2.07	0.78	10.55	1.22	20.01	4.03

（续）

时间 （年-月）	采样部位	全碳/ (g/kg)	全氮/ (g/kg)	全磷/ (g/kg)	全钾/ (g/kg)	全硫/ (g/kg)	全钙/ (g/kg)	全镁/ (g/kg)	干重热值/ (MJ/kg)	灰分/%
2010 - 09	凋落叶	509.00	13.81	0.64	2.59	1.10	9.59	2.13	21.12	4.83
2010 - 09	凋落杂物	495.00	18.21	0.99	2.73	1.36	6.56	1.32	20.46	4.57
2010 - 09	凋落枝	497.50	9.91	0.46	1.45	0.87	10.06	0.90	20.36	4.13
2010 - 12	凋落叶	509.00	12.22	0.63	3.55	1.11	9.36	2.50	21.13	5.00
2010 - 12	凋落杂物	518.25	18.15	1.01	3.24	1.47	6.40	1.61	21.74	3.43
2010 - 12	凋落枝	498.25	9.47	0.46	1.77	0.85	13.11	1.55	20.29	4.38
2015 - 03	凋落附生	441.50	17.86	1.40	5.22	1.78	5.70	1.70	18.83	0.10
2015 - 03	凋落叶	485.00	13.33	0.74	4.25	1.11	8.18	1.94	20.71	0.10
2015 - 03	凋落杂物	476.75	13.97	0.96	4.84	1.19	5.94	1.46	20.30	0.10
2015 - 03	凋落枝	468.75	8.88	0.51	2.40	0.74	9.98	1.27	19.67	0.10
2015 - 04	凋落附生	453.25	18.40	1.34	4.27	1.76	6.70	2.05	18.56	0.10
2015 - 04	凋落叶	490.75	17.63	0.87	2.37	1.26	9.07	1.83	20.38	0.10
2015 - 04	凋落杂物	465.00	18.82	1.07	2.29	1.48	9.26	1.90	18.97	0.18
2015 - 04	凋落枝	480.25	9.62	0.46	1.40	0.77	12.03	1.42	19.48	0.10
2015 - 06	凋落附生	481.00	23.27	1.60	4.26	2.07	6.34	1.73	18.98	0.10
2015 - 06	凋落叶	520.50	18.97	0.92	3.82	1.41	8.14	2.29	20.96	0.10
2015 - 06	凋落杂物	511.00	22.00	1.28	2.82	1.72	7.43	1.82	20.31	0.13
2015 - 06	凋落枝	515.00	12.34	0.75	3.95	0.97	7.19	1.37	20.20	0.07
2015 - 09	凋落附生	468.00	17.53	1.19	5.81	1.73	6.26	1.75	19.54	0.10
2015 - 09	凋落叶	497.00	15.32	0.82	4.63	1.25	10.15	2.24	20.66	0.10
2015 - 09	凋落杂物	501.00	15.79	0.99	4.29	1.36	6.96	1.67	21.21	0.13
2015 - 09	凋落枝	490.00	9.13	0.74	5.66	0.92	9.51	1.35	19.87	0.10
2015 - 12	凋落附生	461.00	17.51	1.28	4.71	1.80	5.51	1.43	19.23	0.10
2015 - 12	凋落叶	501.50	15.60	0.75	2.96	1.20	10.30	2.17	20.55	0.10
2015 - 12	凋落杂物	508.50	16.14	1.22	2.65	1.57	7.74	1.49	21.52	0.10
2015 - 12	凋落枝	481.00	9.56	0.59	2.72	0.83	12.26	1.55	19.61	0.08

表 3 - 30 尼泊尔桤木次生林辅助长期观测样地凋落物的矿质元素含量与能值

时间 （年-月）	采样部位	全碳/ (g/kg)	全氮/ (g/kg)	全磷/ (g/kg)	全钾/ (g/kg)	全硫/ (g/kg)	全钙/ (g/kg)	全镁/ (g/kg)	干重热值/ (MJ/kg)	灰分/%
2010 - 03	凋落叶	509.50	16.88	0.93	5.21	1.51	9.50	1.67	20.64	5.40
2010 - 03	凋落杂物	535.50	18.32	1.13	2.96	1.27	6.62	1.30	22.03	3.85
2010 - 03	凋落枝	511.50	9.65	0.58	2.14	0.80	8.21	1.00	20.73	3.20
2010 - 04	凋落叶	503.33	13.10	0.94	2.13	1.33	9.47	1.63	21.51	5.23
2010 - 04	凋落杂物	467.33	15.90	1.04	2.01	1.50	9.05	1.54	19.70	9.60
2010 - 04	凋落枝	501.67	7.17	0.44	1.38	0.68	6.90	0.81	20.86	2.90
2010 - 06	凋落叶	462.00	16.55	0.90	3.36	1.64	7.92	1.36	20.30	8.97
2010 - 06	凋落杂物	488.00	24.13	1.85	4.58	1.90	7.96	1.78	20.94	5.50
2010 - 06	凋落枝	504.00	12.11	0.87	2.65	0.92	6.73	0.97	21.24	2.80

（续）

时间 （年-月）	采样部位	全碳/ （g/kg）	全氮/ （g/kg）	全磷/ （g/kg）	全钾/ （g/kg）	全硫/ （g/kg）	全钙/ （g/kg）	全镁/ （g/kg）	干重热值/ （MJ/kg）	灰分/%
2010-09	凋落叶	545.00	15.77	1.14	2.23	1.34	7.98	1.84	22.47	4.43
2010-09	凋落杂物	496.00	19.36	1.70	4.03	1.70	7.56	1.73	20.52	4.80
2010-09	凋落枝	500.00	10.46	0.67	1.93	0.88	11.41	1.12	20.31	3.83
2010-12	凋落叶	494.33	12.80	0.79	3.36	1.28	8.37	2.07	20.60	6.30
2010-12	凋落杂物	495.00	19.26	1.41	4.86	1.63	5.62	1.52	20.76	4.47
2010-12	凋落枝	498.67	10.33	0.68	2.00	0.80	10.03	1.15	20.39	3.37
2015-03	凋落叶	492.33	17.00	0.97	6.45	1.43	8.50	2.01	20.50	0.10
2015-03	凋落杂物	518.00	16.78	1.32	3.44	1.27	7.29	1.55	21.78	0.10
2015-03	凋落枝	492.50	8.74	0.60	2.32	0.73	11.39	1.21	20.18	0.10
2015-04	凋落叶	490.00	16.66	1.01	2.09	1.34	9.85	1.80	20.37	0.10
2015-04	凋落杂物	445.67	20.39	1.34	2.24	1.72	9.63	2.04	18.35	0.20
2015-04	凋落枝	489.00	7.66	0.49	1.22	0.64	8.06	0.88	20.22	0.03
2015-06	凋落叶	524.50	19.27	0.97	4.31	1.33	7.81	1.76	21.12	0.10
2015-06	凋落杂物	515.50	23.53	1.42	2.64	1.68	8.79	1.65	20.66	0.10
2015-06	凋落枝	519.00	14.47	1.27	5.79	1.18	8.54	1.41	20.83	0.10
2015-09	凋落叶	526.67	12.82	0.98	2.60	1.17	8.62	2.36	22.04	0.10
2015-09	凋落杂物	504.00	16.00	1.13	2.98	1.38	8.55	1.96	21.18	0.10
2015-09	凋落枝	509.00	8.22	0.63	3.43	0.82	8.27	1.32	20.79	0.10
2015-12	凋落叶	492.00	13.52	0.78	4.06	1.38	9.34	2.08	20.93	0.10
2015-12	凋落杂物	501.00	16.49	0.91	2.12	1.23	6.87	1.05	20.88	0.10
2015-12	凋落枝	504.00	5.48	0.39	2.14	0.51	8.91	1.32	20.72	0.10

表 3-31　滇南山杨次生林辅助长期观测样地凋落物的矿质元素含量与能值

时间 （年-月）	采样部位	全碳/ （g/kg）	全氮/ （g/kg）	全磷/ （g/kg）	全钾/ （g/kg）	全硫/ （g/kg）	全钙/ （g/kg）	全镁/ （g/kg）	干重热值/ （MJ/kg）	灰分/%
2010-03	凋落叶	522.00	26.21	1.23	5.35	1.80	5.43	0.62	22.75	2.95
2010-03	凋落杂物	505.00	21.73	1.43	5.56	1.78	5.23	1.02	21.91	3.30
2010-03	凋落枝	495.00	11.83	0.47	2.16	0.81	3.22	0.71	20.75	1.90
2010-04	凋落叶	520.33	28.07	1.18	2.74	1.79	4.76	1.16	22.66	3.27
2010-04	凋落杂物	493.33	29.48	1.23	2.61	1.93	4.02	1.31	21.18	8.20
2010-04	凋落枝	484.67	8.78	0.31	1.61	0.51	2.73	0.56	20.35	1.37
2010-06	凋落叶	540.00	31.24	1.08	2.49	1.59	2.56	0.82	23.60	2.03
2010-06	凋落杂物	524.00	29.75	1.77	4.88	1.59	4.60	1.42	22.77	3.10
2010-06	凋落枝	490.50	12.43	0.49	1.91	0.66	3.43	0.89	20.46	1.70
2010-09	凋落叶	557.00	30.60	1.24	3.03	1.71	3.45	1.30	23.96	2.30
2010-09	凋落杂物	528.67	28.15	1.88	6.06	1.78	5.28	1.76	22.97	3.43
2010-09	凋落枝	509.00	12.59	0.48	1.87	0.73	3.55	0.81	20.88	1.77
2010-12	凋落叶	539.33	28.11	1.35	6.01	1.59	4.84	1.08	22.90	2.77

（续）

时间 （年-月）	采样部位	全碳/ (g/kg)	全氮/ (g/kg)	全磷/ (g/kg)	全钾/ (g/kg)	全硫/ (g/kg)	全钙/ (g/kg)	全镁/ (g/kg)	干重热值/ (MJ/kg)	灰分/%
2010－12	凋落杂物	530.50	28.45	1.56	6.24	1.71	4.78	1.46	22.76	3.05
2010－12	凋落枝	506.00	15.19	0.50	2.06	0.90	5.15	0.98	20.83	1.85
2015－03	凋落叶	518.67	27.70	1.21	4.62	1.53	5.50	0.70	22.08	0.00
2015－03	凋落杂物	517.00	26.84	1.43	4.36	1.57	4.99	1.07	21.96	0.10
2015－03	凋落枝	500.33	14.19	0.62	3.03	0.78	3.93	0.90	20.59	0.00
2015－04	凋落叶	543.33	33.62	1.43	3.36	1.95	5.61	1.22	22.02	0.10
2015－04	凋落杂物	508.67	35.20	1.49	3.23	2.28	6.01	1.67	20.27	0.10
2015－04	凋落枝	514.67	13.05	0.49	1.77	0.73	4.99	0.91	19.98	0.00
2015－06	凋落叶	558.67	29.83	1.02	4.43	1.50	3.07	0.95	22.91	0.00
2015－06	凋落杂物	554.00	28.31	1.58	3.07	1.55	4.48	1.26	23.25	0.00
2015－06	凋落枝	521.00	14.89	0.47	1.27	0.73	5.45	0.88	20.20	0.00
2015－09	凋落叶	526.00	24.61	1.01	5.16	1.48	4.97	1.50	22.37	0.00
2015－09	凋落杂物	508.00	24.57	1.31	4.36	1.54	5.05	1.60	21.51	0.00
2015－09	凋落枝	494.50	12.94	0.46	1.95	0.80	4.79	0.91	20.31	0.00
2015－12	凋落叶	521.00	25.97	1.37	6.78	1.51	4.87	1.15	22.18	0.00
2015－12	凋落杂物	524.00	25.89	1.67	6.06	1.59	5.05	1.45	22.25	0.10
2015－12	凋落枝	501.00	13.81	0.62	2.82	0.82	3.90	0.76	20.58	0.00

表3-32　山顶苔藓矮林辅助长期观测采样地凋落物的矿质元素含量与能值

时间 （年-月）	采样部位	全碳/ (g/kg)	全氮/ (g/kg)	全磷/ (g/kg)	全钾/ (g/kg)	全硫/ (g/kg)	全钙/ (g/kg)	全镁/ (g/kg)	干重热值/ (MJ/kg)	灰分/%
2010－03	凋落附生	478.50	14.21	1.18	4.68	1.60	6.02	1.41	19.77	4.40
2010－03	凋落叶	505.50	9.98	0.75	5.28	1.74	6.64	2.22	21.08	3.90
2010－03	凋落枝	489.00	6.90	0.37	1.13	0.69	6.93	0.66	19.87	2.45
2010－04	凋落附生	456.00	14.37	1.40	4.13	1.71	5.33	1.86	19.21	5.10
2010－04	凋落叶	503.33	9.68	0.79	2.24	1.11	7.91	2.10	21.27	3.90
2010－04	凋落杂物	489.33	12.67	0.98	1.78	1.37	6.47	1.55	20.63	4.73
2010－04	凋落枝	490.67	6.49	0.47	0.88	0.61	5.00	0.71	20.07	2.27
2010－06	凋落附生	439.00	19.19	1.91	6.37	2.13	7.92	2.50	18.80	7.20
2010－06	凋落叶	509.00	10.99	0.86	3.18	1.08	8.51	2.17	21.94	4.35
2010－06	凋落杂物	487.50	16.32	1.45	3.78	1.47	11.88	2.16	20.49	5.35
2010－06	凋落枝	480.50	7.46	0.45	1.42	0.61	6.17	0.91	19.95	2.40
2010－09	凋落附生	458.00	16.25	1.47	5.28	1.74	5.74	1.72	18.96	5.20
2010－09	凋落叶	524.33	9.96	0.81	3.00	1.09	6.94	2.12	21.79	4.03
2010－09	凋落杂物	487.00	16.44	1.28	2.75	1.44	6.05	1.65	20.39	5.40
2010－09	凋落枝	498.00	7.96	0.58	1.67	0.85	6.62	0.78	20.34	2.75
2010－12	凋落附生	462.00	13.57	1.02	4.35	1.52	5.25	1.37	19.00	4.50
2010－12	凋落叶	533.00	9.72	0.65	3.09	1.15	8.11	2.13	22.33	3.33
2010－12	凋落杂物	504.50	15.74	1.31	2.83	1.39	5.74	1.58	20.89	4.35

（续）

时间 (年-月)	采样部位	全碳/ (g/kg)	全氮/ (g/kg)	全磷/ (g/kg)	全钾/ (g/kg)	全硫/ (g/kg)	全钙/ (g/kg)	全镁/ (g/kg)	干重热值/ (MJ/kg)	灰分/%
2010 – 12	凋落枝	506.00	7.28	0.48	2.38	0.76	8.33	0.80	20.24	2.95
2015 – 03	凋落附生	442.50	13.60	1.19	4.80	1.42	4.58	1.34	18.59	0.10
2015 – 03	凋落叶	488.00	9.41	0.75	4.43	1.39	6.31	2.52	20.86	0.10
2015 – 03	凋落杂物	481.00	13.49	1.05	3.39	1.47	7.10	1.74	19.93	0.10
2015 – 03	凋落枝	471.00	6.68	0.52	2.11	0.67	7.15	1.20	19.87	0.07
2015 – 04	凋落附生	447.33	14.59	1.39	4.42	1.53	4.51	1.68	18.51	0.10
2015 – 04	凋落叶	502.33	9.84	0.76	1.70	0.98	8.05	1.94	20.87	0.10
2015 – 04	凋落杂物	486.33	13.27	0.96	1.58	1.23	6.88	1.65	19.88	0.10
2015 – 04	凋落枝	485.33	5.75	0.35	0.72	0.53	5.29	0.75	19.78	0.00
2015 – 06	凋落附生	475.00	17.53	1.52	5.68	1.82	5.74	1.75	18.50	0.10
2015 – 06	凋落叶	532.33	10.71	0.83	3.52	1.07	7.39	2.04	21.05	0.10
2015 – 06	凋落杂物	519.50	17.59	1.30	2.77	1.55	7.01	1.48	20.44	0.10
2015 – 06	凋落枝	511.00	7.56	0.77	3.48	0.77	5.88	1.25	20.02	0.10
2015 – 09	凋落附生	451.00	13.50	1.02	5.01	1.59	5.14	1.36	18.71	0.10
2015 – 09	凋落叶	514.33	9.00	0.74	4.13	1.18	7.01	2.00	21.21	0.10
2015 – 09	凋落杂物	496.00	13.21	1.11	3.41	1.38	6.18	1.27	20.13	0.10
2015 – 09	凋落枝	484.50	5.64	0.48	1.76	0.72	5.58	0.80	19.67	0.05
2015 – 12	凋落附生	449.00	12.70	1.09	4.86	1.48	4.89	1.53	18.75	0.10
2015 – 12	凋落叶	520.00	8.72	0.66	2.77	0.99	8.40	2.22	21.77	0.10
2015 – 12	凋落杂物	481.50	12.34	1.16	2.40	1.32	13.50	1.70	19.96	0.10
2015 – 12	凋落枝	491.00	6.77	0.56	1.34	0.77	9.30	0.94	20.24	0.10

3.1.9　鸟类种类与数量

3.1.9.1　概述

本数据集主要包括 2010 年和 2015 年的大年监测数据，在哀牢山综合观测场的 1 hm² 永久监测样地和 1 号样线上开展了每 5 年 1 次的鸟类调查，每次大年监测在春、夏、秋、冬 4 个季度开展，每个季度调查 4 个早晨。

3.1.9.2　数据采集和处理方法

采用了样线法和样点法开展了哀牢山亚热带中山湿性常绿阔叶林鸟类监测调查工作，主要使用双筒望远镜和数码相机进行调查。

其中样点法：在哀牢山 1 hm² 永久样地的 4 个角分别开展，每 5 年开展 1 次，每年调查 4 次各季度 1 次（具体为 3 月、6 月、9 月和 12 月底），样点固定在 1 hm² 永久样地的 4 个角，在早晨开展调查，每次调查在每个样点停留 5 min，记录样点周边 30 m 半径范围内看见和听见的鸟类种类和数量。

样线法：在哀牢山的三棵树 1 号样线（起点为 24°32′38″N，101°1′39″E，止点为 24°32′3″N，101°1′38″E，长 1 250 m），调查频度跟样点法一致，每次调查持续 70～90 min，记录样线两侧 25 m 之内看见和听见的鸟类种类和数量。

两种方法所记录的数据分别填报两个数据表上报，其中每个季度的数据为连续 4 d 早晨所记录的数据合并统计，代表某个季度的鸟类的物种丰富度和多度。

3.1.9.3　数据质量控制和评估

①鸟类调查在早上（07：00—10：30）或下午（16：30—19：30）鸟类活动最为活跃的时段，并且晴朗、少雾、小风的天气进行，避免由于时间段和天气因素造成鸟类的活动变化过大，导致数据不准确。

②录入数据时的质量控制，及时分析和判别异常、罕见或不可能出现的物种数据，剔除明显异常的物种数据，严格避免数据录入时的错误。

③数据质量控制。将获取的数据与各项相关的鸟类调查数据名录和历史获取的鸟类名录数据等对比，保证数据的正确性、一致性、完整性、可比性和连续性，经站长、数据管理员审核认定后，批准上报。

3.1.9.4　数据价值/数据使用方法和建议

鸟类是森林生态系统的重要的组成部分，对森林生态系统物质能量循环有重要的作用。由于监测的林型仅覆盖了原始的亚热带中山湿性常绿阔叶林，且调查覆盖的面积小（样点仅4个，样线仅1条长1.25 km）、监测时间间隔过大（每5年仅监测1次），结果可能不足以代表哀牢山森林的鸟类多样性的组成和动态，该数据集只能为初步了解哀牢山亚热带常绿阔叶林常见鸟种多样性等方面提供参考，缺乏哀牢山其他类型生境（如，林缘、松林、次生林等）的调查。若想使用有/无（present/absent 或 0/1 数据）数据探讨大尺度范围（如：跨气候带的对比研究等）的鸟类多样性变化情况，或更为全面的了解哀牢山鸟类组成情况可参照表3-1的鸟类名录数据。

建议设立专门的经费支撑或专职人员，以提高森林生态站的鸟类多样性监测频次和覆盖范围，通过积累大量基础、长期的资料提高森林生态站的综合监测能力。

3.1.9.5　数据

哀牢山亚热带常绿阔叶林常见鸟类数据见表3-33、表3-34。

表3-33　哀牢山1 hm² 永久样地大年监测的鸟类种类与数量（样点法）

时间	动物种名	数量	时间	动物种名	数量
2010年3月	白斑尾柳莺	2	2010年6月	白眶鹟莺	3
2010年3月	白尾鸲	2	2010年6月	斑喉希鹛	6
2010年3月	斑喉希鹛	21	2010年6月	大斑啄木鸟	1
2010年3月	赤尾噪鹛	20	2010年6月	大拟啄木鸟	1
2010年3月	方尾鹟	8	2010年6月	方尾鹟	8
2010年3月	冠纹柳莺	55	2010年6月	冠纹柳莺	19
2010年3月	黑头奇鹛	4	2010年6月	黑喉鸦雀	8
2010年3月	红翅鵙鹛	12	2010年6月	黑头奇鹛	11
2010年3月	黄腹扇尾鹟	19	2010年6月	红头穗鹛	4
2010年3月	黄颈凤鹛	12	2010年6月	红头长尾山雀	6
2010年3月	黄腰太阳鸟	13	2010年6月	红胸啄花鸟	6
2010年3月	金胸雀鹛	6	2010年6月	黄腹扇尾鹟	12
2010年3月	栗头雀鹛	8	2010年6月	黄颊山雀	2
2010年3月	绿背山雀	16	2010年6月	黄颈凤鹛	16
2010年3月	绿喉太阳鸟	2	2010年6月	灰眶雀鹛	15
2010年3月	纹喉凤鹛	14	2010年6月	金眶鹟莺	4
2010年3月	棕胸蓝姬鹟	6	2010年6月	蓝喉太阳鸟	2

（续）

时间	动物种名	数量	时间	动物种名	数量
2010 年 6 月	栗头地莺	12	2010 年 10 月	棕胸蓝姬鹟	2
2010 年 6 月	栗头雀鹛	9	2010 年 12 月	白眶鹟莺	2
2010 年 6 月	绿翅短脚鹎	13	2010 年 12 月	白尾鸲	8
2010 年 6 月	普通鸥	2	2010 年 12 月	斑喉希鹛	24
2010 年 6 月	太阳鸟	11	2010 年 12 月	大斑啄木鸟	3
2010 年 6 月	纹喉凤鹛	33	2010 年 12 月	大拟啄木鸟	2
2010 年 6 月	小鳞胸鹪鹛	2	2010 年 12 月	凤头雀嘴鹎	10
2010 年 6 月	旋木雀	1	2010 年 12 月	黑鹎	80
2010 年 6 月	朱鹛	1	2010 年 12 月	黑脸鹟莺	4
2010 年 6 月	棕肛凤鹛	12	2010 年 12 月	黑头奇鹛	28
2010 年 10 月	白眉蓝姬鹟	1	2010 年 12 月	黑胸鸫	6
2010 年 10 月	白尾鸲	2	2010 年 12 月	红翅鵙鹛	2
2010 年 10 月	斑翅鹛	2	2010 年 12 月	红头长尾山雀	16
2010 年 10 月	斑喉希鹛	4	2010 年 12 月	黄腹扇尾鹟	2
2010 年 10 月	赤红山椒鸟	6	2010 年 12 月	黄颊山雀	4
2010 年 10 月	大斑啄木鸟	1	2010 年 12 月	黄颈凤鹛	42
2010 年 10 月	方尾鹟	2	2010 年 12 月	黄嘴噪啄木鸟	1
2010 年 10 月	冠纹柳莺	16	2010 年 12 月	灰翅鸫	2
2010 年 10 月	褐胁雀鹛	4	2010 年 12 月	灰腹绣眼鸟	12
2010 年 10 月	白冠燕尾	2	2010 年 12 月	灰眶雀鹛	54
2010 年 10 月	黑头奇鹛	7	2010 年 12 月	金胸雀鹛	20
2010 年 10 月	红头长尾山雀	8	2010 年 12 月	蓝喉太阳鸟	3
2010 年 10 月	红胸啄花鸟	3	2010 年 12 月	栗头雀鹛	27
2010 年 10 月	黄腹扇尾鹟	9	2010 年 12 月	柳莺	3
2010 年 10 月	黄颈凤鹛	96	2010 年 12 月	绿背山雀	12
2010 年 10 月	灰眶雀鹛	6	2010 年 12 月	绿翅短脚鹎	17
2010 年 10 月	火尾希鹛	4	2010 年 12 月	普通鸥	8
2010 年 10 月	鹪鹩	1	2010 年 12 月	纹喉凤鹛	52
2010 年 10 月	金眶鹟莺	1	2010 年 12 月	棕腹啄木鸟	1
2010 年 10 月	蓝喉太阳鸟	3	2015 年 3 月	白眶鹟莺	3
2010 年 10 月	栗头地莺	1	2015 年 3 月	白尾鸲	1
2010 年 10 月	领雀鹛	1	2015 年 3 月	斑喉希鹛	28
2010 年 10 月	普通鸥	4	2015 年 3 月	橙斑翅柳莺	16
2010 年 10 月	纹喉凤鹛	73	2015 年 3 月	赤红山椒鸟	5
2010 年 10 月	小鳞胸鹪鹛	1	2015 年 3 月	大拟啄木鸟	1
2010 年 10 月	楔尾绿鸠	2	2015 年 3 月	短嘴山椒鸟	2
2010 年 10 月	长尾山椒鸟	8	2015 年 3 月	方尾鹟	20
2010 年 10 月	棕腹仙鹟	2			
2010 年 10 月	棕颈钩嘴鹛	15			

（续）

时间	动物种名	数量	时间	动物种名	数量
2015 年 3 月	方尾鹟	1	2015 年 6 月	黄眉林雀	19
2015 年 3 月	冠纹柳莺	40	2015 年 6 月	灰腹地莺	6
2015 年 3 月	褐胁雀鹛	2	2015 年 6 月	灰喉柳莺	9
2015 年 3 月	黑头奇鹛	13	2015 年 6 月	灰眶雀鹛	7
2015 年 3 月	红翅鵙鹛	2	2015 年 6 月	灰头斑翅鹛	1
2015 年 3 月	红胸啄花鸟	1	2015 年 6 月	火尾希鹛	8
2015 年 3 月	黄腹扇尾鹟	6	2015 年 6 月	金眶鹟莺	3
2015 年 3 月	黄颊山雀	6	2015 年 6 月	金胸雀鹛	3
2015 年 3 月	黄颈凤鹛	19	2015 年 6 月	蓝翅希鹛	2
2015 年 3 月	黄眉林雀	4	2015 年 6 月	蓝喉太阳鸟	3
2015 年 3 月	黄腰太阳鸟	3	2015 年 6 月	绿背山雀	4
2015 年 3 月	灰眶雀鹛	19	2015 年 6 月	绿翅短脚鹎	31
2015 年 3 月	蓝翅希鹛	2	2015 年 6 月	绿喉太阳鸟	1
2015 年 3 月	蓝喉太阳鸟	5	2015 年 6 月	太阳鸟	1
2015 年 3 月	栗头雀鹛	3	2015 年 6 月	铜蓝鹟	1
2015 年 3 月	领鸺鹠	2	2015 年 6 月	纹喉凤鹛	39
2015 年 3 月	绿翅短脚鹎	13	2015 年 6 月	棕肛凤鹛	14
2015 年 3 月	纹喉凤鹛	19	2015 年 6 月	棕颈钩嘴鹛	2
2015 年 3 月	鹰鹃	2	2015 年 6 月	棕尾褐鹟	1
2015 年 3 月	棕颈钩嘴鹛	2	2015 年 6 月	棕胸蓝姬鹟	1
2015 年 3 月	棕胸蓝姬鹟	2	2015 年 9 月	白眶鹟莺	2
2015 年 6 月	白尾鸲	3	2015 年 9 月	白尾鸲	3
2015 年 6 月	斑喉希鹛	14	2015 年 9 月	斑喉希鹛	9
2015 年 6 月	橙胸姬鹟	1	2015 年 9 月	赤红山椒鸟	2
2015 年 6 月	短嘴山椒鸟	12	2015 年 9 月	大拟啄木鸟	3
2015 年 6 月	方尾鹟	24	2015 年 9 月	短嘴山椒鸟	11
2015 年 6 月	凤头雀嘴鹎	13	2015 年 9 月	方尾鹟	13
2015 年 6 月	冠纹柳莺	51	2015 年 9 月	凤头蜂鹰	1
2015 年 6 月	褐胁雀鹛	3	2015 年 9 月	凤头雀嘴鹎	21
2015 年 6 月	黑脸鹟莺	2	2015 年 9 月	冠纹柳莺	25
2015 年 6 月	黑头奇鹛	15	2015 年 9 月	褐胁雀鹛	2
2015 年 6 月	红翅鵙鹛	4	2015 年 9 月	黑头奇鹛	44
2015 年 6 月	红头穗鹛	2	2015 年 9 月	红翅鵙鹛	8
2015 年 6 月	红头噪鹛	3	2015 年 9 月	红胸啄花鸟	1
2015 年 6 月	红胸啄花鸟	8	2015 年 9 月	黄腹扇尾鹟	10
2015 年 6 月	黄腹扇尾鹟	23	2015 年 9 月	黄颊山雀	1
2015 年 6 月	黄颊山雀	4	2015 年 9 月	黄颈凤鹛	32
2015 年 6 月	黄颈凤鹛	12	2015 年 9 月	黄颈啄木鸟	1
2015 年 6 月	黄颈啄木鸟	1	2015 年 9 月	黄眉林雀	5

（续）

时间	动物种名	数量	时间	动物种名	数量
2015 年 9 月	灰腹地莺	4	2015 年 12 月	褐头雀鹛	8
2015 年 9 月	火尾希鹛	8	2015 年 12 月	黑鹎	130
2015 年 9 月	金眶鹟莺	3	2015 年 12 月	白冠燕尾	2
2015 年 9 月	蓝翅希鹛	6	2015 年 12 月	黑喉鸦雀	14
2015 年 9 月	蓝喉太阳鸟	3	2015 年 12 月	黑脸鹟莺	11
2015 年 9 月	栗头地莺	5	2015 年 12 月	黑头奇鹛	19
2015 年 9 月	栗头雀鹛	5	2015 年 12 月	红翅鵙鹛	1
2015 年 9 月	绿背山雀	2	2015 年 12 月	红头噪鹛	4
2015 年 9 月	绿翅短脚鹎	24	2015 年 12 月	红胸啄花鸟	2
2015 年 9 月	松雀鹰	1	2015 年 12 月	黄颊山雀	6
2015 年 9 月	纹喉凤鹛	36	2015 年 12 月	黄颈凤鹛	29
2015 年 9 月	小仙鹟	1	2015 年 12 月	黄眉林雀	1
2015 年 9 月	棕腹仙鹟	1	2015 年 12 月	灰眶雀鹛	41
2015 年 9 月	棕颈钩嘴鹛	3	2015 年 12 月	火尾希鹛	6
2015 年 12 月	白眶鹟莺	3	2015 年 12 月	金胸雀鹛	12
2015 年 12 月	白尾鸲	6	2015 年 12 月	蓝喉太阳鸟	1
2015 年 12 月	斑喉希鹛	15	2015 年 12 月	栗头雀鹛	22
2015 年 12 月	大斑啄木鸟	2	2015 年 12 月	领雀鹛	1
2015 年 12 月	大拟啄木鸟	3	2015 年 12 月	绿背山雀	1
2015 年 12 月	淡绿鵙鹛	1	2015 年 12 月	绿翅短脚鹎	30
2015 年 12 月	凤头雀嘴鹎	48	2015 年 12 月	纹喉凤鹛	29
2015 年 12 月	冠纹柳莺	6	2015 年 12 月	棕颈钩嘴鹛	12
2015 年 12 月	光背地鸫	3			

表 3-34　哀牢山 1 号样线的大年监测鸟类种类与数量（样线法）

时间	物种	数量	时间	物种	数量
2010 年 3 月	白斑尾柳莺	3	2010 年 3 月	红翅鵙鹛	7
2010 年 3 月	斑喉希鹛	17	2010 年 3 月	红喉山鹧鸪	10
2010 年 3 月	赤尾噪鹛	8	2010 年 3 月	红头穗鹛	10
2010 年 3 月	方尾鹟	3	2010 年 3 月	红头长尾山雀	5
2010 年 3 月	冠纹柳莺	78	2010 年 3 月	红胁蓝尾鸲	2
2010 年 3 月	光背地鸫	4	2010 年 3 月	虎斑地鸫	2
2010 年 3 月	褐林鸮	1	2010 年 3 月	黄额鸦雀	8
2010 年 3 月	褐柳莺	1	2010 年 3 月	黄腹扇尾鹟	8
2010 年 3 月	褐头雀鹛	5	2010 年 3 月	黄腹鹟莺	3
2010 年 3 月	褐胁雀鹛	4	2010 年 3 月	黄颊山雀	1
2010 年 3 月	黑短脚鹎	6	2010 年 3 月	黄颈凤鹛	14
2010 年 3 月	黑头奇鹛	11	2010 年 3 月	黄腰太阳鸟	12

（续）

时间	物种	数量	时间	物种	数量
2010 年 3 月	黄嘴噪啄木鸟	3	2010 年 6 月	黄腹扇尾鹟	13
2010 年 3 月	灰背燕尾	1	2010 年 6 月	黄颊山雀	4
2010 年 3 月	灰卷尾	1	2010 年 6 月	黄颈凤鹛	15
2010 年 3 月	灰眶雀鹛	10	2010 年 6 月	黄眉林雀	4
2010 年 3 月	灰头斑翅鹛	3	2010 年 6 月	黄眉柳莺	2
2010 年 3 月	火尾希鹛	3	2010 年 6 月	黄嘴噪啄木鸟	2
2010 年 3 月	蓝翅希鹛	3	2010 年 6 月	灰卷尾	1
2010 年 3 月	栗头雀鹛	1	2010 年 6 月	灰眶雀鹛	62
2010 年 3 月	领鸺鹠	1	2010 年 6 月	火尾希鹛	5
2010 年 3 月	绿背山雀	13	2010 年 6 月	金眶鹟莺	14
2010 年 3 月	绿翅短脚鹎	1	2010 年 6 月	金胸雀鹛	23
2010 年 3 月	绿喉太阳鸟	1	2010 年 6 月	蓝翅希鹛	1
2010 年 3 月	普通鸸	1	2010 年 6 月	蓝喉太阳鸟	3
2010 年 3 月	铜蓝鹟	1	2010 年 6 月	栗头地莺	14
2010 年 3 月	纹喉凤鹛	35	2010 年 6 月	栗头雀鹛	3
2010 年 3 月	朱鹛	3	2010 年 6 月	绿背山雀	5
2010 年 3 月	棕肛凤鹛	4	2010 年 6 月	绿翅短脚鹎	10
2010 年 3 月	棕颈钩嘴鹛	5	2010 年 6 月	普通鸸	2
2010 年 3 月	棕胸蓝姬鹟	13	2010 年 6 月	山蓝仙鹟	9
2010 年 6 月	白眶鹟莺	3	2010 年 6 月	四声杜鹃	1
2010 年 6 月	白尾蓝地鸲	2	2010 年 6 月	太阳鸟	8
2010 年 6 月	白尾鸲	2	2010 年 6 月	铜蓝鹟	1
2010 年 6 月	斑喉希鹛	40	2010 年 6 月	纹喉凤鹛	18
2010 年 6 月	宝兴歌鸫	1	2010 年 6 月	小鳞胸鹪鹛	2
2010 年 6 月	大斑啄木鸟	4	2010 年 6 月	棕腹仙鹟	2
2010 年 6 月	大拟啄木鸟	2	2010 年 6 月	棕肛凤鹛	23
2010 年 6 月	方尾鹟	16	2010 年 6 月	棕颈钩嘴鹛	6
2010 年 6 月	凤头雀嘴鹎	5	2010 年 6 月	棕胸蓝姬鹟	8
2010 年 6 月	冠纹柳莺	16	2010 年 10 月	白喉扇尾鹟	1
2010 年 6 月	褐头雀鹛	21	2010 年 10 月	白眉蓝姬鹟	6
2010 年 6 月	褐胁雀鹛	9	2010 年 10 月	白尾鸲	3
2010 年 6 月	褐胸山鹧鸪	1	2010 年 10 月	白尾蓝地鸲	2
2010 年 6 月	白冠燕尾	3	2010 年 10 月	白鹇	1
2010 年 6 月	黑头奇鹛	12	2010 年 10 月	斑翅鹛	5
2010 年 6 月	红喉山鹧鸪	4	2010 年 10 月	斑喉希鹛	93
2010 年 6 月	红头穗鹛	5	2010 年 10 月	橙斑翅柳莺	1
2010 年 6 月	红头噪鹛	1	2010 年 10 月	纯色啄花鸟	1
2010 年 6 月	红头长尾山雀	8	2010 年 10 月	大斑啄木鸟	3
2010 年 6 月	红胸啄花鸟	13	2010 年 10 月	方尾鹟	12

（续）

时间	物种	数量	时间	物种	数量
2010 年 10 月	凤头雀嘴鹎	4	2010 年 10 月	棕胸蓝姬鹟	4
2010 年 10 月	冠纹柳莺	10	2010 年 12 月	白鹡鸰	4
2010 年 10 月	褐头雀鹛	8	2010 年 12 月	白眶鹟莺	2
2010 年 10 月	褐胁雀鹛	2	2010 年 12 月	白尾鸲	2
2010 年 10 月	白冠燕尾	7	2010 年 12 月	斑喉希鹛	24
2010 年 10 月	黑冠燕尾	1	2010 年 12 月	橙斑翅柳莺	5
2010 年 10 月	黑头奇鹛	41	2010 年 12 月	大斑啄木鸟	2
2010 年 10 月	红翅鵙鹛	1	2010 年 12 月	凤头雀嘴鹎	4
2010 年 10 月	红喉山鹧鸪	1	2010 年 12 月	光背地鸫	1
2010 年 10 月	红头长尾山雀	18	2010 年 12 月	褐头雀鹛	4
2010 年 10 月	红胸啄花鸟	4	2010 年 12 月	褐胁雀鹛	8
2010 年 10 月	黄腹扇尾鹟	18	2010 年 12 月	黑鹎	47
2010 年 10 月	黄颊山雀	2	2010 年 12 月	白冠燕尾	2
2010 年 10 月	黄颈凤鹛	95	2010 年 12 月	黑喉石鵖	2
2010 年 10 月	黄嘴噪啄木鸟	3	2010 年 12 月	黑头奇鹛	14
2010 年 10 月	灰眶雀鹛	57	2010 年 12 月	黑胸鸫	3
2010 年 10 月	灰林鵖	2	2010 年 12 月	红翅鵙鹛	1
2010 年 10 月	火尾希鹛	30	2010 年 12 月	红喉山鹧鸪	8
2010 年 10 月	鹪鹩	1	2010 年 12 月	红头咬鹃	4
2010 年 10 月	金眶鹟莺	3	2010 年 12 月	红头长尾山雀	20
2010 年 10 月	金眶鹟莺	2	2010 年 12 月	红胸啄花鸟	2
2010 年 10 月	蓝翅希鹛	2	2010 年 12 月	虎斑地鸫	2
2010 年 10 月	蓝歌鸲	2	2010 年 12 月	黄颈凤鹛	72
2010 年 10 月	蓝喉太阳鸟	4	2010 年 12 月	黄嘴噪啄木鸟	1
2010 年 10 月	栗头地莺	8	2010 年 12 月	灰翅鸫	1
2010 年 10 月	栗头雀鹛	25	2010 年 12 月	灰眶雀鹛	77
2010 年 10 月	栗头鹟莺	1	2010 年 12 月	金胸雀鹛	6
2010 年 10 月	绿背山雀	1	2010 年 12 月	蓝额红尾鸲	3
2010 年 10 月	绿翅短脚鹎	9	2010 年 12 月	蓝喉太阳鸟	6
2010 年 10 月	普通鸬	3	2010 年 12 月	栗头地莺	1
2010 年 10 月	铜蓝鹟	4	2010 年 12 月	栗头雀鹛	5
2010 年 10 月	纹喉凤鹛	46	2010 年 12 月	绿背山雀	6
2010 年 10 月	小鳞胸鹪鹛	2	2010 年 12 月	绿翅短脚鹎	14
2010 年 10 月	楔尾绿鸠	1	2010 年 12 月	普通鵟	4
2010 年 10 月	旋木雀	1	2010 年 12 月	普通鸬	6
2010 年 10 月	紫啸鸫	1	2010 年 12 月	树鹨	11
2010 年 10 月	棕腹仙鹟	7	2010 年 12 月	水鹨	4
2010 年 10 月	棕肛凤鹛	8	2010 年 12 月	松雀鹰	2
2010 年 10 月	棕颈钩嘴鹛	22	2010 年 12 月	纹喉凤鹛	93

（续）

时间	物种	数量	时间	物种	数量
2010 年 12 月	小鳞胸鹪鹛	1	2015 年 3 月	锈脸钩嘴鹛	2
2010 年 12 月	楔尾绿鸠	2	2015 年 3 月	鹰鹃	1
2010 年 12 月	旋木雀	1	2015 年 3 月	朱鹂	7
2010 年 12 月	紫啸鸫	1	2015 年 3 月	紫啸鸫	4
2010 年 12 月	棕背伯劳	1	2015 年 3 月	棕肛凤鹛	2
2010 年 12 月	棕肛凤鹛	8	2015 年 3 月	棕颈钩嘴鹛	4
2010 年 12 月	棕颈钩嘴鹛	14	2015 年 3 月	棕胸蓝姬鹟	5
2015 年 3 月	白斑尾柳莺	1	2015 年 6 月	白尾蓝地鸲	2
2015 年 3 月	白尾鸲	1	2015 年 6 月	白尾鸲	2
2015 年 3 月	斑喉希鹛	19	2015 年 6 月	斑喉希鹛	44
2015 年 3 月	宝兴歌鸫	2	2015 年 6 月	大拟啄木鸟	1
2015 年 3 月	橙斑翅柳莺	8	2015 年 6 月	大仙鹟	3
2015 年 3 月	大拟啄木鸟	2	2015 年 6 月	短嘴山椒鸟	4
2015 年 3 月	短嘴山椒鸟	4	2015 年 6 月	方尾鹟	33
2015 年 3 月	方尾鹟	11	2015 年 6 月	凤头雀嘴鹎	40
2015 年 3 月	冠纹柳莺	36	2015 年 6 月	冠纹柳莺	59
2015 年 3 月	光背地鸫	1	2015 年 6 月	褐头雀鹛	3
2015 年 3 月	褐胁雀鹛	5	2015 年 6 月	黑脸鹟莺	9
2015 年 3 月	白冠燕尾	1	2015 年 6 月	黑头奇鹛	25
2015 年 3 月	黑头奇鹛	5	2015 年 6 月	红翅鸥鹛	11
2015 年 3 月	红翅鸥鹛	7	2015 年 6 月	红头穗鹛	13
2015 年 3 月	红头穗鹛	8	2015 年 6 月	红头噪鹛	1
2015 年 3 月	红头噪鹛	6	2015 年 6 月	红胁蓝尾鸲	2
2015 年 3 月	红胁蓝尾鸲	3	2015 年 6 月	红胸啄花鸟	24
2015 年 3 月	黄腹扇尾鹟	5	2015 年 6 月	黄腹柳莺	2
2015 年 3 月	黄颊山雀	7	2015 年 6 月	黄腹扇尾鹟	37
2015 年 3 月	黄颈凤鹛	8	2015 年 6 月	黄颊山雀	2
2015 年 3 月	黄颈啄木鸟	1	2015 年 6 月	黄颈凤鹛	27
2015 年 3 月	黄腰太阳鸟	2	2015 年 6 月	黄眉林雀	26
2015 年 3 月	黄嘴噪啄木鸟	1	2015 年 6 月	灰腹地莺	8
2015 年 3 月	蓝翅希鹛	2	2015 年 6 月	灰眶雀鹛	27
2015 年 3 月	蓝额红尾鸲	1	2015 年 6 月	灰胸竹鸡	1
2015 年 3 月	蓝喉太阳鸟	12	2015 年 6 月	火尾希鹛	16
2015 年 3 月	领鸺鹠	3	2015 年 6 月	金眶鹟莺	8
2015 年 3 月	绿翅短脚鹎	6	2015 年 6 月	金胸雀鹛	4
2015 年 3 月	铜蓝鹟	3	2015 年 6 月	蓝翅希鹛	6
2015 年 3 月	纹喉凤鹛	14	2015 年 6 月	蓝喉太阳鸟	5
2015 年 3 月	小仙鹟	2	2015 年 6 月	栗头地莺	1
2015 年 3 月	星鸦	1	2015 年 6 月	栗头雀鹛	18

（续）

时间	物种	数量	时间	物种	数量
2015 年 6 月	栗头鹟莺	4	2015 年 9 月	火尾希鹛	19
2015 年 6 月	林雕	1	2015 年 9 月	金眶鹟莺	8
2015 年 6 月	绿背山雀	4	2015 年 9 月	蓝喉太阳鸟	2
2015 年 6 月	绿翅短脚鹎	33	2015 年 9 月	栗头地莺	3
2015 年 6 月	绿喉太阳鸟	4	2015 年 9 月	栗头雀鹛	11
2015 年 6 月	矛纹草鹛	1	2015 年 9 月	栗头鹟莺	2
2015 年 6 月	松鸦	1	2015 年 9 月	领鸺鹠	2
2015 年 6 月	太阳鸟	3	2015 年 9 月	绿背山雀	3
2015 年 6 月	铜蓝鹟	1	2015 年 9 月	绿翅短脚鹎	38
2015 年 6 月	纹喉凤鹛	51	2015 年 9 月	铜蓝鹟	3
2015 年 6 月	棕腹仙鹟	6	2015 年 9 月	纹喉凤鹛	38
2015 年 6 月	棕肛凤鹛	15	2015 年 9 月	楔尾绿鸠	7
2015 年 6 月	棕尾褐鹟	1	2015 年 9 月	锈脸钩嘴鹛	4
2015 年 6 月	棕胸蓝姬鹟	5	2015 年 9 月	朱鹂	2
2015 年 9 月	白尾鸲	2	2015 年 9 月	棕腹仙鹟	2
2015 年 9 月	斑背燕尾	1	2015 年 9 月	棕颈钩嘴鹛	14
2015 年 9 月	斑喉希鹛	15	2015 年 9 月	棕胸蓝姬鹟	2
2015 年 9 月	宝兴歌鸫	1	2015 年 12 月	白领凤鹛	3
2015 年 9 月	大斑啄木鸟	1	2015 年 12 月	白尾鸲	4
2015 年 9 月	大拟啄木鸟	4	2015 年 12 月	斑喉希鹛	17
2015 年 9 月	短嘴山椒鸟	13	2015 年 12 月	大斑啄木鸟	1
2015 年 9 月	方尾鹟	24	2015 年 12 月	凤头雀嘴鹎	28
2015 年 9 月	凤头雀嘴鹎	66	2015 年 12 月	冠纹柳莺	4
2015 年 9 月	冠纹柳莺	24	2015 年 12 月	光背地鸫	1
2015 年 9 月	褐头雀鹛	4	2015 年 12 月	褐柳莺	1
2015 年 9 月	褐胁雀鹛	2	2015 年 12 月	褐头雀鹛	7
2015 年 9 月	白冠燕尾	1	2015 年 12 月	褐胁雀鹛	3
2015 年 9 月	黑脸鹟莺	3	2015 年 12 月	黑鹎	28
2015 年 9 月	黑头奇鹛	43	2015 年 12 月	白冠燕尾	3
2015 年 9 月	红翅鵙鹛	4	2015 年 12 月	黑脸鹟莺	16
2015 年 9 月	红头噪鹛	10	2015 年 12 月	黑头奇鹛	27
2015 年 9 月	黄腹扇尾鹟	20	2015 年 12 月	红头咬鹃	1
2015 年 9 月	黄颊山雀	7	2015 年 12 月	红头噪鹛	4
2015 年 9 月	黄颈凤鹛	40	2015 年 12 月	红头长尾山雀	12
2015 年 9 月	黄颈啄木鸟	5	2015 年 12 月	红胁蓝尾鸲	3
2015 年 9 月	黄臀鹎	4	2015 年 12 月	红胸啄花鸟	4
2015 年 9 月	灰腹地莺	17	2015 年 12 月	黄腹扇尾鹟	3
2015 年 9 月	灰喉柳莺	1	2015 年 12 月	黄颊山雀	2
2015 年 9 月	灰眶雀鹛	26	2015 年 12 月	黄颈凤鹛	11

（续）

时间	物种	数量	时间	物种	数量
2015 年 12 月	黄眉林雀	2	2015 年 12 月	栗头雀鹛	18
2015 年 12 月	黄臀鹎	7	2015 年 12 月	领鸺鹠	2
2015 年 12 月	灰腹地莺	1	2015 年 12 月	绿背山雀	8
2015 年 12 月	灰眶雀鹛	25	2015 年 12 月	绿翅短脚鹎	12
2015 年 12 月	金胸雀鹛	14	2015 年 12 月	纹喉凤鹛	27
2015 年 12 月	蓝额红尾鸲	2	2015 年 12 月	锈额斑翅鹛	2
2015 年 12 月	蓝喉太阳鸟	1	2015 年 12 月	朱鹛	18
2015 年 12 月	栗背岩鹨	1	2015 年 12 月	棕颈钩嘴鹛	15
2015 年 12 月	栗头地莺	1			

3.1.10 哺乳动物种类和数量

3.1.10.1 概述

本部分数据主要包含了 2010 年和 2015 年的大年监测数据。

3.1.10.2 数据采集和处理方法

主要使用了样线法、陷阱法。样线法调查与鸟类样线法共用一条样线，并同时开展调查，记录两侧 25 m 内见到的兽类种类和数量及兽类活动的痕迹的足迹链、取食痕迹数量等。陷阱法有两种：一是夹捕监测调查，在三棵树生态综合观测场进行，沿观测场北侧和西侧边线放置鼠夹 50 个，间隔 10 m，以花生为饵，连续捕捉 3 昼夜，记录捕获动物种类和数量，解剖登记，拴标签后保存于酒精中备查。二是陷阱捕捉监测调查，用直径 30 cm 塑料桶设置陷阱，捕捉食虫类小兽，在三棵树综合观察样地西侧边线外 5 m 距离外布设陷阱，每个陷阱间隔 10 m，共布设 10 个陷阱，次日检查捕获情况。连续捕捉 3 昼夜。记录捕获动物种类和数量，解剖登记，拴标签后保存于酒精中备查。

3.1.10.3 数据质量控制和评估

①调查在早上（07：00—10：30）或下午（16：30—19：30）的相对时段进行，并且选择在晴朗、少雾、小风的天气进行，避免由于时间段和天气因素导致兽类的活动变化过大，影响数据准确度。

②录入数据时的质量控制，及时分析和判别异常、罕见或不可能出现的物种数据，剔除明显异常的物种数据，严格避免数据录入时的错误。

③数据质量控制。将获取的数据与各项相关的兽类调查数据名录和历史获取的名录等数据对比，保证数据的正确性、一致性、完整性、可比性和连续性，经过站长和数据管理员的审核认定后，批准上报。

3.1.10.4 数据价值/数据使用方法和建议

由于本部分数据采集范围和频度较低，所以得到的数据较少，仅能提供一定的参考，如果需要更为综合的了解哀牢山生态站及其周边地区的哺乳类的组成情况，请参照表 3-2。

建议设立专门的经费支撑或专职人员，以提高森林生态站的兽类多样性监测频次和覆盖范围，并使用红外相机等先进设备开展常规的监测调查。通过积累大量翔实、长期的基础资料提高森林生态站的综合监测能力。

3.1.10.5 数据

哀牢山哺乳动物具体数据见表 3-35、表 3-36。

表 3 - 35 哀牢山 1 hm² 永久样地大年监测的小型哺乳动物类与数量（陷阱法）

年月	物种	数量
2010 年	未捕获到	0
2015 年 3 月	川西白腹鼠	3
2015 年 6 月	川西白腹鼠	3
2015 年 6 月	社鼠	2
2015 年 6 月	云南鼩鼱	1
2015 年 9 月	川西白腹鼠	4
2015 年 9 月	黄胸鼠	1
2015 年 9 月	澜沧江姬鼠	1
2015 年 9 月	社鼠	6
2015 年 9 月	云南鼩鼱	1
2015 年 12 月	刺毛鼠	1
2015 年 12 月	澜沧江姬鼠	1
2015 年 12 月	社鼠	2
2015 年 12 月	云南鼩鼱	3
2015 年 12 月	鼩猬	2

表 3 - 36 哀牢山 1 号样线的大年监测哺乳动物种类与数量（样线法）

年月	物种	数量	年月	物种	数量
2010 年 3 月	白尾鼹	1	2010 年 12 月	隐纹花鼠	2
2010 年 3 月	赤腹松鼠	18	2015 年 3 月	白尾鼹	4
2010 年 3 月	红颊长尾松鼠	1	2015 年 3 月	赤腹松鼠	3
2010 年 3 月	水鹿	2	2015 年 3 月	红颊长吻松鼠	25
2010 年 3 月	隐纹花鼠	14	2015 年 3 月	野猪	4
2010 年 6 月	白尾鼹	1	2015 年 3 月	隐纹花鼠	10
2010 年 6 月	赤腹松鼠	9	2015 年 6 月	红颊长吻松鼠	13
2010 年 6 月	水鹿	1	2015 年 6 月	水鹿	3
2010 年 6 月	野猪	1	2015 年 6 月	野猪	2
2010 年 6 月	隐纹花鼠	5	2015 年 6 月	隐纹花鼠	11
2010 年 10 月	白尾鼹	3	2015 年 9 月	白尾鼹	6
2010 年 10 月	赤腹松鼠	6	2015 年 9 月	赤腹松鼠	4
2010 年 10 月	水鹿	6	2015 年 9 月	红颊长吻松鼠	9
2010 年 10 月	隐纹花鼠	3	2015 年 12 月	白尾鼹	11
2010 年 12 月	白尾鼹	3	2015 年 12 月	赤腹松鼠	1
2010 年 12 月	赤腹松鼠	14	2015 年 12 月	红颊长吻松鼠	8
2010 年 12 月	珀氏长吻松鼠	5	2015 年 12 月	珀氏长吻松鼠	1
2010 年 12 月	水鹿	1	2015 年 12 月	隐纹花鼠	3

3.1.11 土壤微生物生物量碳季节动态

3.1.11.1 概述

本数据集包括哀牢山站 2010 年和 2015 年两次大年监测的 4 个长期监测样地的年尺度土壤微生物量碳和当时测定的土壤水分含量指标。

3.1.11.2 数据采集和处理方法

按照中国生态系统研究网络（CERN）长期观测规范，土壤微生物量碳数据监测频率为每 5 年 1 次，哀牢山站在 2010 年和 2015 年的每个季度，用环刀采集各观测场腐殖质和 0～20 cm 土壤样品进行测定。

3.1.11.3 数据质量控制和评估

①分析时测定 3 次平行样品。

②利用校验软件检查每个监测数据是否超出相同土壤类型和采样深度的历史数据阈值范围，每个观测场监测项目均值是否超出该样地相同深度历史数据均值的 2 倍标准差，每个观测场监测项目标准差是否超出该样地相同深度历史数据的 2 倍标准差或者样地空间变异调查的 2 倍标准差等。核实或再次测定超出范围的数据。

3.1.11.4 数据价值/数据使用方法和建议

土壤微生物生物量碳（简称土壤微生物量碳）是指土壤中体积<5 000 μm^3 活的和死的微生物体内碳的总和。微生物量碳（MBC）是土壤中易于利用的养分库及有机物分解和氮矿化的动力，与土壤中的碳、氮、磷、硫等养分循环密切相关。

3.1.11.5 数据

哀牢山土壤微生物量碳季节动态数据见表 3 - 37～表 3 - 40。

表 3 - 37 综合观测场中山湿性常绿阔叶林长期观测样地土壤微生物生物量碳季节动态

日期	土壤含水量/%	土壤微生物生物量碳/（mg/kg）
2010 年 4 月	40.0	0.16
2010 年 7 月	39.0	0.25
2010 年 10 月	38.7	0.28
2010 年 12 月	38.5	0.19
2015 年 2 月	84.7	1.43
2015 年 4 月	88.2	1.4
2015 年 7 月	86.8	2.13
2015 年 11 月	90.7	1.83

表 3 - 38 滇南山杨次生林辅助长期观测样地土壤微生物生物量碳季节动态

日期	土壤含水量/%	土壤微生物生物量碳/（mg/kg）
2010 年 4 月	36.5	0.27
2010 年 7 月	41.2	0.21
2010 年 10 月	37.8	0.37
2010 年 12 月	39.1	0.11
2015 年 2 月	70.2	1.68
2015 年 4 月	71.3	1.66

（续）

日期	土壤含水量/%	土壤微生物生物量碳/（mg/kg）
2015 年 7 月	90.6	2.03
2015 年 11 月	84.5	1.77

表 3－39　山顶苔藓矮林辅助长期观测采样地土壤微生物生物量碳季节动态

日期	土壤含水量/%	土壤微生物生物量碳/（mg/kg）
2010 年 4 月	38.2	0.25
2010 年 7 月	39.5	0.18
2010 年 10 月	37.5	0.25
2010 年 12 月	36.3	0.13
2015 年 2 月	81.5	1.34
2015 年 4 月	61.4	1.05
2015 年 7 月	81.5	1.34
2015 年 11 月	91.1	1.18

表 3－40　哀牢山茶叶人工林站区观测点土壤微生物生物量碳季节动态

日期	土壤含水量/%	土壤微生物生物量碳/（mg/kg）
2010 年 4 月	36.2	0.08
2010 年 7 月	39.5	0.07
2010 年 10 月	39.0	0.12
2010 年 12 月	39.0	0.05
2015 年 2 月	47.4	0.34
2015 年 4 月	54.6	0.5
2015 年 7 月	74.5	0.72
2015 年 11 月	65.9	0.55

3.1.12　层间附（寄）生植物

3.1.12.1　概述

　　本数据集包含哀牢山站 2008—2015 年 5 个长期监测样地的年尺度观测数据，层间附（寄）生植物观察内容包括植物名称、生活型、株（丛）数、附（寄）主种名；层间藤本植物观察内容包含植物名称、株（丛）数、平均基径（cm）、1.3 m 处的平均粗度（cm）、平均长度（m）、生活型。数据采集地点：ALFZH01AC0＿01（综合观测场中山湿性常绿阔叶林长期监测样地）、ALFZH01ABC＿02（综合观测场中山湿性常绿阔叶林长期监测采样样地）、ALFFZ01ABC＿01（山顶苔藓矮林辅助观测场长期监测采样样地）、ALFFZ02ABC＿01（滇南山杨次生林辅助观测长期监测采样样地）、ALFFZ03A00＿01（尼泊尔桤木次生林辅助观测长期监测采样样地）。数据采集时间：2010 年、2015 年。

3.1.12.2　数据采集和处理方法

　　层间附（寄）生植物和藤本植物调查在所有观测样地的Ⅱ级样方内进，每 5 年复查 1 次。调查时间与每木调查同时进行，记录其种类、株（丛）数、估测其高度、盖度等参数。选定Ⅱ级样方中胸径大于 20 cm 的树上出现的附（寄）生植物调查，并记录相关参数，调查时需要望远镜协助。

3.1.12.3 数据质量控制和评估

层间附（寄）生植物和藤本植物数据集的数据质量控制和评估与乔木层、灌木层、草本层物种组成及生物量数据集的一致。

3.1.12.4 数据价值/数据使用方法和建议

层间植物主要以藤蔓和附（寄）生植物为主，藤蔓和附（寄）生植物对热带、亚热带森林生态系统的生物量来说具有十分重要的意义。

数据包含了哀牢山亚热带常绿阔叶林 5 块样地的层间附（寄）生植物和藤本植物种类、数量和分布情况，将为该区域的相关科学研究提供基础数据。

3.1.12.5 数据

哀牢山层间附（寄）生植物具体数据见表 3-41、表 3-42。

表 3-41 综合观测场中山湿性常绿阔叶林长期观测样地层间附（寄）生植物

日期（年-月-日）	植物种名	生活型	株（丛）数/［株（丛）/样方］	附（寄）主种名
2010-11-27	白花树萝卜	常绿附生植物	50	变色锥
2010-11-27	大叶唇柱苣苔	落叶附生植物	1	变色锥
2010-11-27	大樟叶越橘	常绿附生植物	12	变色锥
2010-11-27	带叶瓦韦	常绿附生植物	169	变色锥
2010-11-27	点花黄精	落叶附生植物	7	变色锥
2010-11-27	长柄蕗蕨	落叶附生植物	492	变色锥
2010-11-27	附生杜鹃	常绿附生植物	6	变色锥
2010-11-27	高山蕗蕨	落叶附生植物	138	变色锥
2010-11-27	耿马假瘤蕨	落叶附生植物	22	变色锥
2010-11-27	褐柄剑蕨	常绿附生植物	20	变色锥
2010-11-27	黄杨叶芒毛苣苔	常绿附生植物	66	变色锥
2010-11-27	汇生瓦韦	常绿附生植物	48	变色锥
2010-11-27	尖齿拟水龙骨	落叶附生植物	78	变色锥
2010-11-27	剑叶铁角蕨	常绿附生植物	125	变色锥
2010-11-27	江南卷柏	常绿附生植物	179	变色锥
2010-11-27	节肢蕨	落叶附生植物	248	变色锥
2010-11-27	距药姜	落叶附生植物	123	变色锥
2010-11-27	列叶盆距兰	常绿附生植物	7	变色锥
2010-11-27	鳞轴小膜盖蕨	落叶附生植物	225	变色锥
2010-11-27	毛叶钝果寄生	常绿寄生植物	8	变色锥
2010-11-27	柔毛水龙骨	落叶附生植物	442	变色锥
2010-11-27	书带蕨	常绿附生植物	243	变色锥
2010-11-27	鼠李叶花楸	落叶附生植物	17	变色锥
2010-11-27	胎生铁角蕨	常绿附生植物	147	变色锥
2010-11-27	细茎石斛	常绿附生植物	11	变色锥
2010-11-27	长柄蕗蕨	落叶附生植物	39	变色锥
2010-11-27	异叶楼梯草	一年生植物	155	变色锥

（续）

日期（年-月-日）	植物种名	生活型	株（丛）数/［株（丛）/样方］	附（寄）主种名
2010 - 11 - 27	佛肚苣苔	常绿附生植物	133	变色锥
2010 - 11 - 27	中华剑蕨	落叶附生植物	15	变色锥
2010 - 11 - 27	紫背天葵	落叶附生植物	408	变色锥
2010 - 11 - 27	棕鳞瓦韦	落叶附生植物	319	变色锥
2010 - 11 - 27	胎生铁角蕨	常绿附生植物	5	翅柄紫茎
2010 - 11 - 27	节肢蕨	落叶附生植物	18	滇润楠
2010 - 11 - 27	鳞轴小膜盖蕨	落叶附生植物	31	滇润楠
2010 - 11 - 27	柔毛水龙骨	落叶附生植物	61	滇润楠
2010 - 11 - 27	鼠李叶花楸	落叶附生植物	1	滇润楠
2010 - 11 - 27	胎生铁角蕨	常绿附生植物	4	滇润楠
2010 - 11 - 27	长柄蕗蕨	落叶附生植物	23	滇润楠
2010 - 11 - 27	异叶楼梯草	一年生植物	17	滇润楠
2010 - 11 - 27	佛肚苣苔	常绿附生植物	5	滇润楠
2010 - 11 - 27	棕鳞瓦韦	落叶附生植物	15	滇润楠
2010 - 11 - 27	柔毛水龙骨	落叶附生植物	12	多果新木姜子
2010 - 11 - 27	带叶瓦韦	常绿附生植物	2	多果新木姜子
2010 - 11 - 27	佛肚苣苔	常绿附生植物	1	多果新木姜子
2010 - 11 - 27	带叶瓦韦	常绿附生植物	3	多花含笑
2010 - 11 - 27	柔毛水龙骨	落叶附生植物	1	多花含笑
2010 - 11 - 27	佛肚苣苔	常绿附生植物	1	多花含笑
2010 - 11 - 27	鳞轴小膜盖蕨	落叶附生植物	12	红河冬青
2010 - 11 - 27	棕鳞瓦韦	落叶附生植物	1	红河冬青
2010 - 11 - 27	耿马假瘤蕨蕨	落叶附生植物	1	红河冬青
2010 - 11 - 27	胎生铁角蕨	常绿附生植物	3	红河冬青
2010 - 11 - 27	白花树萝卜	常绿附生植物	1	红花木莲
2010 - 11 - 27	带叶瓦韦	常绿附生植物	58	红花木莲
2010 - 11 - 27	黄杨叶芒毛苣苔	常绿附生植物	2	红花木莲
2010 - 11 - 27	剑叶铁角蕨	常绿附生植物	8	红花木莲
2010 - 11 - 27	江南卷柏	常绿附生植物	89	红花木莲
2010 - 11 - 27	节肢蕨	落叶附生植物	10	红花木莲
2010 - 11 - 27	鳞轴小膜盖蕨	落叶附生植物	38	红花木莲
2010 - 11 - 27	柔毛水龙骨	落叶附生植物	64	红花木莲
2010 - 11 - 27	书带蕨	常绿附生植物	4	红花木莲
2010 - 11 - 27	胎生铁角蕨	常绿附生植物	4	红花木莲
2010 - 11 - 27	异叶楼梯草	一年生植物	53	红花木莲
2010 - 11 - 27	中华剑蕨	落叶附生植物	8	红花木莲
2010 - 11 - 27	棕鳞瓦韦	落叶附生植物	10	红花木莲
2010 - 11 - 27	矮芒毛苣苔	常绿附生植物	1	黄心树
2010 - 11 - 27	带叶瓦韦	常绿附生植物	25	黄心树

（续）

日期（年-月-日）	植物种名	生活型	株（丛）数/［株（丛）/样方］	附（寄）主种名
2010 - 11 - 27	点花黄精	落叶附生植物	2	黄心树
2010 - 11 - 27	长柄蹄蕨	落叶附生植物	44	黄心树
2010 - 11 - 27	黄杨叶芒毛苣苔	常绿附生植物	11	黄心树
2010 - 11 - 27	汇生瓦韦	常绿附生植物	6	黄心树
2010 - 11 - 27	尖齿拟水龙骨	落叶附生植物	5	黄心树
2010 - 11 - 27	剑叶铁角蕨	常绿附生植物	8	黄心树
2010 - 11 - 27	江南卷柏	常绿附生植物	114	黄心树
2010 - 11 - 27	节肢蕨	落叶附生植物	48	黄心树
2010 - 11 - 27	鳞轴小膜盖蕨	落叶附生植物	39	黄心树
2010 - 11 - 27	柔毛水龙骨	落叶附生植物	64	黄心树
2010 - 11 - 27	书带蕨	常绿附生植物	4	黄心树
2010 - 11 - 27	鼠李叶花楸	落叶附生植物	4	黄心树
2010 - 11 - 27	胎生铁角蕨	常绿附生植物	31	黄心树
2010 - 11 - 27	异叶楼梯草	一年生植物	75	黄心树
2010 - 11 - 27	佛肚苣苔	常绿附生植物	21	黄心树
2010 - 11 - 27	中华剑蕨	落叶附生植物	17	黄心树
2010 - 11 - 27	紫背天葵	落叶附生植物	12	黄心树
2010 - 11 - 27	棕鳞瓦韦	落叶附生植物	14	黄心树
2010 - 11 - 27	异叶楼梯草	一年生植物	3	尖叶桂樱
2010 - 11 - 27	佛肚苣苔	常绿附生植物	3	尖叶桂樱
2010 - 11 - 27	节肢蕨	落叶附生植物	93	景东冬青
2010 - 11 - 27	鳞轴小膜盖蕨	落叶附生植物	8	景东冬青
2010 - 11 - 27	柔毛水龙骨	落叶附生植物	11	景东冬青
2010 - 11 - 27	胎生铁角蕨	常绿附生植物	6	景东冬青
2010 - 11 - 27	异叶楼梯草	一年生植物	21	景东冬青
2010 - 11 - 27	棕鳞瓦韦	落叶附生植物	5	景东冬青
2010 - 11 - 27	柔毛水龙骨	落叶附生植物	12	毛齿藏南槭
2010 - 11 - 27	鳞轴小膜盖蕨	落叶附生植物	3	毛齿藏南槭
2010 - 11 - 27	带叶瓦韦	常绿附生植物	1	毛齿藏南槭
2010 - 11 - 27	汇生瓦韦	常绿附生植物	2	毛齿藏南槭
2010 - 11 - 27	白花树萝卜	常绿附生植物	84	木果柯
2010 - 11 - 27	大樟叶越橘	常绿附生植物	7	木果柯
2010 - 11 - 27	带叶瓦韦	常绿附生植物	14	木果柯
2010 - 11 - 27	点花黄精	落叶附生植物	3	木果柯
2010 - 11 - 27	长柄蹄蕨	落叶附生植物	295	木果柯
2010 - 11 - 27	附生杜鹃	常绿附生植物	10	木果柯
2010 - 11 - 27	高山蓧蕨	落叶附生植物	336	木果柯
2010 - 11 - 27	耿马假瘤蕨蕨	落叶附生植物	101	木果柯
2010 - 11 - 27	黄杨叶芒毛苣苔	常绿附生植物	106	木果柯

（续）

日期（年-月-日）	植物种名	生活型	株（丛）数/［株（丛）/样方］	附（寄）主种名
2010 - 11 - 27	汇生瓦韦	常绿附生植物	41	木果柯
2010 - 11 - 27	尖齿拟水龙骨	落叶附生植物	139	木果柯
2010 - 11 - 27	剑叶铁角蕨	常绿附生植物	35	木果柯
2010 - 11 - 27	节肢蕨	落叶附生植物	339	木果柯
2010 - 11 - 27	鳞轴小膜盖蕨	落叶附生植物	261	木果柯
2010 - 11 - 27	毛叶钝果寄生	常绿寄生植物	1	木果柯
2010 - 11 - 27	柔毛水龙骨	落叶附生植物	89	木果柯
2010 - 11 - 27	书带蕨	常绿附生植物	168	木果柯
2010 - 11 - 27	鼠李叶花楸	落叶附生植物	47	木果柯
2010 - 11 - 27	胎生铁角蕨	常绿附生植物	13	木果柯
2010 - 11 - 27	细茎石斛	常绿附生植物	12	木果柯
2010 - 11 - 27	长柄蕗蕨	落叶附生植物	52	木果柯
2010 - 11 - 27	异叶楼梯草	一年生植物	3	木果柯
2010 - 11 - 27	佛肚苣苔	常绿附生植物	135	木果柯
2010 - 11 - 27	紫背天葵	落叶附生植物	530	木果柯
2010 - 11 - 27	棕鳞瓦韦	落叶附生植物	411	木果柯
2010 - 11 - 27	白花树萝卜	常绿附生植物	13	南洋木荷
2010 - 11 - 27	大叶唇柱苣苔	落叶附生植物	1	南洋木荷
2010 - 11 - 27	带叶瓦韦	常绿附生植物	38	南洋木荷
2010 - 11 - 27	长柄蕗蕨	落叶附生植物	47	南洋木荷
2010 - 11 - 27	附生杜鹃	常绿附生植物	4	南洋木荷
2010 - 11 - 27	耿马假瘤蕨	落叶附生植物	40	南洋木荷
2010 - 11 - 27	褐柄剑蕨	常绿附生植物	3	南洋木荷
2010 - 11 - 27	黄杨叶芒毛苣苔	常绿附生植物	23	南洋木荷
2010 - 11 - 27	汇生瓦韦	常绿附生植物	49	南洋木荷
2010 - 11 - 27	尖齿拟水龙骨	落叶附生植物	14	南洋木荷
2010 - 11 - 27	剑叶铁角蕨	常绿附生植物	37	南洋木荷
2010 - 11 - 27	节肢蕨	落叶附生植物	58	南洋木荷
2010 - 11 - 27	鳞轴小膜盖蕨	落叶附生植物	150	南洋木荷
2010 - 11 - 27	柔毛水龙骨	落叶附生植物	82	南洋木荷
2010 - 11 - 27	书带蕨	常绿附生植物	57	南洋木荷
2010 - 11 - 27	鼠李叶花楸	落叶附生植物	18	南洋木荷
2010 - 11 - 27	胎生铁角蕨	常绿附生植物	43	南洋木荷
2010 - 11 - 27	细茎石斛	常绿附生植物	13	南洋木荷
2010 - 11 - 27	异叶楼梯草	一年生植物	50	南洋木荷
2010 - 11 - 27	佛肚苣苔	常绿附生植物	58	南洋木荷
2010 - 11 - 27	中华剑蕨	落叶附生植物	20	南洋木荷
2010 - 11 - 27	紫背天葵	落叶附生植物	113	南洋木荷
2010 - 11 - 27	棕鳞瓦韦	落叶附生植物	95	南洋木荷

（续）

日期（年-月-日）	植物种名	生活型	株（丛）数/［株（丛）/样方］	附（寄）主种名
2010 - 11 - 27	褐柄剑蕨	常绿附生植物	3	山矾
2010 - 11 - 27	白花树萝卜	常绿附生植物	3	山青木
2010 - 11 - 27	带叶瓦韦	常绿附生植物	9	山青木
2010 - 11 - 27	点花黄精	落叶附生植物	1	山青木
2010 - 11 - 27	长柄蕗蕨	落叶附生植物	64	山青木
2010 - 11 - 27	褐柄剑蕨	常绿附生植物	7	山青木
2010 - 11 - 27	黄杨叶芒毛苣苔	常绿附生植物	3	山青木
2010 - 11 - 27	尖齿拟水龙骨	落叶附生植物	12	山青木
2010 - 11 - 27	剑叶铁角蕨	常绿附生植物	1	山青木
2010 - 11 - 27	节肢蕨	落叶附生植物	27	山青木
2010 - 11 - 27	鳞轴小膜盖蕨	落叶附生植物	34	山青木
2010 - 11 - 27	柔毛水龙骨	落叶附生植物	11	山青木
2010 - 11 - 27	书带蕨	常绿附生植物	4	山青木
2010 - 11 - 27	胎生铁角蕨	常绿附生植物	14	山青木
2010 - 11 - 27	异叶楼梯草	一年生植物	5	山青木
2010 - 11 - 27	佛肚苣苔	常绿附生植物	11	山青木
2010 - 11 - 27	紫背天葵	落叶附生植物	1	山青木
2010 - 11 - 27	白花树萝卜	常绿附生植物	3	多果新木姜子
2010 - 11 - 27	带叶瓦韦	常绿附生植物	7	多果新木姜子
2010 - 11 - 27	长柄蕗蕨	落叶附生植物	109	多果新木姜子
2010 - 11 - 27	褐柄剑蕨	常绿附生植物	12	多果新木姜子
2010 - 11 - 27	黄杨叶芒毛苣苔	常绿附生植物	8	多果新木姜子
2010 - 11 - 27	剑叶铁角蕨	常绿附生植物	1	多果新木姜子
2010 - 11 - 27	鳞轴小膜盖蕨	落叶附生植物	27	多果新木姜子
2010 - 11 - 27	毛叶钝果寄生	常绿寄生植物	3	多果新木姜子
2010 - 11 - 27	柔毛水龙骨	落叶附生植物	47	多果新木姜子
2010 - 11 - 27	书带蕨	常绿附生植物	20	多果新木姜子
2010 - 11 - 27	胎生铁角蕨	常绿附生植物	21	多果新木姜子
2010 - 11 - 27	异叶楼梯草	一年生植物	17	多果新木姜子
2010 - 11 - 27	佛肚苣苔	常绿附生植物	9	多果新木姜子
2010 - 11 - 27	棕鳞瓦韦	落叶附生植物	7	多果新木姜子
2010 - 11 - 27	带叶瓦韦	常绿附生植物	9	中缅八角
2010 - 11 - 27	长柄蕗蕨	落叶附生植物	7	中缅八角
2010 - 11 - 27	黄杨叶芒毛苣苔	常绿附生植物	2	中缅八角
2010 - 11 - 27	鳞轴小膜盖蕨	落叶附生植物	18	中缅八角
2010 - 11 - 27	柔毛水龙骨	落叶附生植物	2	中缅八角
2010 - 11 - 27	书带蕨	常绿附生植物	2	中缅八角
2010 - 11 - 27	胎生铁角蕨	常绿附生植物	2	中缅八角
2010 - 11 - 27	佛肚苣苔	常绿附生植物	1	中缅八角

（续）

日期（年-月-日）	植物种名	生活型	株（丛）数/［株（丛）/样方］	附（寄）主种名
2010 - 11 - 27	佛肚苣苔	常绿附生植物	2	蒙自连蕊茶
2010 - 11 - 27	胎生铁角蕨	常绿附生植物	3	蒙自连蕊茶
2010 - 11 - 27	佛肚苣苔	常绿附生植物	9	硬壳柯
2015 - 11 - 8	白花树萝卜	常绿附生植物	90	变色锥
2015 - 11 - 8	贝母兰	常绿附生植物	2	变色锥
2015 - 11 - 8	糙叶秋海棠	多年生草本植物	59	变色锥
2015 - 11 - 8	大樟叶越橘	常绿附生植物	15	变色锥
2015 - 11 - 8	带叶瓦韦	常绿附生植物	242	变色锥
2015 - 11 - 8	单行节肢蕨	落叶附生植物	42	变色锥
2015 - 11 - 8	点花黄精	落叶附生植物	16	变色锥
2015 - 11 - 8	豆瓣绿	常绿附生植物	5	变色锥
2015 - 11 - 8	长柄蕗蕨	落叶附生植物	499	变色锥
2015 - 11 - 8	附生杜鹃	常绿附生植物	9	变色锥
2015 - 11 - 8	高山蒡蕨	落叶附生植物	198	变色锥
2015 - 11 - 8	耿马假瘤蕨	落叶附生植物	42	变色锥
2015 - 11 - 8	褐柄剑蕨	常绿附生植物	39	变色锥
2015 - 11 - 8	红苞树萝卜	常绿附生植物	4	变色锥
2015 - 11 - 8	黄杨叶芒毛苣苔	常绿附生植物	154	变色锥
2015 - 11 - 8	汇生瓦韦	常绿附生植物	86	变色锥
2015 - 11 - 8	尖齿拟水龙骨	落叶附生植物	187	变色锥
2015 - 11 - 8	剑叶铁角蕨	常绿附生植物	150	变色锥
2015 - 11 - 8	江南卷柏	常绿附生植物	41	变色锥
2015 - 11 - 8	节肢蕨	落叶附生植物	284	变色锥
2015 - 11 - 8	距药姜	落叶附生植物	90	变色锥
2015 - 11 - 8	列叶盆距兰	常绿附生植物	13	变色锥
2015 - 11 - 8	鳞轴小膜盖蕨	落叶附生植物	402	变色锥
2015 - 11 - 8	毛叶钝果寄生	常绿寄生植物	5	变色锥
2015 - 11 - 8	蒙自拟水龙骨	落叶附生植物	34	变色锥
2015 - 11 - 8	柔毛水龙骨	落叶附生植物	587	变色锥
2015 - 11 - 8	石蝉草	落叶附生植物	9	变色锥
2015 - 11 - 8	书带蕨	常绿附生植物	346	变色锥
2015 - 11 - 8	鼠李叶花楸	落叶附生植物	22	变色锥
2015 - 11 - 8	胎生铁角蕨	常绿附生植物	161	变色锥
2015 - 11 - 8	细茎石斛	常绿附生植物	29	变色锥
2015 - 11 - 8	长柄蕗蕨	落叶附生植物	45	变色锥
2015 - 11 - 8	异叶楼梯草	一年生植物	118	变色锥
2015 - 11 - 8	云南独蒜兰	常绿地生或附生植物	4	变色锥
2015 - 11 - 8	佛肚苣苔	常绿附生植物	136	变色锥
2015 - 11 - 8	中华剑蕨	落叶附生植物	45	变色锥

（续）

日期（年-月-日）	植物种名	生活型	株（丛）数/［株（丛）/样方］	附（寄）主种名
2015 - 11 - 8	紫背天葵	落叶附生植物	162	变色锥
2015 - 11 - 8	棕鳞瓦韦	落叶附生植物	446	变色锥
2015 - 11 - 8	褐柄剑蕨	常绿附生植物	3	滇润楠
2015 - 11 - 8	汇生瓦韦	常绿附生植物	1	滇润楠
2015 - 11 - 8	节肢蕨	落叶附生植物	18	滇润楠
2015 - 11 - 8	鳞轴小膜盖蕨	落叶附生植物	22	滇润楠
2015 - 11 - 8	蒙自拟水龙骨	落叶附生植物	9	滇润楠
2015 - 11 - 8	柔毛水龙骨	落叶附生植物	26	滇润楠
2015 - 11 - 8	书带蕨	常绿附生植物	2	滇润楠
2015 - 11 - 8	胎生铁角蕨	常绿附生植物	1	滇润楠
2015 - 11 - 8	长柄蕗蕨	落叶附生植物	15	滇润楠
2015 - 11 - 8	异叶楼梯草	一年生植物	6	滇润楠
2015 - 11 - 8	佛肚苣苔	常绿附生植物	5	滇润楠
2015 - 11 - 8	棕鳞瓦韦	落叶附生植物	13	滇润楠
2015 - 11 - 8	佛肚苣苔	常绿附生植物	2	多果新木姜子
2015 - 11 - 8	带叶瓦韦	常绿附生植物	4	多花含笑
2015 - 11 - 8	柔毛水龙骨	落叶附生植物	2	多花含笑
2015 - 11 - 8	佛肚苣苔	常绿附生植物	3	多花含笑
2015 - 11 - 8	耿马假瘤蕨	落叶附生植物	12	红河冬青
2015 - 11 - 8	黄杨叶芒毛苣苔	常绿附生植物	1	红河冬青
2015 - 11 - 8	汇生瓦韦	常绿附生植物	2	红河冬青
2015 - 11 - 8	鳞轴小膜盖蕨	落叶附生植物	9	红河冬青
2015 - 11 - 8	蒙自拟水龙骨	落叶附生植物	6	红河冬青
2015 - 11 - 8	柔毛水龙骨	落叶附生植物	15	红河冬青
2015 - 11 - 8	胎生铁角蕨	常绿附生植物	4	红河冬青
2015 - 11 - 8	异叶楼梯草	一年生植物	10	红河冬青
2015 - 11 - 8	棕鳞瓦韦	落叶附生植物	12	红河冬青
2015 - 11 - 8	白花树萝卜	常绿附生植物	3	红花木莲
2015 - 11 - 8	带叶瓦韦	常绿附生植物	61	红花木莲
2015 - 11 - 8	黄杨叶芒毛苣苔	常绿附生植物	3	红花木莲
2015 - 11 - 8	剑叶铁角蕨	常绿附生植物	5	红花木莲
2015 - 11 - 8	江南卷柏	常绿附生植物	61	红花木莲
2015 - 11 - 8	节肢蕨	落叶附生植物	14	红花木莲
2015 - 11 - 8	鳞轴小膜盖蕨	落叶附生植物	60	红花木莲
2015 - 11 - 8	柔毛水龙骨	落叶附生植物	95	红花木莲
2015 - 11 - 8	书带蕨	常绿附生植物	6	红花木莲
2015 - 11 - 8	胎生铁角蕨	常绿附生植物	6	红花木莲
2015 - 11 - 8	异叶楼梯草	一年生植物	46	红花木莲
2015 - 11 - 8	中华剑蕨	落叶附生植物	3	红花木莲

（续）

日期（年-月-日）	植物种名	生活型	株（丛）数/［株（丛）/样方］	附（寄）主种名
2015 - 11 - 8	棕鳞瓦韦	落叶附生植物	22	红花木莲
2015 - 11 - 8	白花树萝卜	常绿附生植物	3	黄心树
2015 - 11 - 8	贝母兰	常绿附生植物	8	黄心树
2015 - 11 - 8	带叶瓦韦	常绿附生植物	54	黄心树
2015 - 11 - 8	点花黄精	落叶附生植物	4	黄心树
2015 - 11 - 8	长柄蕗蕨	落叶附生植物	53	黄心树
2015 - 11 - 8	多花黄精	多年生附生植物	1	黄心树
2015 - 11 - 8	骨碎补	常绿附生植物	3	黄心树
2015 - 11 - 8	黄杨叶芒毛苣苔	常绿附生植物	23	黄心树
2015 - 11 - 8	汇生瓦韦	常绿附生植物	40	黄心树
2015 - 11 - 8	尖齿拟水龙骨	落叶附生植物	8	黄心树
2015 - 11 - 8	剑叶铁角蕨	常绿附生植物	18	黄心树
2015 - 11 - 8	江南卷柏	常绿附生植物	46	黄心树
2015 - 11 - 8	节肢蕨	落叶附生植物	83	黄心树
2015 - 11 - 8	鳞轴小膜盖蕨	落叶附生植物	148	黄心树
2015 - 11 - 8	蒙自拟水龙骨	落叶附生植物	13	黄心树
2015 - 11 - 8	柔毛水龙骨	落叶附生植物	131	黄心树
2015 - 11 - 8	书带蕨	常绿附生植物	30	黄心树
2015 - 11 - 8	鼠李叶花楸	落叶附生植物	11	黄心树
2015 - 11 - 8	胎生铁角蕨	常绿附生植物	59	黄心树
2015 - 11 - 8	华北石韦	常绿寄生植物	2	黄心树
2015 - 11 - 8	细茎石斛	常绿附生植物	14	黄心树
2015 - 11 - 8	小唇盆距兰	常绿附生植物	3	黄心树
2015 - 11 - 8	异叶楼梯草	一年生植物	72	黄心树
2015 - 11 - 8	友水龙骨	常绿附生植物	8	黄心树
2015 - 11 - 8	云南独蒜兰	常绿地生或附生植物	4	黄心树
2015 - 11 - 8	佛肚苣苔	常绿附生植物	20	黄心树
2015 - 11 - 8	中华剑蕨	落叶附生植物	10	黄心树
2015 - 11 - 8	紫背天葵	落叶附生植物	4	黄心树
2015 - 11 - 8	棕鳞瓦韦	落叶附生植物	90	黄心树
2015 - 11 - 8	佛肚苣苔	常绿附生植物	2	尖叶桂樱
2015 - 11 - 8	柔毛水龙骨	落叶附生植物	19	毛齿藏南槭
2015 - 11 - 8	鳞轴小膜盖蕨	落叶附生植物	7	毛齿藏南槭
2015 - 11 - 8	带叶瓦韦	常绿附生植物	4	毛齿藏南槭
2015 - 11 - 8	汇生瓦韦	常绿附生植物	5	毛齿藏南槭
2015 - 11 - 8	蒙自拟水龙骨	落叶附生植物	2	毛齿藏南槭
2015 - 11 - 8	书带蕨	常绿附生植物	1	毛齿藏南槭
2015 - 11 - 8	云南独蒜兰	常绿地生或附生植物	1	毛齿藏南槭
2015 - 11 - 8	黄杨叶芒毛苣苔	常绿附生植物	2	毛齿藏南槭

（续）

日期（年-月-日）	植物种名	生活型	株（丛）数/［株（丛）/样方]	附（寄）主种名
2015 - 11 - 8	尖齿拟水龙骨	落叶附生植物	3	毛齿藏南槭
2015 - 11 - 8	白花树萝卜	常绿附生植物	139	木果柯
2015 - 11 - 8	贝母兰	常绿附生植物	13	木果柯
2015 - 11 - 8	糙叶秋海棠	多年生草本植物	57	木果柯
2015 - 11 - 8	大樟叶越橘	常绿附生植物	11	木果柯
2015 - 11 - 8	带叶瓦韦	常绿附生植物	44	木果柯
2015 - 11 - 8	单行节肢蕨	落叶附生植物	90	木果柯
2015 - 11 - 8	点花黄精	落叶附生植物	14	木果柯
2015 - 11 - 8	豆瓣绿	常绿附生植物	7	木果柯
2015 - 11 - 8	长柄蕗蕨	落叶附生植物	465	木果柯
2015 - 11 - 8	附生杜鹃	常绿附生植物	15	木果柯
2015 - 11 - 8	高山蒴蕨	落叶附生植物	507	木果柯
2015 - 11 - 8	耿马假瘤蕨	落叶附生植物	170	木果柯
2015 - 11 - 8	骨碎补	常绿附生植物	2	木果柯
2015 - 11 - 8	褐柄剑蕨	常绿附生植物	13	木果柯
2015 - 11 - 8	黄杨叶芒毛苣苔	常绿附生植物	201	木果柯
2015 - 11 - 8	汇生瓦韦	常绿附生植物	133	木果柯
2015 - 11 - 8	尖齿拟水龙骨	落叶附生植物	217	木果柯
2015 - 11 - 8	剑叶铁角蕨	常绿附生植物	73	木果柯
2015 - 11 - 8	节肢蕨	落叶附生植物	469	木果柯
2015 - 11 - 8	睫毛萼杜鹃	常绿附生植物	6	木果柯
2015 - 11 - 8	鳞轴小膜盖蕨	落叶附生植物	342	木果柯
2015 - 11 - 8	毛叶钝果寄生	常绿寄生植物	3	木果柯
2015 - 11 - 8	蒙自拟水龙骨	落叶附生植物	15	木果柯
2015 - 11 - 8	柔毛水龙骨	落叶附生植物	146	木果柯
2015 - 11 - 8	石蝉草	落叶附生植物	7	木果柯
2015 - 11 - 8	书带蕨	常绿附生植物	264	木果柯
2015 - 11 - 8	鼠李叶花楸	落叶附生植物	56	木果柯
2015 - 11 - 8	胎生铁角蕨	常绿附生植物	29	木果柯
2015 - 11 - 8	华北石韦	常绿寄生植物	3	木果柯
2015 - 11 - 8	细茎石斛	常绿附生植物	28	木果柯
2015 - 11 - 8	细叶露蕨	落叶附生植物	233	木果柯
2015 - 11 - 8	长柄蕗蕨	落叶附生植物	79	木果柯
2015 - 11 - 8	异叶楼梯草	一年生植物	15	木果柯
2015 - 11 - 8	云南独蒜兰	常绿地生或附生植物	10	木果柯
2015 - 11 - 8	佛肚苣苔	常绿附生植物	95	木果柯
2015 - 11 - 8	中华剑蕨	落叶附生植物	1	木果柯
2015 - 11 - 8	紫背天葵	落叶附生植物	80	木果柯
2015 - 11 - 8	棕鳞瓦韦	落叶附生植物	627	木果柯

（续）

日期（年-月-日）	植物种名	生活型	株（丛）数/［株（丛）/样方］	附（寄）主种名
2015 - 11 - 8	总序五叶参	常绿附生植物	2	木果柯
2015 - 11 - 8	白花树萝卜	常绿附生植物	61	南洋木荷
2015 - 11 - 8	贝母兰	常绿附生植物	6	南洋木荷
2015 - 11 - 8	大樟叶越橘	常绿附生植物	3	南洋木荷
2015 - 11 - 8	带叶瓦韦	常绿附生植物	59	南洋木荷
2015 - 11 - 8	单行节肢蕨	落叶附生植物	21	南洋木荷
2015 - 11 - 8	长柄蕗蕨	落叶附生植物	69	南洋木荷
2015 - 11 - 8	附生杜鹃	常绿附生植物	3	南洋木荷
2015 - 11 - 8	耿马假瘤蕨	落叶附生植物	46	南洋木荷
2015 - 11 - 8	褐柄剑蕨	常绿附生植物	5	南洋木荷
2015 - 11 - 8	红苞树萝卜	常绿附生植物	4	南洋木荷
2015 - 11 - 8	黄杨叶芒毛苣苔	常绿附生植物	106	南洋木荷
2015 - 11 - 8	汇生瓦韦	常绿附生植物	114	南洋木荷
2015 - 11 - 8	尖齿拟水龙骨	落叶附生植物	37	南洋木荷
2015 - 11 - 8	剑叶铁角蕨	常绿附生植物	44	南洋木荷
2015 - 11 - 8	节肢蕨	落叶附生植物	106	南洋木荷
2015 - 11 - 8	睫毛萼杜鹃	常绿附生植物	2	南洋木荷
2015 - 11 - 8	鳞轴小膜盖蕨	落叶附生植物	178	南洋木荷
2015 - 11 - 8	蒙自拟水龙骨	落叶附生植物	14	南洋木荷
2015 - 11 - 8	柔毛水龙骨	落叶附生植物	128	南洋木荷
2015 - 11 - 8	书带蕨	常绿附生植物	52	南洋木荷
2015 - 11 - 8	鼠李叶花楸	落叶附生植物	12	南洋木荷
2015 - 11 - 8	胎生铁角蕨	常绿附生植物	31	南洋木荷
2015 - 11 - 8	华北石韦	常绿寄生植物	1	南洋木荷
2015 - 11 - 8	细茎石斛	常绿附生植物	32	南洋木荷
2015 - 11 - 8	细叶露蕨	落叶附生植物	9	南洋木荷
2015 - 11 - 8	异叶楼梯草	一年生植物	25	南洋木荷
2015 - 11 - 8	云南独蒜兰	常绿地生或附生植物	6	南洋木荷
2015 - 11 - 8	佛肚苣苔	常绿附生植物	54	南洋木荷
2015 - 11 - 8	中华剑蕨	落叶附生植物	17	南洋木荷
2015 - 11 - 8	紫背天葵	落叶附生植物	10	南洋木荷
2015 - 11 - 8	棕鳞瓦韦	落叶附生植物	278	南洋木荷
2015 - 11 - 8	总序五叶参	常绿附生植物	1	南洋木荷
2015 - 11 - 8	褐柄剑蕨	常绿附生植物	6	山矾
2015 - 11 - 8	白花树萝卜	常绿附生植物	2	山青木
2015 - 11 - 8	贝母兰	常绿附生植物	1	山青木
2015 - 11 - 8	带叶瓦韦	常绿附生植物	22	山青木
2015 - 11 - 8	点花黄精	落叶附生植物	4	山青木
2015 - 11 - 8	长柄蕗蕨	落叶附生植物	119	山青木

（续）

日期（年-月-日）	植物种名	生活型	株（丛）数/［株（丛）/样方］	附（寄）主种名
2015 - 11 - 8	褐柄剑蕨	常绿附生植物	13	山青木
2015 - 11 - 8	黄杨叶芒毛苣苔	常绿附生植物	6	山青木
2015 - 11 - 8	尖齿拟水龙骨	落叶附生植物	25	山青木
2015 - 11 - 8	剑叶铁角蕨	常绿附生植物	5	山青木
2015 - 11 - 8	节肢蕨	落叶附生植物	28	山青木
2015 - 11 - 8	鳞轴小膜盖蕨	落叶附生植物	54	山青木
2015 - 11 - 8	柔毛水龙骨	落叶附生植物	30	山青木
2015 - 11 - 8	书带蕨	常绿附生植物	7	山青木
2015 - 11 - 8	胎生铁角蕨	常绿附生植物	9	山青木
2015 - 11 - 8	细茎石斛	常绿附生植物	13	山青木
2015 - 11 - 8	异叶楼梯草	一年生植物	6	山青木
2015 - 11 - 8	云南独蒜兰	常绿地生或附生植物	4	山青木
2015 - 11 - 8	佛肚苣苔	常绿附生植物	10	山青木
2015 - 11 - 8	棕鳞瓦韦	落叶附生植物	2	山青木
2015 - 11 - 8	白花树萝卜	常绿附生植物	15	多果新木姜子
2015 - 11 - 8	带叶瓦韦	常绿附生植物	18	多果新木姜子
2015 - 11 - 8	长柄蕗蕨	落叶附生植物	93	多果新木姜子
2015 - 11 - 8	褐柄剑蕨	常绿附生植物	18	多果新木姜子
2015 - 11 - 8	黄杨叶芒毛苣苔	常绿附生植物	41	多果新木姜子
2015 - 11 - 8	剑叶铁角蕨	常绿附生植物	5	多果新木姜子
2015 - 11 - 8	鳞轴小膜盖蕨	落叶附生植物	58	多果新木姜子
2015 - 11 - 8	毛叶钝果寄生	常绿寄生植物	5	多果新木姜子
2015 - 11 - 8	柔毛水龙骨	落叶附生植物	86	多果新木姜子
2015 - 11 - 8	书带蕨	常绿附生植物	38	多果新木姜子
2015 - 11 - 8	胎生铁角蕨	常绿附生植物	21	多果新木姜子
2015 - 11 - 8	异叶楼梯草	一年生植物	9	多果新木姜子
2015 - 11 - 8	友水龙骨	常绿附生植物	37	多果新木姜子
2015 - 11 - 8	佛肚苣苔	常绿附生植物	9	多果新木姜子
2015 - 11 - 8	棕鳞瓦韦	落叶附生植物	18	多果新木姜子
2015 - 11 - 8	佛肚苣苔	常绿附生植物	15	硬壳柯
2015 - 11 - 8	佛肚苣苔	常绿附生植物	1	蒙自连蕊茶
2015 - 11 - 8	胎生铁角蕨	常绿附生植物	1	蒙自连蕊茶
2015 - 11 - 8	异叶楼梯草	一年生植物	3	蒙自连蕊茶
2015 - 11 - 8	带叶瓦韦	常绿附生植物	3	中缅八角
2015 - 11 - 8	黄杨叶芒毛苣苔	常绿附生植物	3	中缅八角
2015 - 11 - 8	鳞轴小膜盖蕨	落叶附生植物	15	中缅八角
2015 - 11 - 8	书带蕨	常绿附生植物	2	中缅八角
2015 - 11 - 8	胎生铁角蕨	常绿附生植物	5	中缅八角
2015 - 11 - 8	细叶露蕨	落叶附生植物	9	中缅八角
2015 - 11 - 8	佛肚苣苔	常绿附生植物	3	中缅八角

注：生活型采样根据《中国植被》生活型系统。

表 3 - 42　综合观测场中山湿性常绿阔叶林土壤生物采样样地层间附（寄）生植物

日期（年-月-日）	植物种名	生活型	株（丛）数/［株（丛）/样方］	附（寄）主种名
2010 - 11 - 28	白花树萝卜	常绿附生植物	12	变色锥
2010 - 11 - 28	带叶瓦韦	常绿附生植物	114	变色锥
2010 - 11 - 28	点花黄精	落叶附生植物	8	变色锥
2010 - 11 - 28	长柄蕗蕨	落叶附生植物	56	变色锥
2010 - 11 - 28	附生杜鹃	常绿附生植物	1	变色锥
2010 - 11 - 28	耿马假瘤蕨	落叶附生植物	4	变色锥
2010 - 11 - 28	黄杨叶芒毛苣苔	常绿附生植物	30	变色锥
2010 - 11 - 28	汇生瓦韦	常绿附生植物	21	变色锥
2010 - 11 - 28	尖齿拟水龙骨	落叶附生植物	7	变色锥
2010 - 11 - 28	节肢蕨	落叶附生植物	35	变色锥
2010 - 11 - 28	鳞轴小膜盖蕨	落叶附生植物	118	变色锥
2010 - 11 - 28	柔毛水龙骨	落叶附生植物	34	变色锥
2010 - 11 - 28	书带蕨	常绿附生植物	26	变色锥
2010 - 11 - 28	鼠李叶花楸	落叶附生植物	10	变色锥
2010 - 11 - 28	胎生铁角蕨	常绿附生植物	24	变色锥
2010 - 11 - 28	细茎石斛	常绿附生植物	1	变色锥
2010 - 11 - 28	异叶楼梯草	一年生植物	8	变色锥
2010 - 11 - 28	佛肚苣苔	常绿附生植物	33	变色锥
2010 - 11 - 28	紫背天葵	落叶附生植物	28	变色锥
2010 - 11 - 28	棕鳞瓦韦	落叶附生植物	19	变色锥
2010 - 11 - 28	白花树萝卜	常绿附生植物	5	滇润楠
2010 - 11 - 28	带叶瓦韦	常绿附生植物	11	滇润楠
2010 - 11 - 28	黄杨叶芒毛苣苔	常绿附生植物	1	滇润楠
2010 - 11 - 28	尖齿拟水龙骨	落叶附生植物		滇润楠
2010 - 11 - 28	节肢蕨	落叶附生植物	8	滇润楠
2010 - 11 - 28	鳞轴小膜盖蕨	落叶附生植物	24	滇润楠
2010 - 11 - 28	柔毛水龙骨	落叶附生植物	7	滇润楠
2010 - 11 - 28	胎生铁角蕨	常绿附生植物	8	滇润楠
2010 - 11 - 28	棕鳞瓦韦	落叶附生植物	26	滇润楠
2010 - 11 - 28	鳞轴小膜盖蕨	落叶附生植物	2	多果新木姜子
2010 - 11 - 28	带叶瓦韦	常绿附生植物	11	红花木莲
2010 - 11 - 28	佛肚苣苔	常绿附生植物	1	红花木莲
2010 - 11 - 28	鳞轴小膜盖蕨	落叶附生植物	1	红花木莲
2010 - 11 - 28	胎生铁角蕨	常绿附生植物	16	黄心树
2010 - 11 - 28	剑叶铁角蕨	常绿附生植物	1	黄心树

（续）

日期（年-月-日）	植物种名	生活型	株（丛）数/［株（丛）/样方］	附（寄）主种名
2010 - 11 - 28	柔毛水龙骨	落叶附生植物	2	黄心树
2010 - 11 - 28	黄杨叶芒毛苣苔	常绿附生植物	12	黄心树
2010 - 11 - 28	鳞轴小膜盖蕨	落叶附生植物	3	黄心树
2010 - 11 - 28	白花树萝卜	常绿附生植物	2	黄心树
2010 - 11 - 28	点花黄精	落叶附生植物	1	黄心树
2010 - 11 - 28	胎生铁角蕨	常绿附生植物	2	景东冬青
2010 - 11 - 28	带叶瓦韦	常绿附生植物	6	南亚枇杷
2010 - 11 - 28	白花树萝卜	常绿附生植物	14	木果柯
2010 - 11 - 28	大樟叶越橘	常绿附生植物	1	木果柯
2010 - 11 - 28	点花黄精	落叶附生植物	2	木果柯
2010 - 11 - 28	长柄蕗蕨	落叶附生植物	34	木果柯
2010 - 11 - 28	附生杜鹃	常绿附生植物	1	木果柯
2010 - 11 - 28	耿马假瘤蕨蕨	落叶附生植物	46	木果柯
2010 - 11 - 28	黄杨叶芒毛苣苔	常绿附生植物	13	木果柯
2010 - 11 - 28	汇生瓦韦	常绿附生植物	7	木果柯
2010 - 11 - 28	尖齿拟水龙骨	落叶附生植物	20	木果柯
2010 - 11 - 28	节肢蕨	落叶附生植物	35	木果柯
2010 - 11 - 28	鳞轴小膜盖蕨	落叶附生植物	27	木果柯
2010 - 11 - 28	书带蕨	常绿附生植物	5	木果柯
2010 - 11 - 28	鼠李叶花楸	落叶附生植物	5	木果柯
2010 - 11 - 28	细茎石斛	常绿附生植物	2	木果柯
2010 - 11 - 28	佛肚苣苔	常绿附生植物	5	木果柯
2010 - 11 - 28	棕鳞瓦韦	落叶附生植物	28	木果柯
2010 - 11 - 28	柔毛水龙骨	落叶附生植物	7	山矾
2010 - 11 - 28	带叶瓦韦	常绿附生植物	10	山青木
2010 - 11 - 28	柔毛水龙骨	落叶附生植物	2	山青木
2010 - 11 - 28	白花树萝卜	常绿附生植物	3	珊瑚冬青
2010 - 11 - 28	毛叶钝果寄生	常绿寄生植物	1	珊瑚冬青
2010 - 11 - 28	细茎石斛	常绿附生植物	18	珊瑚冬青
2010 - 11 - 28	棕鳞瓦韦	落叶附生植物	3	珊瑚冬青
2010 - 11 - 28	带叶瓦韦	常绿附生植物	5	硬壳柯
2010 - 11 - 28	汇生瓦韦	常绿附生植物	9	硬壳柯
2010 - 11 - 28	鳞轴小膜盖蕨	落叶附生植物	8	硬壳柯
2010 - 11 - 28	书带蕨	常绿附生植物	2	硬壳柯
2010 - 11 - 28	胎生铁角蕨	常绿附生植物	6	硬壳柯

（续）

日期（年-月-日）	植物种名	生活型	株（丛）数/［株（丛）/样方］	附（寄）主种名
2010 - 11 - 28	细茎石斛	常绿附生植物	4	硬壳柯
2010 - 11 - 28	棕鳞瓦韦	落叶附生植物	2	硬壳柯
2015 - 11 - 10	白花树萝卜	常绿附生植物	28	变色锥
2015 - 11 - 10	带叶瓦韦	常绿附生植物	103	变色锥
2015 - 11 - 10	单行节肢蕨	落叶附生植物	20	变色锥
2015 - 11 - 10	点花黄精	落叶附生植物	14	变色锥
2015 - 11 - 10	长柄蓪蕨	落叶附生植物	65	变色锥
2015 - 11 - 10	附生杜鹃	常绿附生植物	4	变色锥
2015 - 11 - 10	高山蓣蕨	落叶附生植物	5	变色锥
2015 - 11 - 10	耿马假瘤蕨	落叶附生植物	6	变色锥
2015 - 11 - 10	褐柄剑蕨	常绿附生植物	1	变色锥
2015 - 11 - 10	红纹凤仙花	一年生草本植物	3	变色锥
2015 - 11 - 10	黄杨叶芒毛苣苔	常绿附生植物	43	变色锥
2015 - 11 - 10	汇生瓦韦	常绿附生植物	73	变色锥
2015 - 11 - 10	尖齿拟水龙骨	落叶附生植物	11	变色锥
2015 - 11 - 10	节肢蕨	落叶附生植物	55	变色锥
2015 - 11 - 10	鳞轴小膜盖蕨	落叶附生植物	136	变色锥
2015 - 11 - 10	蒙自拟水龙骨	落叶附生植物	8	变色锥
2015 - 11 - 10	柔毛水龙骨	落叶附生植物	52	变色锥
2015 - 11 - 10	石蝉草	落叶附生植物	2	变色锥
2015 - 11 - 10	书带蕨	常绿附生植物	23	变色锥
2015 - 11 - 10	鼠李叶花楸	落叶附生植物	10	变色锥
2015 - 11 - 10	胎生铁角蕨	常绿附生植物	42	变色锥
2015 - 11 - 10	细茎石斛	常绿附生植物	6	变色锥
2015 - 11 - 10	异叶楼梯草	一年生植物	6	变色锥
2015 - 11 - 10	佛肚苣苔	常绿附生植物	37	变色锥
2015 - 11 - 10	紫背天葵	落叶附生植物	12	变色锥
2015 - 11 - 10	棕鳞瓦韦	落叶附生植物	36	变色锥
2015 - 11 - 10	总序五叶参	常绿附生植物	4	变色锥
2015 - 11 - 10	白花树萝卜	常绿附生植物	3	滇润楠
2015 - 11 - 10	带叶瓦韦	常绿附生植物	9	滇润楠
2015 - 11 - 10	黄杨叶芒毛苣苔	常绿附生植物	2	滇润楠
2015 - 11 - 10	尖齿拟水龙骨	落叶附生植物	10	滇润楠
2015 - 11 - 10	节肢蕨	落叶附生植物	6	滇润楠
2015 - 11 - 10	鳞轴小膜盖蕨	落叶附生植物	22	滇润楠

（续）

日期（年-月-日）	植物种名	生活型	株（丛）数/［株（丛）/样方］	附（寄）主种名
2015 - 11 - 10	蒙自拟水龙骨	落叶附生植物	2	滇润楠
2015 - 11 - 10	柔毛水龙骨	落叶附生植物	8	滇润楠
2015 - 11 - 10	胎生铁角蕨	常绿附生植物	5	滇润楠
2015 - 11 - 10	细茎石斛	常绿附生植物	2	滇润楠
2015 - 11 - 10	棕鳞瓦韦	落叶附生植物	24	滇润楠
2015 - 11 - 10	带叶瓦韦	常绿附生植物	8	红花木莲
2015 - 11 - 10	佛肚苣苔	常绿附生植物	2	红花木莲
2015 - 11 - 10	鳞轴小膜盖蕨	落叶附生植物	1	红花木莲
2015 - 11 - 10	点花黄精	落叶附生植物	1	黄心树
2015 - 11 - 10	黄杨叶芒毛苣苔	常绿附生植物	2	黄心树
2015 - 11 - 10	汇生瓦韦	常绿附生植物	1	黄心树
2015 - 11 - 10	剑叶铁角蕨	常绿附生植物	3	黄心树
2015 - 11 - 10	节肢蕨	落叶附生植物	6	黄心树
2015 - 11 - 10	鳞轴小膜盖蕨	落叶附生植物	8	黄心树
2015 - 11 - 10	柔毛水龙骨	落叶附生植物	6	黄心树
2015 - 11 - 10	胎生铁角蕨	常绿附生植物	28	黄心树
2015 - 11 - 10	带叶瓦韦	常绿附生植物	2	南亚枇杷
2015 - 11 - 10	胎生铁角蕨	常绿附生植物	2	景东冬青
2015 - 11 - 10	白花树萝卜	常绿附生植物	31	木果柯
2015 - 11 - 10	贝母兰	常绿附生植物	3	木果柯
2015 - 11 - 10	大樟叶越橘	常绿附生植物	1	木果柯
2015 - 11 - 10	带叶瓦韦	常绿附生植物	3	木果柯
2015 - 11 - 10	单行节肢蕨	落叶附生植物	32	木果柯
2015 - 11 - 10	点花黄精	落叶附生植物	4	木果柯
2015 - 11 - 10	长柄蕗蕨	落叶附生植物	43	木果柯
2015 - 11 - 10	附生杜鹃	常绿附生植物	3	木果柯
2015 - 11 - 10	高山蕗蕨	落叶附生植物	15	木果柯
2015 - 11 - 10	耿马假瘤蕨	落叶附生植物	33	木果柯
2015 - 11 - 10	黄杨叶芒毛苣苔	常绿附生植物	32	木果柯
2015 - 11 - 10	汇生瓦韦	常绿附生植物	20	木果柯
2015 - 11 - 10	尖齿拟水龙骨	落叶附生植物	29	木果柯
2015 - 11 - 10	节肢蕨	落叶附生植物	42	木果柯
2015 - 11 - 10	鳞轴小膜盖蕨	落叶附生植物	29	木果柯
2015 - 11 - 10	蒙自拟水龙骨	落叶附生植物	6	木果柯
2015 - 11 - 10	柔毛水龙骨	落叶附生植物	17	木果柯
2015 - 11 - 10	书带蕨	常绿附生植物	3	木果柯
2015 - 11 - 10	鼠李叶花楸	落叶附生植物	5	木果柯
2015 - 11 - 10	细茎石斛	常绿附生植物	6	木果柯
2015 - 11 - 10	佛肚苣苔	常绿附生植物	2	木果柯

（续）

日期（年-月-日）	植物种名	生活型	株（丛）数/［株（丛）/样方］	附（寄）主种名
2015-11-10	中华剑蕨	落叶附生植物	2	木果柯
2015-11-10	棕鳞瓦韦	落叶附生植物	62	木果柯
2015-11-10	柔毛水龙骨	落叶附生植物	10	山矾
2015-11-10	带叶瓦韦	常绿附生植物	8	山青木
2015-11-10	鳞轴小膜盖蕨	落叶附生植物	6	山青木
2015-11-10	汇生瓦韦	常绿附生植物	8	山青木
2015-11-10	棕鳞瓦韦	落叶附生植物	2	山青木
2015-11-10	胎生铁角蕨	常绿附生植物	10	山青木
2015-11-10	白花树萝卜	常绿附生植物	7	珊瑚冬青
2015-11-10	鳞轴小膜盖蕨	落叶附生植物	6	珊瑚冬青
2015-11-10	毛叶钝果寄生	常绿寄生植物	1	珊瑚冬青
2015-11-10	柔毛水龙骨	落叶附生植物	2	珊瑚冬青
2015-11-10	细茎石斛	常绿附生植物	8	珊瑚冬青
2015-11-10	棕鳞瓦韦	落叶附生植物	26	珊瑚冬青
2015-11-10	带叶瓦韦	常绿附生植物	1	硬壳柯
2015-11-10	汇生瓦韦	常绿附生植物	18	硬壳柯
2015-11-10	鳞轴小膜盖蕨	落叶附生植物	11	硬壳柯
2015-11-10	胎生铁角蕨	常绿附生植物	4	硬壳柯
2015-11-10	棕鳞瓦韦	落叶附生植物	12	硬壳柯

3.1.13 层间藤本植物

3.1.13.1 概述

数据集包含哀牢山站 2008 - 2015 年 5 个长期监测样地的年尺度观测数据，层间藤本植物观察内容包含植物名称、株（丛）数、平均基径（cm）、1.3 m 处的平均粗度（cm）、平均长度（m）、生活型。数据采集地点：ALFZH01AC0_01（综合观测场中山湿性常绿阔叶林长期监测样地）、ALFZH01ABC_02（综合观测场中山湿性常绿阔叶林长期监测采样样地）、ALFFZ01ABC_01（山顶苔藓矮林辅助观测场长期监测采样样地）、ALFFZ02ABC_01（滇南山杨次生林辅助观测长期监测采样样地）、ALFFZ03A00_01（尼泊尔桤木次生林辅助观测长期监测采样样地）。数据采集时间：2010 年、2015 年。

3.1.13.2 数据采集和处理方法

藤本植物调查在所有观测样地的 II 级样方内进，每 5 年复查 1 次。调查时间与每木调查同时进行，记录其种类、株（丛）数、测量其基径、1.3 m 处的粗度、藤本长度、盖度等参数。

3.1.13.3 数据质量控制和评估

藤本植物数据集的数据质量控制和评估与乔木层、灌木层和草本层物种组成及生物量数据集的一致。

3.1.13.4 数据价值/数据使用方法和建议

层间植物主要以藤蔓和附（寄）生植物为主，藤蔓和附（寄）生植物对热带、亚热带森林生态系统的生物量来说具有十分重要的意义。

　　该部分数据包含了哀牢山亚热带常绿阔叶林 5 块样地的层间藤本植物种类、数量和分布情况，可为该区域的相关科学研究提供基础数据。

3.1.13.5　数据

　　具体数据见表 3-43～表 3-44。

表 3-43　综合观测场中山湿性常绿阔叶林长期观测样地表层间藤本植物

日期 （年-月-日）	植物种名	株（丛）数/ ［株（丛）/样方］	平均基径/ cm	1.3 m 处的平均 粗度/cm	平均长度/m	生活型
2010-11-12	八月瓜	16	7.3	7.2	12.0	常绿木质藤本植物
2010-11-12	柄花茜草	3	0.2	0.1	3.4	多年生草质藤本植物
2010-11-12	川素馨	54	0.4	0.3	3.7	常绿木质藤本植物
2010-11-12	粗糙菝葜	5	0.5	0.1	1.2	常绿木质藤本植物
2010-11-12	大叶牛奶菜	4	0.5	0.2	2.9	常绿木质藤本植物
2010-11-12	冠盖绣球	11	0.4	0.3	3.8	常绿木质藤本植物
2010-11-12	贵州花椒	2	1.2	0.6	6.8	常绿木质藤本植物
2010-11-12	合苞铁线莲	2	0.4	0.2	3.2	常绿木质藤本植物
2010-11-12	黑老虎	37	9.3	7.3	19.5	常绿木质藤本植物
2010-11-12	华肖菝葜	67	0.4	0.2	2.5	常绿木质藤本植物
2010-11-12	南蛇藤	7	7.9	7.1	23.9	落叶木质藤本植物
2010-11-12	毛狭叶崖爬藤	43	0.3	0.2	2.9	常绿木质藤本植物
2010-11-12	匍匐酸藤子	100	0.2	0.1	2.9	常绿木质藤本植物
2010-11-12	三叶地锦	23	2.4	1.9	8.9	落叶木质藤本植物
2010-11-12	硬齿猕猴桃	29	4.8	4.4	13.8	落叶木质藤本植物
2010-11-12	游藤卫矛	12	1.0	0.8	3.4	常绿木质藤本植物
2010-11-12	云南肖菝葜	5	0.8	0.6	5.3	常绿木质藤本植物
2010-11-12	长尖叶蔷薇	8	13.8	12.0	30.8	常绿木质藤本植物
2015-11-08	八月瓜	17	6.6	7.0	19.1	常绿木质藤本植物
2015-11-08	柄花茜草	34	0.2	0.2	1.6	多年生草质藤本植物
2015-11-08	川素馨	122	1.4	1.1	2.7	常绿木质藤本植物
2015-11-08	粗糙菝葜	26	0.7	0.2	1.1	常绿木质藤本植物
2015-11-08	大叶牛奶菜	5	0.5	0.3	2.5	常绿木质藤本植物
2015-11-08	冠盖绣球	10	0.4	0.2	1.1	常绿木质藤本植物
2015-11-08	贵州花椒	5	0.9	0.2	2.6	常绿木质藤本植物
2015-11-08	合苞铁线莲	19	0.3	0.1	2.0	常绿木质藤本植物
2015-11-08	黑老虎	37	7.6	7.2	18.4	常绿木质藤本植物
2015-11-08	华肖菝葜	103	0.3	0.1	1.3	常绿木质藤本植物
2015-11-08	绞股蓝	53	0.2	0.2	2.7	多年生草质藤本植物
2015-11-08	毛狭叶崖爬藤	210	0.3	0.3	3.4	常绿木质藤本植物
2015-11-08	南蛇藤	4	9.0	8.0	23.4	落叶木质藤本植物
2015-11-08	匍匐酸藤子	103	0.3	0.1	1.5	常绿木质藤本植物
2015-11-08	三叶地锦	47	1.5	1.4	8.0	落叶木质藤本植物
2015-11-08	硬齿猕猴桃	29	7.2	6.7	12.7	落叶木质藤本植物

（续）

日期 （年-月-日）	植物种名	株（丛）数/ ［株（丛）/样方］	平均基径/ cm	1.3 m 处的平均 粗度/cm	平均长度/m	生活型
2015 - 11 - 08	游藤卫矛	20	0.8	0.5	2.0	常绿木质藤本植物
2015 - 11 - 08	云南肖菝葜	6	1.0	0.5	3.0	常绿木质藤本植物
2015 - 11 - 08	长尖叶蔷薇	8	14.0	13.0	28.1	常绿木质藤本植物

注：生活型采样根据《中国植被》生活型系统。

表 3 - 44　综合观测场中山湿性常绿阔叶林土壤生物采样样地层间藤本植物

日期 （年-月-日）	植物种名	株（丛）数/ ［株（丛）/样方］	平均基径/ cm	1.3 m 处的平均 粗度/cm	平均长度/m	生活型
2010 - 12 - 25	川素馨	6	0.4	0.3	4.4	常绿木质藤本植物
2010 - 12 - 25	大叶牛奶菜	1	1.2	0.5	1.5	常绿木质藤本植物
2010 - 12 - 25	冠盖绣球	2	2.2	1.7	8.9	常绿木质藤本植物
2010 - 12 - 25	贵州花椒	3	0.8	0.4	4.4	常绿木质藤本植物
2010 - 12 - 25	黑老虎	2	7.6	8.1	26.3	常绿木质藤本植物
2010 - 12 - 25	华肖菝葜	4	0.5	0.4	2.8	常绿木质藤本植物
2010 - 12 - 25	绞股蓝	1	0.2	0.2	3.8	多年生草质藤本植物
2010 - 12 - 25	毛狭叶崖爬藤	19	0.3	0.2	3.3	常绿木质藤本植物
2010 - 12 - 25	匍匐酸藤子	19	0.3	0.2	2.6	常绿木质藤本植物
2010 - 12 - 25	游藤卫矛	7	0.7	0.5	4.7	常绿木质藤本植物
2010 - 12 - 25	云南肖菝葜	30	0.6	0.4	4.0	常绿木质藤本植物
2015 - 11 - 11	川素馨	11	0.4	0.1	2.2	常绿木质藤本植物
2015 - 11 - 11	大叶牛奶菜	3	0.7	0.2	1.3	常绿木质藤本植物
2015 - 11 - 11	冠盖绣球	2	2.4	0.2	10.6	常绿木质藤本植物
2015 - 11 - 11	贵州花椒	3	1.0	0.4	3.6	常绿木质藤本植物
2015 - 11 - 11	合苞铁线莲	4	0.3	0.1	1.1	常绿木质藤本植物
2015 - 11 - 11	黑老虎	3	5.5	5.7	19.4	常绿木质藤本植物
2015 - 11 - 11	华肖菝葜	11	0.3	0.1	1.3	常绿木质藤本植物
2015 - 11 - 11	绞股蓝	3	0.2	—	0.9	多年生草质藤本植物
2015 - 11 - 11	毛狭叶崖爬藤	76	0.4	0.2	2.6	常绿木质藤本植物
2015 - 11 - 11	匍匐酸藤子	18	0.3	0.1	1.1	常绿木质藤本植物
2015 - 11 - 11	游藤卫矛	11	0.6	0.4	4.3	常绿木质藤本植物
2015 - 11 - 11	西藏马兜铃	1	0.3	—	0.6	木质藤本植物
2015 - 11 - 11	云南肖菝葜	30	0.6	0.4	2.5	常绿木质藤本植物

3.2　土壤监测数据

3.2.1　土壤理化分析方法

哀牢山生态站的分析测试，常规分析和样品预处理在站内进行，其他由具有国家质量资质认证的中国科学院西双版纳热带植物园生物地球化学实验室完成。生物地球化学实验室隶属于中国科学院西双版纳热带植物园，是知识创新工程的重要技术支撑系统之一。2004 年 12 月，生物地球化学实验室获得了云南省质量技术监督局批准的计量认证合格证书，样品分析的质量受实验室质量管理体系的严格控制。

　　生物地球化学实验室按照《中华人民共和国计量法》《中华人民共和国标准化法》《中华人民共和国产品质量法》和《实验室资质认定评审准则》的要求建立了质量管理体系，该体系如实地阐明了实验室的质量方针、组织机构、从事的检测项目、应用的检测标准和方法、拥有的检测仪器设备、检测人员的技术水平和工作能力、检测环境与实验室从事检测工作要求的符合程度以及保证检测工作质量采取的措施，可完整反映实验室工作范围、测试能力和管理水平。该体系对检测过程施行全面的质量控制，以确保检测工作正常进行，确保检测结果的科学性、公正性和权威性。具体检测方法见表 3 - 45。

表 3 - 45　土壤理化分析方法

表名称	分析项目名称	分析方法名称	参照标准
土壤交换量	交换性盐基总量	乙二胺四乙酸（EDTA）-铵盐交换—中和滴定法	GB 7864—1987
土壤交换量	交换性酸总量	氯化钾交换—中和滴定法	GB 7860—1987
土壤交换量	交换性铝	氯化钾交换—中和滴定—加减法	GB 7860—1987
土壤交换量	交换性氢	氯化钾交换—中和滴定法	GB 7860—1987
土壤交换量	交换性钙离子	EDTA -铵盐交换—EDTA 络合滴定法	GB 7865—1987
土壤交换量	交换性镁离子	EDTA -铵盐交换—EDTA 络合滴定法	GB 7865—1987
土壤交换量	交换性钾离子	EDTA -铵盐交换—火焰光度法	GB 7866—1987
土壤交换量	交换性钠离子	EDTA -铵盐交换—火焰光度法	GB 7866—1987
土壤交换量	阳离子交换量	EDTA -铵盐交换—蒸馏—盐酸滴定法	GB 7863—1987
土壤养分	土壤有机质	重铬酸钾氧化—外加热法	GB 7857—1987
土壤养分	全氮	半微量开氏法	GB 7173—1987
土壤养分	全磷	氢氧化钠碱熔—钼锑抗比色法	GB 7852—1987
土壤养分	全钾	氢氧化钠碱熔—火焰光度法	GB 7854—1987
土壤养分	有效磷	氟化铵、盐酸浸提—钼锑抗比色法	GB 7853—1987
土壤养分	速效钾	乙酸铵浸提—火焰光度法	GB 7856—1987
土壤养分	缓效钾	硝酸煮沸浸提—火焰光度法	GB 7855—1987
土壤养分	pH	水浸提—电位法	GB 7859—1987
土壤矿质全量	硅	动物胶脱硅质量法	GB 7873—1987
土壤矿质全量	磷	钼锑比色法	GB 7873—1987
土壤矿质全量	铁	原子吸收分光光度（AAS）法	GB 7873—1987
土壤矿质全量	锰	硝酸-氢氟酸-高氯酸消煮电感耦合等离子体原子发射光谱（ICP - AES）法	
土壤矿质全量	钼	氢氟酸-高氯酸消化—石墨炉原子吸收分光光度法（GAAS）法	
土壤矿质全量	钛	过氧化氢氧化分光光度法	GB 7873—1987
土壤矿质全量	铝	氟化钾取代 EDTA 滴定法	GB 7873—1987
土壤矿质全量	硫	$Mg(NO_3)_2$ 熔融 $BaSO_4$ 比浊法	
土壤矿质全量	钙	王水-高氯酸消化—AAS 法	
土壤矿质全量	镁	AAS 法	GB 7873—1987

（续）

表名称	分析项目名称	分析方法名称	参照标准
土壤矿质全量	钾	氢氟酸-高氯酸消化—AAS 法	LY/T 1254—1999
土壤矿质全量	钠	氢氟酸-高氯酸消化—AAS 法	LY/T 1254—1999
土壤微量元素和重金属元素	全硼	碳酸钠熔融—姜黄素比色法	
土壤微量元素和重金属元素	全钼	氢氟酸-高氯酸-硝酸消煮—电感耦合等离子体质谱（ICP‐MS）法	
土壤微量元素和重金属元素	全锰	硝酸-氢氟酸-高氯酸消煮—ICP‐AES 法	
土壤微量元素和重金属元素	全锌	硝酸-氢氟酸-高氯酸消煮—ICP‐AES 法	
土壤微量元素和重金属元素	全铜	硝酸-氢氟酸-高氯酸消煮—ICP‐AES 法	
土壤微量元素和重金属元素	全铁	硝酸-氢氟酸-高氯酸消煮—ICP‐AES 法	
土壤微量元素和重金属元素	硒	1∶1 王水消煮氢化物发生原子荧光光谱法	ISO 11466
土壤微量元素和重金属元素	镉	盐酸-硝酸-氢氟酸-高氯酸消煮—GAAS 法	GB/T 17141—1997
土壤微量元素和重金属元素	铅	盐酸-硝酸-氢氟酸-高氯酸消煮—ICP‐AES 法	GB/T 17141—1997
土壤微量元素和重金属元素	铬	盐酸-硝酸-氢氟酸-高氯酸消煮—电感耦合等离子体（ICP）法	GB/T 17141—1997
土壤微量元素和重金属元素	镍	硝酸-氢氟酸-高氯酸消煮—ICP‐AES 法	
土壤微量元素和重金属元素	汞	1∶1 王水消煮冷原子荧光吸收法	ISO 11466
土壤微量元素和重金属元素	砷	1∶1 王水消煮氢化物发生原子荧光光谱法	ISO 11466
土壤硝态氮和铵态氮季节动态变化	硝态氮	KCl 浸提—紫外分光光度法	
土壤硝态氮和铵态氮季节动态变化	铵态氮	KCl 浸提—靛酚蓝比色法	
土壤速效微量元素	速效硫	磷酸盐浸提—$BaSO_4$ 比浊法	
土壤速效微量元素	速效钼	草酸-草酸铵浸提—GAAS 法	
土壤速效微量元素	速效硼	沸水浸提-甲亚胺比色法	LY/T 1258—1999
土壤速效微量元素	速效铜	0.1 mol/L 盐酸浸提 AAS 法	LY/T 1260—1999
土壤机械组成	土壤机械组成	比重计法	GB 7845—1987
土壤容重	土壤容重	环刀法	

3.2.2　土壤交换量

3.2.2.1　概述

土壤交换性能对植物营养和森林土壤养分管理具有重大意义，它能调节土壤溶液的浓度，保持土壤溶液成分的多样性，减少土壤中养分离子的淋失。本数据集包括哀牢山站 2010 年和 2015 年两次大年监测的 4 个长期监测样地的年尺度土壤交换量监测数据，包括交换性钙、交换性镁、交换性钾、交换性钠、交换性铝、交换性氢和阳离子交换量 7 项指标。

3.2.2.2　数据采集和处理方法

按照中国生态系统研究网络（CERN）长期观测规范，土壤交换量数据监测频率为每 5 年 1 次，在每年干季 10 月采样，采集各观测场腐殖质和 0～20 cm 土壤样品，每个重复由 9 个按"S"形采样方式采集的样品混合而成（约 1 kg），取回的土样置于干净的瓷盘风干，挑除根系和石子，四分法取适量土样，碾磨后过 2 mm 筛，测定过筛后样品，测定方法为乙酸铵交换法。

3.2.2.3　数据质量控制和评估

①测定时插入国家标准样品质控。

②分析时测定 3 次平行样品。

③利用校验软件检查每个监测数据是否超出相同土壤类型和采样深度的历史数据阈值范围，每个观测场监测项目均值是否超出该样地相同深度历史数据均值的 2 倍标准差，每个观测场监测项目标准

差是否超出该样地相同深度历史数据的2倍标准差或者样地空间变异调查的2倍标准差等。核实或再次测定超出范围的数据。

3.2.2.4　数据价值/数据使用方法和建议

土壤交换性能是改良土壤和森林土壤养分的重要依据，数据包含了哀牢山亚热带原始森林、山顶苔藓矮林、站区茶业人工林以及滇山杨次生林4种不同林型的土壤交换性能数据，可为亚热带森林的土壤养分管理提供数据支持。

3.2.2.5　数据

具体数据见表3-46～表3-49。

表3-46　综合观测场中山湿性常绿阔叶林土壤生物采样样地土壤交换量

年份	采样深度/cm	交换性钙离子($1/2Ca^{2+}$)/(mmol/kg)	交换性镁离子($1/2\ mg^{2+}$)/(mmol/kg)	交换性钾离子(K^+)/(mmol/kg)	交换性钠离子(Na^+)/(mmol/kg)	交换性铝离子($1/3Al^{3+}$)/(mmol/kg)	交换性氢(H^+)/(mmol/kg)	阳离子交换量（＋）/(mmol/kg)
2010	腐殖质	134.75	25.14	7.05	0.67	70.10	9.05	628.62
2010	0～20	69.79	8.72	3.18	0.58	90.95	4.27	487.90
2015	腐殖质	19.99	8.10	4.22	1.19	162.45	29.34	639.92
2015	0～20	85.09	21.59	8.89	1.39	97.94	43.05	840

注：土壤类型为山地黄棕壤，母质为残积风化物。

表3-47　山顶苔藓矮林辅助观测场土壤交换量

年份	采样深度/cm	交换性钙离子($1/2Ca^{2+}$)/(mmol/kg)	交换性镁离子($1/2\ mg^{2+}$)/(mmol/kg)	交换性钾离子(K^+)/(mmol/kg)	交换性钠离子(Na^+)/(mmol/kg)	交换性铝离子($1/3Al^{3+}$)/(mmol/kg)	交换性氢(H^+)/(mmol/kg)	阳离子交换量（＋）/(mmol/kg)
2010	腐殖质	51.7	15.10	7.00	0.75	85.30	57.90	914.62
2010	0～20	40.55	5.95	3.05	0.55	107.48	28.72	480.60
2015	腐殖质	4.22	4.30	2.55	1.32	202.52	44.52	445.40
2015	0～20	8.74	26.57	9.14	1.94	147.62	121.92	1 105.22

注：土壤类型为棕壤，母质为残积风化物。

表3-48　滇南山杨次生林辅助长期观测样地土壤交换量

年份	采样深度/cm	交换性钙离子($1/2Ca^{2+}$)/(mmol/kg)	交换性镁离子($1/2\ mg^{2+}$)/(mmol/kg)	交换性钾离子(K^+)/(mmol/kg)	交换性钠离子(Na^+)/(mmol/kg)	交换性铝离子($1/3Al^{3+}$)/(mmol/kg)	交换性氢(H^+)/(mmol/kg)	阳离子交换量（＋）/(mmol/kg)
2010	腐殖质	79.74	21.27	6.32	0.62	78.00	8.80	527.40
2010	0～20	15.09	4.95	2.66	0.65	97.98	5.64	359.33
2015	腐殖质	11.54	4.87	2.67	1.12	169.00	17.30	393.89
2015	0～20	68.30	21.04	5.75	1.37	125.92	22.60	556.20

注：土壤类型为山地黄棕壤，母质为残积风化物。

表3-49　茶叶人工林站区调查点土壤交换量

年份	采样深度/cm	交换性钙离子($1/2Ca^{2+}$)/(mmol/kg)	交换性镁离子($1/2\ mg^{2+}$)/(mmol/kg)	交换性钾离子(K^+)/(mmol/kg)	交换性钠离子(Na^+)/(mmol/kg)	交换性铝离子($1/3Al^{3+}$)/(mmol/kg)	交换性氢(H^+)/(mmol/kg)	阳离子交换量（＋）/(mmol/kg)
2010	0～20	75.18	5.62	3.12	0.79	92.87	5.50	408.64
2015	0～20	29.72	5.87	6.80	1.04	141.4	15.30	396.17

注：土壤类型为山地黄棕壤，母质为残积风化物。

3.2.3 土壤养分

3.2.3.1 概述

本数据集包括 2010 年和 2015 年 4 个长期监测样地的大年监测土壤养分数据，包括有机质、全氮、全磷、全钾 4 项指标。

3.2.3.2 数据采集和处理方法

按照 CERN 长期观测规范，哀牢山站在每年干季 10 月采样，采集各观测场 0～10 cm、10～20 cm、20～40 cm、40～60 cm、60～100 cm 5 个层次的土壤样品，每层由 6 个剖面采集的样品混合而成（约 1 kg），取回的土样置于干净的瓷盘风干，挑除根系和石子，四分法取适量碾磨后，过 2 mm 筛，测定过筛后的样品。土壤有机质采用重铬酸钾氧化法测量，全氮采用半微量凯式法测量，全磷采用氢氧化钠碱熔一钼锑抗比色法测量，全钾采用氢氧化钠碱熔一火焰光度法测量。

3.2.3.3 数据质量控制和评估

①测定时插入国家标准样品质控。

②分析时测定 3 次平行样品。

③利用校验软件检查每个监测数据是否超出相同土壤类型和采样深度的历史数据阈值范围，每个观测场监测项目均值是否超出该样地相同深度历史数据均值的 2 倍标准差，每个观测场监测项目标准差是否超出该样地相同深度历史数据的 2 倍标准差或者样地空间变异调查的 2 倍标准差等。核实或再次测定超出范围的数据。

3.2.3.4 数据价值 /数据使用方法和建议

土壤有机质不仅能保持土壤肥力、改善土壤结构、提高土壤缓冲性，而且在全球碳循环中都发挥着至关重要的作用；氮、磷、钾是植物需要量和收获时带走量较多的营养元素，他们在土壤肥力中起着关键作用。可为亚热带森林土壤肥力演变和优化管理措施提供数据支持。

3.2.3.5 数据

具体数据见表 3-50～表 3-53。

表 3-50　综合观测场中山湿性常绿阔叶林土壤生物采样样地土壤养分

年份	采样深度/cm	土壤有机质/（g/kg）	全氮/（g/kg）	全磷/（g/kg）	全钾/（g/kg）
2010	0～10	243.24	10.47	1.30	9.08
2010	10～20	198.94	8.25	1.24	9.54
2010	20～40	157.71	6.77	1.15	10.10
2010	40～60	92.01	3.92	0.90	11.19
2010	60～100	44.38	2.09	0.69	12.62
2015	0～10	223.99	7.47	1.12	8.99
2015	10～20	116.8	3.82	0.83	9.93
2015	20～40	88.24	2.92	0.73	10.51
2015	40～60	47.86	1.72	0.56	12.83
2015	60～100	31.47	1.55	0.62	10.72

注：土壤类型为山地黄棕壤，母质为残积风化物。

表 3-51　山顶苔藓矮林辅助观测场土壤养分

年份	采样深度/cm	土壤有机质/（g/kg）	全氮/（g/kg）	全磷/（g/kg）	全钾/（g/kg）
2010	0～10	257.68	7.15	0.57	16.57

（续）

年份	采样深度/cm	土壤有机质/（g/kg）	全氮/（g/kg）	全磷/（g/kg）	全钾/（g/kg）
2010	10～20	145.53	4.23	0.49	20.24
2010	20～40	92.41	3.04	0.48	22.29
2010	40～60	44.96	1.42	0.42	21.59
2010	60～100	13.49	0.44	0.37	18.94
2015	0～10	154.99	4.41	0.57	13.74
2015	10～20	105.85	3.12	0.53	15.59
2015	20～40	76.11	2.37	0.48	17.98
2015	40～60	57.27	2.08	0.48	19.56

注：土壤类型为棕壤，母质为残积风化物。

表3-52 滇南山杨次生林辅助长期观测样地土壤养分

年份	采样深度/cm	土壤有机质/（g/kg）	全氮/（g/kg）	全磷/（g/kg）	全钾/（g/kg）
2010	0～10	215.97	7.83	1.06	11.17
2010	10～20	133.08	5.08	0.92	12.83
2010	20～40	92.66	3.60	0.77	14.72
2010	40～60	56.38	2.26	0.66	17.45
2010	60～100	29.35	1.08	0.6	20.74
2015	0～10	165.52	5.53	1.05	13.51
2015	10～20	116.45	3.51	0.93	13.95
2015	20～40	97.42	2.80	0.91	14.75
2015	40～60	57.13	1.99	0.73	15.01
2015	60～100	13.60	0.66	0.39	19.73

注：土壤类型为山地棕壤，母质为残积风化物。

表3-53 茶叶人工林站区调查点土壤养分

年份	采样深度/cm	土壤有机质/（g/kg）	全氮/（g/kg）	全磷/（g/kg）	全钾/（g/kg）
2010	0～10	126.48	5.34	1.06	11.12
2010	10～20	116.36	4.96	1.10	11.44
2010	20～40	101.97	4.12	0.90	12.53
2010	40～60	75.28	3.01	0.63	14.63
2010	60～100	41.78	1.73	0.41	16.91
2015	0～10	129.24	5.01	1.02	12.31
2015	10～20	137.14	5.52	0.88	12.21
2015	20～40	52.05	2.14	0.49	16.87
2015	40～60	26.80	1.20	0.35	17.14
2015	60～100	18.64	1.04	0.37	17.10

注：土壤类型为山地棕壤，母质为残积风化物。

3.2.4　土壤矿质全量

3.2.4.1　概述

本数据集为 2015 年 4 个长期监测样地的大年监测土壤矿质全量数据，包括 SiO_2、Fe_2O_3、Al_2O_3、TiO_2、MnO、CaO、MgO、K_2O、Na_2O、P_2O_5、烧失量和全硫 12 项指标的数据。

3.2.4.2　数据采集和处理方法

按照 CERN 长期观测规范，哀牢山站每间隔 10 年测定一次土壤矿质全量，在干季 10 月采样，采集各观测场 0~10 cm、10~20 cm、20~40 cm、40~60 cm、60~100 cm 共 5 个层次的土壤样品，每层由 6 个剖面采集的样品混合而成（约 1 kg），取回的土样置于干净的瓷盘风干，挑除根系和石子，四分法取适量碾磨后，过 2 mm 筛，测定过筛后的样品。SiO_2、Fe_2O_3、Al_2O_3、TiO_2、MnO、CaO、MgO、K_2O、Na_2O 和 P_2O_5 采用偏硼酸锂熔融－ICP－AES 法测定，烧失量采用烧失减重法测定，全硫采用硝酸镁氧化－硫酸钡比浊法测定。

3.2.4.3　数据质量控制和评估

①测定时插入国家标准样品质控。

②分析时测定 3 次平行样品。

③利用校验软件检查每个监测数据是否超出相同土壤类型和采样深度的历史数据阈值范围，每个观测场监测项目均值是否超出该样地相同深度历史数据均值的 2 倍标准差，每个观测场监测项目标准差是否超出该样地相同深度历史数据的 2 倍标准差或者样地空间变异调查的 2 倍标准差等。核实或再次测定超出范围的数据。

3.2.4.4　数据价值/数据使用方法和建议

土壤矿质全量是指土壤原生矿物和次生矿物的化学组成，土壤矿物质的组成结构和性质，对土壤物理性质（结构性、水分性质、通气性、热性质、力学性质和耕作学）、化学性质（吸附性能、表明活性、酸碱性、氧化还原电位、缓冲作用）以及生物与生物化学性质（土壤微生物、生物多样性、酶活性等）均有深刻影响。该数据反映出亚热带森林土壤基质矿质组成和演替过程。

3.2.4.5　数据

具体数据见表 3-54~表 3-57。

表 3-54　综合观测场中山湿性常绿阔叶林土壤生物采样样地土壤矿质全量

年份	采样深度/cm	SiO_2/%	Fe_2O_3/%	MnO/%	TiO_2/%	Al_2O_3/%	CaO/%	MgO/%	K_2O/%	Na_2O/%	P_2O_5/%	LOI（烧失量）/%	硫/（g/kg）
2015	0~10	50.04	7.63	0.07	1.22	15.97	0.07	0.47	1.09	0.10	0.26	31.04	0.51
2015	10~20	57.40	8.75	0.07	1.74	25.00	0.05	0.45	1.20	0.09	0.19	21.57	0.21
2015	20~40	49.70	9.50	0.08	1.37	18.87	0.05	0.52	1.27	0.09	0.17	18.50	0.14
2015	40~60	52.20	9.14	0.09	1.09	17.70	0.05	0.70	1.55	0.09	0.15	14.30	0.07
2015	60~100	50.34	10.43	0.12	1.59	20.47	0.04	0.49	1.30	0.07	0.15	14.00	0.07

注：土壤类型为山地黄棕壤，母质为残积风化物。

表 3-55　山顶苔藓矮林辅助观测场土壤矿质全量

年份	采样深度/cm	SiO_2/%	Fe_2O_3/%	MnO/%	TiO_2/%	Al_2O_3/%	CaO/%	MgO/%	K_2O/%	Na_2O/%	P_2O_5/%	LOI（烧失量）/%	硫/（g/kg）
2015	0~10	49.07	4.62	0.01	0.92	12.00	0.02	0.41	1.66	0.12	0.14	21.70	0.25
2015	10~20	52.07	5.58	0.01	0.97	13.27	0.02	0.45	1.88	0.12	0.13	18.27	0.15

（续）

年份	采样深度/cm	SiO₂/%	Fe₂O₃/%	MnO/%	TiO₂/%	Al₂O₃/%	CaO/%	MgO/%	K₂O/%	Na₂O/%	P₂O₅/%	LOI（烧失量）/%	硫/（g/kg）
2015	20～40	51.10	7.90	0.01	0.86	13.97	0.03	0.56	2.17	0.12	0.11	15.34	0.10
2015	40～60	53.27	7.57	0.01	1.01	16.97	0.02	0.57	2.36	0.13	0.11	13.74	0.09

注：土壤类型为棕壤，母质为残积风化物。

表 3-56　滇南山杨次生林辅助长期观测样地土壤矿质全量

年份	采样深度/cm	SiO₂/%	Fe₂O₃/%	MnO/%	TiO₂/%	Al₂O₃/%	CaO/%	MgO/%	K₂O/%	Na₂O/%	P₂O₅/%	LOI（烧失量）/%	硫/（g/kg）
2015	0～10	39.97	6.56	0.04	0.74	13.47	0.08	0.63	1.63	0.10	0.25	24.54	0.30
2015	10～20	43.37	7.12	0.05	0.83	15.40	0.07	0.61	1.69	0.09	0.22	20.60	0.18
2015	20～40	44.97	7.32	0.05	0.87	16.94	0.07	0.72	1.78	0.09	0.21	19.20	0.16
2015	40～60	43.67	8.80	0.07	1.12	17.80	0.06	0.68	1.81	0.09	0.17	15.47	0.08
2015	60～100	55.80	7.34	0.05	0.78	16.64	0.03	1.08	2.38	0.11	0.09	8.64	0.03

注：土壤类型为山地黄棕壤，母质为残积风化物。

表 3-57　茶叶人工林站区调查点土壤矿质全量

年份	采样深度/cm	SiO₂/%	Fe₂O₃/%	MnO/%	TiO₂/%	Al₂O₃/%	CaO/%	MgO/%	K₂O/%	Na₂O/%	P₂O₅/%	LOI（烧失量）/%	硫/（g/kg）
2015	0～10	51.30	5.39	0.01	0.85	10.34	0.07	0.48	1.49	0.10	0.24	18.40	0.38
2015	10～20	51.80	5.31	0.01	0.81	9.97	0.07	0.47	1.48	0.09	0.20	20.34	0.45
2015	20～40	56.00	6.41	0.01	0.87	12.27	0.04	0.61	2.04	0.10	0.12	11.87	0.12
2015	40～60	54.10	6.04	0.02	0.79	11.14	0.03	0.58	2.07	0.09	0.08	8.10	0.06
2015	60～100	53.14	5.92	0.02	0.78	11.54	0.03	0.56	2.06	0.09	0.09	6.90	0.09

注：土壤类型为山地黄棕壤，母质为残积风化物。

3.2.5　土壤微量元素和重金属

3.2.5.1　概述

本数据集包括 2015 年 4 个长期监测样地的大年监测土壤微量元素和重金属组成的数据，包括全硼、全钼、全锰、全锌、全铜、全铁 6 项微量元素和镉、铅、铬、镍、汞、砷、硒 7 项重金属指标。

3.2.5.2　数据采集和处理方法

按照 CERN 长期观测规范，哀牢山站每间隔 10 年测定一次土壤微量元素和重金属组成，在干季 10 月采样，采集各观测场剖面上 0～10 cm、10～20 cm、20～40 cm、40～60 cm、60～100 cm 5 个层次的土壤样品，每层共 6 个剖面，挖出的土壤按不同层次分开放置，用木制土铲铲除观察面表层与铁锹接触的土壤，自下向上采集各层土样，每层约 1.5 kg，装入棉质土袋中，最后将挖出土壤按层回填。取回的土样置于干净的瓷盘上风干，挑除根系和石子，四分法取适量碾磨后，过 2 mm 尼龙筛，装入广口瓶备用。

3.2.5.3　数据质量控制和评估

①测定时插入国家标准样品质控。

②分析时测定 3 次平行样品。

③利用校验软件检查每个监测数据是否超出相同土壤类型和采样深度的历史数据阈值范围，每个

观测场监测项目均值是否超出该样地相同深度历史数据均值的 2 倍标准差，每个观测场监测项目标准差是否超出该样地相同深度历史数据的 2 倍标准差或者样地空间变异调查的 2 倍标准差等。核实或再次测定超出范围的数据。

3.2.5.4　数据价值/数据使用方法和建议

土壤微量元素是指土壤中含量很低的化学元素，与常量元素（或大量元素）相对应，是植物生长和生活必需的元素；土壤重金属含量是土壤重要的环境要素，哀牢山森林土壤重金属反映了哀牢山地区不同植被下土壤重金属的背景值。

3.2.5.5　数据

具体数据见表 3-58～表 3-61。

表 3-58　综合观测场中山湿性常绿阔叶林土壤生物采样样地土壤微量元素和重金属元素

年份	采样深度/cm	全硼(B)/(mg/kg)	全钼(Mo)/(mg/kg)	全锰(Mn)/(mg/kg)	全锌(Zn)/(mg/kg)	全铜(Cu)/(mg/kg)	全铁(Fe)/(mg/kg)	镉(Cd)/(mg/kg)	铅(Pb)/(mg/kg)	铬(Cr)/(mg/kg)	镍(Ni)/(mg/kg)	汞(Hg)/(mg/kg)	砷(As)/(mg/kg)	硒(Se)/(mg/kg)
2015	0～10	40.00	1.20	470	65.34	16.80	53.38	0.17	28.74	46.83	15.11	0.26	17.20	0.28
2015	10～20	54.67	1.30	510	68.67	19.00	61.19	0.11	27.81	58.50	17.72	0.28	21.64	0.50
2015	20～40	61.00	1.47	570	76.00	20.70	66.46	0.09	27.74	64.22	19.89	0.31	19.92	0.48
2015	40～60	57.00	1.45	450	99.00	18.14	63.93	0.08	29.41	71.05	23.98	0.22	20.63	0.53
2015	60～100	67.00	1.45	870	98.00	25.84	72.99	0.07	28.69	70.30	28.01	0.19	21.69	0.45

注：土壤类型为山地黄棕壤，母质为残积风化物。

表 3-59　山顶苔藓矮林辅助观测场土壤微量元素和重金属元素

年份	采样深度/cm	全硼(B)/(mg/kg)	全钼(Mo)/(mg/kg)	全锰(Mn)/(mg/kg)	全锌(Zn)/(mg/kg)	全铜(Cu)/(mg/kg)	全铁(Fe)/(mg/kg)	镉(Cd)/(mg/kg)	铅(Pb)/(mg/kg)	铬(Cr)/(mg/kg)	镍(Ni)/(mg/kg)	汞(Hg)/(mg/kg)	砷(As)/(mg/kg)	硒(Se)/(mg/kg)
2015	0～10	50.67	0.29	50	35.00	23.70	32.30	0.20	29.93	60.16	13.01	0.18	10.45	0.23
2015	10～20	58.00	0.52	50	33.00	18.40	39.03	0.15	20.14	61.93	14.74	0.23	8.12	0.46
2015	20～40	55.00	0.67	70	41.34	19.07	55.24	0.10	18.50	71.65	18.49	0.20	9.24	0.40
2015	40～60	53.00	0.50	80	43.67	21.04	52.93	0.09	17.40	72.62	19.45	0.21	9.15	0.45

注：土壤类型为棕壤，母质为残积风化物。

表 3-60　滇南山杨次生林辅助长期观测样地土壤微量元素和重金属元素

年份	采样深度/cm	全硼(B)/(mg/kg)	全钼(Mo)/(mg/kg)	全锰(Mn)/(mg/kg)	全锌(Zn)/(mg/kg)	全铜(Cu)/(mg/kg)	全铁(Fe)/(mg/kg)	镉(Cd)/(mg/kg)	铅(Pb)/(mg/kg)	铬(Cr)/(mg/kg)	镍(Ni)/(mg/kg)	汞(Hg)/(mg/kg)	砷(As)/(mg/kg)	硒(Se)/(mg/kg)
2015	0～10	45.34	6.77	310	67.67	11.67	45.89	0.19	25.69	24.79	8.09	0.31	33.49	0.28
2015	10～20	49.34	1.70	340	70.34	9.97	49.84	0.13	26.15	28.62	11.18	0.30	34.08	0.32
2015	20～40	52.00	3.60	370	78.34	10.17	51.18	0.11	25.03	28.55	9.20	0.28	31.86	0.36
2015	40～60	64.34	2.42	530	94.00	16.37	61.58	0.08	25.12	34.85	13.14	0.28	39.21	0.37
2015	60～100	44.67	2.45	330	144.34	9.87	51.37	0.06	26.03	30.94	20.63	0.15	32.20	0.33

注：土壤类型为山地黄棕壤，母质为残积风化物。

表 3-61　茶叶人工林站区调查点土壤微量元素和重金属元素

年份	采样深度/cm	全硼(B)/(mg/kg)	全钼(Mo)/(mg/kg)	全锰(Mn)/(mg/kg)	全锌(Zn)/(mg/kg)	全铜(Cu)/(mg/kg)	全铁(Fe)/(mg/kg)	镉(Cd)/(mg/kg)	铅(Pb)/(mg/kg)	铬(Cr)/(mg/kg)	镍(Ni)/(mg/kg)	汞(Hg)/(mg/kg)	砷(As)/(mg/kg)	硒(Se)/(mg/kg)
2015	0～10	39.00	1.27	70	23.67	15.80	37.73	0.19	26.94	60.11	12.71	0.28	8.27	0.39

（续）

年份	采样深度/cm	全硼(B)/(mg/kg)	全钼(Mo)/(mg/kg)	全锰(Mn)/(mg/kg)	全锌(Zn)/(mg/kg)	全铜(Cu)/(mg/kg)	全铁(Fe)/(mg/kg)	镉(Cd)/(mg/kg)	铅(Pb)/(mg/kg)	铬(Cr)/(mg/kg)	镍(Ni)/(mg/kg)	汞(Hg)/(mg/kg)	砷(As)/(mg/kg)	硒(Se)/(mg/kg)
2015	10～20	38.67	0.95	60	22.00	16.34	37.14	0.18	24.24	56.63	12.57	0.29	8.06	0.34
2015	20～40	47.67	1.37	70	26.34	20.14	44.86	0.06	20.09	76.05	12.41	0.25	9.09	0.54
2015	40～60	44.00	0.94	80	31.00	16.80	42.23	0.04	17.14	71.42	14.58	0.15	8.83	0.40
2015	60～100	43.34	0.87	160	29.00	17.10	41.38	0.04	16.15	67.85	14.87	0.15	10.43	0.35

注：土壤类型为山地黄棕壤，母质为残积风化物。

3.2.6　土壤速效养分

3.2.6.1　概述

本数据集包括 2010 年和 2015 年 4 个长期监测样地的大年监测土壤速效养分数据，包括硝态氮、铵态氮、有效磷、速效钾、缓效钾、pH 6 项指标。

3.2.6.2　数据采集和处理方法

按照 CERN 长期观测规范，在不同季节采集各观测场腐殖质层以及 0～10 cm、10～20 cm、20～40 cm、40～60 cm、60～100 cm 5 个层次的土壤样品，每层由 6 个剖面采集的样品混合而成（约 1 kg），取回的土样置于干净的瓷盘风干，挑除根系和石子，四分法取适量碾磨后，过 2 mm 筛，测定过筛后样品。

3.2.6.3　数据质量控制和评估

①测定时插入国家标准样品质控。

②分析时测定 3 次平行样品。

③利用校验软件检查每个监测数据是否超出相同土壤类型和采样深度的历史数据阈值范围，每个观测场监测项目均值是否超出该样地相同深度历史数据均值的 2 倍标准差，每个观测场监测项目标准差是否超出该样地相同深度历史数据的 2 倍标准差或者样地空间变异调查的 2 倍标准差等。核实或再次测定超出范围的数据。

3.2.6.4　数据价值/数据使用方法和建议

土壤速效养分是植物能够直接吸收的养分，包括水溶态养分和吸附在土壤胶体颗粒上容易被交换下来的养分，其含量的高低是土壤养分供给的强度指标。可为亚热带森林土壤肥力演变和优化管理措施提供数据支持。

3.2.6.5　数据

具体数据见表 3-62～表 3-65。

表 3-62　综合观测场土壤速效养分季节动态

时间（年-月）	采样深度/cm	硝态氮（NO_3-N）/(mg/kg)	铵态氮（NO_4-H）/(mg/kg)	有效磷（P）/(mg/kg)	速效钾（K）/(mg/kg)	缓效钾（K）/(mg/kg)	水溶液的pH
2010-03	腐殖质	20.88	13.42	5.38	181.00	61.34	4.01
2010-03	0～20	9.66	7.38	1.65	92.34	50.17	4.27
2010-12	腐殖质	23.75	26.36				
2010-12	0～10	15.75	15.76				
2010-12	10～20	14.48	14.54				
2010-12	20～40	11.59	14.59				

（续）

时间 （年-月）	采样 深度/cm	硝态氮（NO₃-N）/ (mg/kg)	铵态氮（NO₄-H）/ (mg/kg)	有效磷（P）/ (mg/kg)	速效钾（K）/ (mg/kg)	缓效钾（K）/ (mg/kg)	水溶液的 pH
2010-12	40～60	5.39	12.80				
2010-12	60～100	2.75	8.71				
2010-03	腐殖质	0.94	18.28				
2015-03	0～20	0.90	4.81				
2015-05	腐殖质	1.44	19.54				
2015-05	0～20	0.41	5.10				
2015-08	腐殖质	0.51	6.42				
2015-08	0～20	0.32	4.96				
2015-11	腐殖质	60.87	55.01	63.70	354.34	74.34	3.89
2015-11	0～20	52.68	8.87	5.81	182.84	44.50	3.84

注：土壤类型为山地黄棕壤，母质为残积风化物。

表 3-63　山顶苔藓矮林辅助观测场土壤速效养分季节动态

时间 （年-月）	采样 深度/cm	硝态氮（NO₃-N）/ (mg/kg)	铵态氮（NO₄-H）/ (mg/kg)	有效磷（P）/ (mg/kg)	速效钾（K）/ (mg/kg)	缓效钾（K）/ (mg/kg)	水溶液的 pH
2010-03	腐殖质	0.00	7.62	28.40	194.50	39.84	3.73
2010-03	0～20	0.00	4.58	13.80	109.00	38.00	3.83
2010-12	腐殖质	6.69	14.22				
2010-12	0～10	4.09	7.63				
2010-12	10～20	3.18	4.46				
2010-12	20～40	3.35	4.30				
2010-12	40～60	3.14	3.91				
2010-12	60～100	2.62	3.45				
2010-03	腐殖质	46.83	16.59				
2015-03	0～20	21.33	3.39				
2015-05	腐殖质	28.83	7.42				
2015-05	0～20	53.71	16.91				
2015-08	腐殖质	85.42	45.97				
2015-08	0～20	48.87	7.22				
2015-11	腐殖质	1.74	9.58	45.11	337.17	65.34	3.61
2015-11	0～20	0.80	5.01	12.29	115.50	52.34	4.19

注：土壤类型为棕壤，母质为残积风化物。

表 3-64　滇南山杨次生林辅助长期观测样地土壤速效养分季节动态

时间 （年-月）	采样 深度/cm	硝态氮（NO₃-N）/ (mg/kg)	铵态氮（NO₄-H）/ (mg/kg)	有效磷（P）/ (mg/kg)	速效钾（K）/ (mg/kg)	缓效钾（K）/ (mg/kg)	水溶液的 pH
2010-03	腐殖质	2.11	24.35	10.32	207.50	87.17	4.16
2010-03	0～20	1.49	13.40	2.09	90.34	49.34	4.27
2010-12	腐殖质	2.41	57.10				

（续）

时间 （年-月）	采样 深度/cm	硝态氮（NO₃-N）/ （mg/kg）	铵态氮（NO₄-H）/ （mg/kg）	有效磷（P）/ （mg/kg）	速效钾（K）/ （mg/kg）	缓效钾（K）/ （mg/kg）	水溶液的 pH
2010-12	0～10	1.75	37.22				
2010-12	10～20	1.21	24.98				
2010-12	20～40	1.20	19.64				
2010-12	40～60	1.13	10.88				
2010-12	60～100	0.67	4.90				
2010-03	腐殖质	10.77	11.55				
2015-03	0～20	7.44	8.03				
2015-05	腐殖质	2.70	23.38				
2015-05	0～20	2.46	7.20				
2015-08	腐殖质	11.08	59.17				
2015-08	0～20	9.00	22.11				
2015-11	腐殖质	2.27	31.71	4.31	265.67	69.67	4.63
2015-11	0～20	2.39	13.12	0.07	139.34	54.67	4.86

注：土壤类型为山地黄棕壤，母质为残积风化物。

表 3-65   茶叶人工林站区调查点土壤速效养分季节动态

时间 （年-月）	采样 深度/cm	硝态氮（NO₃-N）/ （mg/kg）	铵态氮（NO₄-H）/ （mg/kg）	有效磷（P）/ （mg/kg）	速效钾（K）/ （mg/kg）	缓效钾（K）/ （mg/kg）	水溶液的 pH
2010-03	0～20	7.15	8.10	8.98	81.67	51.00	4.29
2010-12	0～10	3.77	13.59				
2010-12	10～20	4.79	13.24				
2010-12	20～40	6.10	14.29				
2010-12	40～60	5.93	14.65				
2010-12	60～100	4.59	15.26				
2015-03	0～20	69.31	198.19				
2015-05	0～20	88.23	183.62				
2015-08	0～20	175.09	122.70				
2015-11	0～20	13.91	2.99	21.25	265.50	160.84	4.63

注：土壤类型为山地黄棕壤，母质为残积风化物。

3.2.7   土壤速效微量元素

3.2.7.1   概述

本数据集包括 2010 年和 2015 年 4 个长期监测样地的大年监测土壤速效微量元素数据，包括有效铜、有效硼、有效锰、有效硫 4 项指标。

3.2.7.2   数据采集和处理方法

按照 CERN 长期观测规范，在每年干季 10 月采样，采集各观测场腐殖质和 0～20 cm 土壤样品，每个重复由 9 个按"S"形采样方式采集的样品混合而成（约 1 kg），取回的土样置于干净的瓷盘风干，挑除根系和石子，四分法取适量碾磨后，过 2 mm 筛，测定过筛后样品。

3.2.7.3   数据质量控制和评估

①测定时插入国家标准样品质控。

②分析时测定 3 次平行样品。

③利用校验软件检查每个监测数据是否超出相同土壤类型和采样深度的历史数据阈值范围，每个观测场监测项目均值是否超出该样地相同深度历史数据均值的 2 倍标准差，每个观测场监测项目标准差是否超出该样地相同深度历史数据的 2 倍标准差或者样地空间变异调查的 2 倍标准差等。核实或再次测定超出范围的数据。

3.2.7.4　数据价值/数据使用方法和建议

土壤速效微量元素虽然是植物生长需求很少的元素，但是最植物的生长至关重要，可为亚热带森林健康和优化管理措施提供数据支持。

3.2.7.5　数据

具体数据见表 3-66～表 3-69。

表 3-66　综合观测场中山湿性常绿阔叶林土壤生物采样样地土壤速效微量元素

年份	采样深度/cm	有效铜（Cu）/（mg/kg）	有效硼（B）/（mg/kg）	有效锰（Mn）/（mg/kg）	有效硫（S）/（mg/kg）
2010	腐殖质	0.36	ND	38.64	26.67
2010	0~20	0.14	0.58	7.25	26.84
2015	腐殖质	0.24	0.80	3.62	33.13
2015	0~20	0.27	0.31	0.75	44.34

注：土壤类型为山地黄棕壤，母质为残积风化物，ND 为未检出。

表 3-67　山顶苔藓矮林辅助观测场土壤速效微量元素

年份	采样深度/cm	有效铜（Cu）/（mg/kg）	有效硼（B）/（mg/kg）	有效锰（Mn）/（mg/kg）	有效硫（S）/（mg/kg）
2010	腐殖质	0.02	ND	0.80	13.50
2010	0~20	0.01	0.12	0.83	22.09
2015	腐殖质	0.33	0.67	46.49	65.86
2015	0~20	0.41	0.76	15.66	71.15

注：土壤类型为棕壤，母质为残积风化物，ND 为未检出。

表 3-68　滇南山杨次生林辅助长期观测样地土壤速效微量元素

年份	采样深度/cm	有效铜（Cu）/（mg/kg）	有效硼（B）/（mg/kg）	有效锰（Mn）/（mg/kg）	有效硫（S）/（mg/kg）
2010	腐殖质	0.19	0.51	22.36	24.17
2010	0~20	0.10	0.31	3.28	23.00
2015	腐殖质	0.29	0.43	28.82	40.00
2015	0~20	0.32	0.34	6.69	36.22

注：土壤类型为山地黄棕壤，母质为残积风化物。

表 3-69　茶叶人工林站区调查点土壤速效微量元素

年份	采样深度/cm	有效铜（Cu）/（mg/kg）	有效硼（B）/（mg/kg）	有效锰（Mn）/（mg/kg）	有效硫（S）/（mg/kg）
2010	0~20	0.02	0.26	0.99	21.84
2015	0~20	0.28	0.63	2.44	118.77

注：土壤类型为山地黄棕壤，母质为残积风化物。

3.2.8　土壤机械组成

3.2.8.1　概述

本数据集包括哀牢山站 4 个长期监测样 2015 年剖面（0～10 cm、10～20 cm、20～40 cm、40～60 cm、60～100 cm）土壤的机械组成。

3.2.8.2　数据采集和处理方法

按照 CERN 长期观测规范，剖面土壤机械组成的监测频率为每 10 年 1 次。在干季，挖取长 1.5 m，宽 1.0 m，深 1.2 m 的土壤剖面，观察面向阳，挖出的土壤按不同层次分开放置，用木制土铲铲除观察面表层与铁锹接触的土壤，自下向上采集各层土样，每层约 1.5 kg，装入棉质土袋中，最后将挖出土壤按层回填。取回的土样置于干净的瓷盘上风干，挑除根系和石子，四分法取适量碾磨后，过 2 mm 尼龙筛，装入广口瓶备用。机械组成分析方法为吸管法。

3.2.8.3　数据质量控制和评估

①分析时测定 3 次平行样品。

②测定时保证由同一个实验人员操作，避免人为因素导致的结果差异。

③由于土壤机械组成较为稳定，台站区域内的土壤机械组成基本一致，通过对比测定结果与站内其他样地的历史机械组成结果，观察数据是否存在异常，如果同一层土壤质地划分与历史存在差异，则核实或再次测定数据。

3.2.8.4　数据价值/数据使用方法和建议

土壤机械组成不仅是土壤分类的重要诊断指标，也是影响土壤水、肥、气、热状况，物质迁移转化及土壤退化过程研究的重要因素。山顶苔藓矮林至 60 cm 即为母质层，故最大只能采集到 60 cm 深度的土壤样品。

3.2.8.5　数据

具体数据见表 3-70～表 3-73。

表 3-70　综合观测场中山湿性常绿阔叶林土壤生物采样样地土壤机械组成

年份	采样深度/cm	0.050～2.000 mm/%	0.002～0.050 mm/%	<0.002 mm/%	土壤质地名称
2015	0～10	19.76	49.67	30.58	粉质黏壤土
2015	10～20	21.40	48.79	29.82	粉质黏壤土
2015	20～40	25.65	44.55	29.80	粉质黏壤土
2015	40～60	34.73	37.24	28.05	粉质黏壤土
2015	60～100	25.33	40.92	33.76	粉壤土

注：土壤类型为山地黄棕壤，母质为残积风化物。

表 3-71　山顶苔藓矮林辅助观测场土壤机械组成

年份	采样深度/cm	0.050～2.000 mm/%	0.002～0.050 mm/%	<0.002 mm/%	土壤质地名称
2015	0～10	25.23	45.82	28.96	粉质黏壤土
2015	10～20	26.84	50.53	22.64	粉质黏壤土
2015	20～40	25.86	54.18	19.97	粉质黏壤土
2015	40～60	27.27	54.42	18.32	粉质黏壤土

注：土壤类型为棕壤，母质为残积风化物。

表 3-72　滇南山杨次生林辅助长期观测样地土壤机械组成

年份	采样深度/cm	0.050~2.000 mm/%	0.002~0.050 mm/%	<0.002 mm/%	土壤质地名称
2015	0~10	39.73	39.58	20.70	壤土
2015	10~20	41.50	39.42	19.09	壤土
2015	20~40	37.52	37.81	24.69	壤土
2015	40~60	35.77	37.07	27.18	壤土
2015	60~100	50.24	30.02	19.75	壤土

注：土壤类型为山地黄棕壤，母质为残积风化物。

表 3-73　茶叶人工林站区调查点土壤机械组成

年份	采样深度/cm	0.050~2.000 mm/%	0.002~0.050 mm/%	<0.002 mm/%	土壤质地名称
2015	0~10	20.62	47.02	32.37	粉壤土
2015	10~20	21.75	45.55	32.70	粉壤土
2015	20~40	20.98	48.00	31.03	粉壤土
2015	40~60	26.29	44.28	29.44	粉壤土
2015	60~100	28.32	42.22	29.46	粉壤土

注：土壤类型为山地黄棕壤，母质为残积风化物。

3.2.9　土壤容重

3.2.9.1　概述

本数据集包括哀牢山站 4 个长期监测样地 2010 年和 2015 年剖面（不同样地深度不同）土壤的容重。

3.2.9.2　数据采集和处理方法

按照 CERN 长期观测规范，哀牢山站每隔 5 年测定 1 次剖面土壤容重，在干季 10 月采样，共采集 6 个剖面的样品混合而成（约 1 kg），取回的土样置于干净的瓷盘风干，挑除根系和石子，四分法取适量碾磨后，过 2 mm 筛，测定过筛后的样品。

3.2.9.3　数据质量控制和评估

①环刀样品采集由同一个实验人员完成，避免人为因素导致的结果差异。

②由于土壤容重较为稳定，台站区域内的土壤容重基本一致，通过对比测定结果与站内其他样地的历史土壤容重结果，观察数据是否存在异常，如果同一层土壤容重与历史存在差异，则核实或再次测定数据。

3.2.9.4　数据价值/数据使用方法和建议

土壤容重的大小与土壤质地、结构、有机质含量、土壤紧实度、耕作措施等密切相关。该数据表中，所述的重复数为挖掘剖面的个数，每个剖面的每层土壤容重测定重复 5 次。

3.2.9.5　数据

具体数据见表 3-74~表 3-77。

表 3-74　综合观测场中山湿性常绿阔叶林土壤生物采样样地土壤容重

年份	采样深度/cm	土壤容重平均值/（g/cm³）
2010	0~10	0.510

（续）

年份	采样深度/cm	土壤容重平均值/（g/cm³）
2010	10～20	0.670
2010	20～30	0.670
2010	30～40	0.770
2010	40～50	0.750
2010	50～70	0.710
2010	70～90	0.840
2010	90～110	0.980
2010	110～130	0.950
2010	130～150	1.120
2015	0～10	0.554
2015	10～20	0.652
2015	20～40	0.809
2015	40～60	0.859
2015	60～100	0.931

注：土壤类型为山地黄棕壤，母质为残积风化物。

表3-75　山顶苔藓矮林辅助观测场土壤容重

年份	采样深度/cm	土壤容重平均值/（g/cm³）
2010	0～10	0.670
2010	10～20	0.890
2010	20～30	0.990
2010	30～40	1.080
2010	40～50	1.020
2015	0～10	0.622
2015	10～20	0.686
2015	20～40	0.644
2015	40～60	0.780

注：土壤类型为棕壤，母质为残积风化物。

表3-76　滇南山杨次生林辅助长期观测样地土壤容重

年份	采样深度/cm	土壤容重平均值/（g/cm³）
2010	0～10	0.540
2010	10～20	0.660
2010	20～30	0.610
2010	30～40	0.530
2010	40～50	0.780
2010	50～70	1.020
2010	70～90	1.110
2010	90～110	1.210

(续)

年份	采样深度/cm	土壤容重平均值/（g/cm³）
2010	110～130	1.370
2010	130～150	1.340
2015	0～10	0.714
2015	10～20	0.674
2015	20～40	0.736
2015	40～60	0.811
2015	60～100	1.104

注：土壤类型为山地黄棕壤，母质为残积风化物。

表 3-77　茶叶人工林站区调查点土壤容重

年份	采样深度/cm	土壤容重平均值/（g/cm³）
2010	0～10	0.780
2010	10～20	0.770
2010	20～30	0.890
2010	30～40	1.050
2010	40～50	1.030
2010	50～70	1.120
2010	70～90	1.160
2010	90～110	1.120
2010	110～130	1.270
2010	130～150	1.370
2015	0～10	0.631
2015	10～20	0.690
2015	20～40	0.776
2015	40～60	0.882
2015	60～100	1.185

注：土壤类型为山地黄棕壤，母质为残积风化物。

3.3　水分监测数据

3.3.1　土壤质量含水量观测数据

3.3.1.1　概述

　　土壤含水量的长期观测是森林生态系统定位研究的重要内容之一，在研究森林水分循环过程、评估森林生态系统水源涵养功能及土壤含水量对森林生态系统的影响等方面发挥着重要作用。哀牢山站所属地区属于亚热带常绿阔叶林，该地区不同植被类型的土壤含水量长期监测可以反映不同类型土壤含水量的动态变化趋势。本数据集包括哀牢山站 2008—2015 年土壤质量含水量观测数据，观测样地包括 ALFZH01（中山湿性常绿阔叶林综合观测场），地理位置为 101°1′E，24°32′N，海拔 2 488 m；ALFFZ01（山顶苔藓矮林辅助观测场），地理位置为 101°32′E，24°536′N，海拔 2 655 m；ALFFZ02（滇山杨林次生辅助观测场），地理位置为 101°19′E，24°557′N，海拔 2 500 m。

3.3.1.2　数据采集和处理方法

土壤质量含水量样品采集频次为 1 次/月，每月 15 日为综合观测样地取样，16 日为辅助样地取样，土壤含水量取样由地表至地下按 0～10 cm、10～20 cm、20～30 cm、30～40 cm、40～50 cm、50～70 cm、70～90 cm、90～110 cm、110～130 cm、130～150 cm 10 个层次分别采集土样，每个层次土样采集完后放入自封袋内，之后立刻带回实验室称取鲜重。再将该土样以 105℃的恒温烘至恒重后称取干重。最后，以土壤鲜重和干重的质量之差计算土壤质量含水量。

3.3.1.3　数据质量控制和评估

①样品采集和实验室分析过程中的质量控制：采样过程严格按照《陆地生态系统水环境观测指标与规范》来操作。称重之前要先校正天平，称重时要重复一次，求其平均值。

②数据质量控制：数据录入之后，再次核对、整理和分析，避免录入过程出现错误。最后，将原始数据保存，统一编号，并在数据处理和上报完毕后归档保存。原始电子数据必须备份一份，并打印一份存档。

③数据质量综合评价：对已录入的数据，从数据的合理性、准确性、一致性、完整性、对比性和连续性等方面评价。如果发现异常数据，应详细分析，根据分析结果修正或者去除该数据。最后，由站长和数据管理员审核认定之后上报。

3.3.1.4　数据使用方法和建议

分析哀牢山森林生态系统土壤质量含水量长期监测数据，可以了解亚热带森林生态系统不同植被类型中不同深度土壤水分的动态变化规律。土壤水分质量含水量监测数据和植物监测数据结合研究植物与土壤含水量之间的关系，为该地区森林资源的科学管理提供理论依据。此外，长期观测的土壤含水量数据可为正确评价亚热带常绿阔叶林森林水文生态效益提供科学依据。

3.3.1.5　数据

具体数据见表 3-78～表 3-80。

表 3-78　综合观测场中山湿性常绿阔叶林森林生态系统烘干法土壤含水量

时间（年-月）	采样深度/cm	质量含水量/%	时间（年-月）	采样深度/cm	质量含水量/%
2008-01	0～10	67.0	2008-02	70～90	38.0
2008-01	10～20	62.0	2008-02	90～110	35.0
2008-01	20～30	63.0	2008-02	110～130	33.0
2008-01	30～40	49.0	2008-02	130～150	43.0
2008-01	40～50	48.0	2008-03	0～10	70.0
2008-01	50～70	53.0	2008-03	10～20	62.0
2008-01	70～90	42.0	2008-03	20～30	57.0
2008-01	90～110	38.0	2008-03	30～40	57.0
2008-01	110～130	28.0	2008-03	40～50	47.0
2008-01	130～150	31.0	2008-03	50～70	39.0
2008-02	0～10	68.0	2008-03	70～90	35.0
2008-02	10～20	69.0	2008-03	90～110	37.0
2008-02	20～30	67.0	2008-03	110～130	37.0
2008-02	30～40	53.0	2008-03	130～150	39.0
2008-02	40～50	46.0	2008-04	0～10	60.0
2008-02	50～70	48.0	2008-04	10～20	55.0

（续）

时间（年-月）	采样深度/cm	质量含水量/%	时间（年-月）	采样深度/cm	质量含水量/%
2008 - 04	20～30	49.0	2008 - 08	10～20	98.0
2008 - 04	30～40	36.0	2008 - 08	20～30	72.0
2008 - 04	40～50	40.0	2008 - 08	30～40	62.0
2008 - 04	50～70	35.0	2008 - 08	40～50	48.0
2008 - 04	70～90	37.0	2008 - 08	50～70	40.0
2008 - 04	90～110	36.0	2008 - 08	70～90	39.0
2008 - 04	110～130	36.0	2008 - 08	90～110	39.0
2008 - 04	130～150	33.0	2008 - 08	110～130	40.0
2008 - 05	0～10	73.0	2008 - 08	130～150	38.0
2008 - 05	10～20	88.0	2008 - 09	0～10	129.0
2008 - 05	20～30	79.0	2008 - 09	10～20	80.0
2008 - 05	30～40	64.0	2008 - 09	20～30	66.0
2008 - 05	40～50	55.0	2008 - 09	30～40	59.0
2008 - 05	50～70	43.0	2008 - 09	40～50	54.0
2008 - 05	70～90	41.0	2008 - 09	50～70	42.0
2008 - 05	90～110	38.0	2008 - 09	70～90	42.0
2008 - 05	110～130	34.0	2008 - 09	90～110	47.0
2008 - 05	130～150	35.0	2008 - 09	110～130	37.0
2008 - 06	0～10	95.0	2008 - 09	130～150	37.0
2008 - 06	10～20	73.0	2008 - 10	0～10	132.0
2008 - 06	20～30	66.0	2008 - 10	10～20	99.0
2008 - 06	30～40	48.0	2008 - 10	20～30	84.0
2008 - 06	40～50	48.0	2008 - 10	30～40	66.0
2008 - 06	50～70	39.0	2008 - 10	40～50	51.0
2008 - 06	70～90	40.0	2008 - 10	50～70	42.0
2008 - 06	90～110	34.0	2008 - 10	70～90	42.0
2008 - 06	110～130	38.0	2008 - 10	90～110	41.0
2008 - 06	130～150	36.0	2008 - 10	110～130	41.0
2008 - 07	0～10	101.0	2008 - 10	130～150	38.0
2008 - 07	10～20	84.0	2008 - 11	0～10	106.0
2008 - 07	20～30	71.0	2008 - 11	10～20	82.0
2008 - 07	30～40	63.0	2008 - 11	20～30	61.0
2008 - 07	40～50	46.0	2008 - 11	30～40	50.0
2008 - 07	50～70	43.0	2008 - 11	40～50	51.0
2008 - 07	70～90	47.0	2008 - 11	50～70	40.0
2008 - 07	90～110	43.0	2008 - 11	70～90	43.0
2008 - 07	110～130	41.0	2008 - 11	90～110	41.0
2008 - 07	130～150	36.0	2008 - 11	110～130	38.0
2008 - 08	0～10	119.0	2008 - 11	130～150	37.0

（续）

时间（年-月）	采样深度/cm	质量含水量/%	时间（年-月）	采样深度/cm	质量含水量/%
2008 - 12	0~10	107.0	2009 - 03	130~150	41.4
2008 - 12	10~20	95.0	2009 - 04	0~10	55.9
2008 - 12	20~30	75.0	2009 - 04	10~20	51.9
2008 - 12	30~40	66.0	2009 - 04	20~30	50.2
2008 - 12	40~50	50.0	2009 - 04	30~40	50.5
2008 - 12	50~70	37.0	2009 - 04	40~50	37.3
2008 - 12	70~90	37.0	2009 - 04	50~70	32.7
2008 - 12	90~110	38.0	2009 - 04	70~90	33.9
2008 - 12	110~130	37.0	2009 - 04	90~110	33.7
2008 - 12	130~150	36.0	2009 - 04	110~130	32.2
2009 - 01	0~10	117.8	2009 - 04	130~150	32.1
2009 - 01	10~20	104.9	2009 - 05	0~10	58.7
2009 - 01	20~30	81.2	2009 - 05	10~20	61.0
2009 - 01	30~40	58.4	2009 - 05	20~30	61.0
2009 - 01	40~50	55.0	2009 - 05	30~40	59.8
2009 - 01	50~70	41.8	2009 - 05	40~50	49.1
2009 - 01	70~90	39.7	2009 - 05	50~70	44.8
2009 - 01	90~110	37.9	2009 - 05	70~90	37.2
2009 - 01	110~130	35.1	2009 - 05	90~110	39.5
2009 - 01	130~150	34.4	2009 - 05	110~130	35.3
2009 - 02	0~10	79.9	2009 - 05	130~150	45.3
2009 - 02	10~20	71.9	2009 - 06	0~10	109.8
2009 - 02	20~30	59.6	2009 - 06	10~20	82.4
2009 - 02	30~40	146.6	2009 - 06	20~30	59.8
2009 - 02	40~50	139.9	2009 - 06	30~40	42.5
2009 - 02	50~70	128.5	2009 - 06	40~50	55.1
2009 - 02	70~90	35.0	2009 - 06	50~70	42.2
2009 - 02	90~110	33.9	2009 - 06	70~90	42.1
2009 - 02	110~130	37.0	2009 - 06	90~110	41.1
2009 - 02	130~150	33.8	2009 - 06	110~130	40.4
2009 - 03	0~10	61.0	2009 - 06	130~150	35.1
2009 - 03	10~20	51.9	2009 - 07	0~10	111.0
2009 - 03	20~30	46.7	2009 - 07	10~20	91.1
2009 - 03	30~40	37.8	2009 - 07	20~30	64.4
2009 - 03	40~50	36.7	2009 - 07	30~40	53.7
2009 - 03	50~70	33.8	2009 - 07	40~50	50.5
2009 - 03	70~90	32.4	2009 - 07	50~70	43.7
2009 - 03	90~110	32.4	2009 - 07	70~90	45.1
2009 - 03	110~130	33.2	2009 - 07	90~110	35.1

（续）

时间（年-月）	采样深度/cm	质量含水量/%	时间（年-月）	采样深度/cm	质量含水量/%
2009 - 07	110~130	39.4	2009 - 11	90~110	34.6
2009 - 07	130~150	43.1	2009 - 11	110~130	35.0
2009 - 08	0~10	126.1	2009 - 11	130~150	34.1
2009 - 08	10~20	100.0	2009 - 12	0~10	91.4
2009 - 08	20~30	79.2	2009 - 12	10~20	79.1
2009 - 08	30~40	68.8	2009 - 12	20~30	67.2
2009 - 08	40~50	53.2	2009 - 12	30~40	54.4
2009 - 08	50~70	44.7	2009 - 12	40~50	52.4
2009 - 08	70~90	49.3	2009 - 12	50~70	41.4
2009 - 08	90~110	46.0	2009 - 12	70~90	37.1
2009 - 08	110~130	41.3	2009 - 12	90~110	40.8
2009 - 08	130~150	43.7	2009 - 12	110~130	19.1
2009 - 09	0~10	95.2	2009 - 12	130~150	35.3
2009 - 09	10~20	68.8	2010 - 01	0~10	67.9
2009 - 09	20~30	67.8	2010 - 01	10~20	57.9
2009 - 09	30~40	57.9	2010 - 01	20~30	56.0
2009 - 09	40~50	51.0	2010 - 01	30~40	51.4
2009 - 09	50~70	40.1	2010 - 01	40~50	35.3
2009 - 09	70~90	39.9	2010 - 01	50~70	32.4
2009 - 09	90~110	37.4	2010 - 01	70~90	34.0
2009 - 09	110~130	41.9	2010 - 01	90~110	34.4
2009 - 09	130~150	36.5	2010 - 01	110~130	33.2
2009 - 10	0~10	102.5	2010 - 01	130~150	35.4
2009 - 10	10~20	90.0	2010 - 02	0~10	65.2
2009 - 10	20~30	74.9	2010 - 02	10~20	58.7
2009 - 10	30~40	56.2	2010 - 02	20~30	49.8
2009 - 10	40~50	57.8	2010 - 02	30~40	46.1
2009 - 10	50~70	44.8	2010 - 02	40~50	41.1
2009 - 10	70~90	44.2	2010 - 02	50~70	33.0
2009 - 10	90~110	35.4	2010 - 02	70~90	32.5
2009 - 10	110~130	39.2	2010 - 02	90~110	39.0
2009 - 10	130~150	35.3	2010 - 02	110~130	34.5
2009 - 11	0~10	72.0	2010 - 02	130~150	34.1
2009 - 11	10~20	67.9	2010 - 03	0~10	49.1
2009 - 11	20~30	62.9	2010 - 03	10~20	40.7
2009 - 11	30~40	47.1	2010 - 03	20~30	42.5
2009 - 11	40~50	40.2	2010 - 03	30~40	43.0
2009 - 11	50~70	38.4	2010 - 03	40~50	30.3
2009 - 11	70~90	36.4	2010 - 03	50~70	38.9

（续）

时间（年-月）	采样深度/cm	质量含水量/%	时间（年-月）	采样深度/cm	质量含水量/%
2010 - 03	70～90	33.1	2010 - 07	50～70	48.0
2010 - 03	90～110	39.8	2010 - 07	70～90	38.9
2010 - 03	110～130	32.1	2010 - 07	90～110	45.0
2010 - 03	130～150	28.5	2010 - 07	110～130	35.9
2010 - 04	0～10	53.4	2010 - 07	130～150	33.2
2010 - 04	10～20	48.0	2010 - 08	0～10	112.6
2010 - 04	20～30	45.7	2010 - 08	10～20	84.3
2010 - 04	30～40	40.1	2010 - 08	20～30	71.4
2010 - 04	40～50	39.2	2010 - 08	30～40	64.9
2010 - 04	50～70	31.9	2010 - 08	40～50	44.1
2010 - 04	70～90	33.2	2010 - 08	50～70	42.0
2010 - 04	90～110	32.7	2010 - 08	70～90	46.9
2010 - 04	110～130	32.6	2010 - 08	90～110	41.5
2010 - 04	130～150	31.0	2010 - 08	110～130	40.4
2010 - 05	0～10	50.7	2010 - 08	130～150	40.7
2010 - 05	10～20	45.2	2010 - 09	0～10	102.2
2010 - 05	20～30	40.5	2010 - 09	10～20	72.1
2010 - 05	30～40	39.4	2010 - 09	20～30	64.1
2010 - 05	40～50	36.9	2010 - 09	30～40	57.6
2010 - 05	50～70	28.5	2010 - 09	40～50	41.0
2010 - 05	70～90	36.8	2010 - 09	50～70	35.1
2010 - 05	90～110	27.9	2010 - 09	70～90	40.3
2010 - 05	110～130	30.4	2010 - 09	90～110	40.6
2010 - 05	130～150	27.5	2010 - 09	110～130	38.8
2010 - 06	0～10	81.0	2010 - 09	130～150	39.9
2010 - 06	10～20	70.4	2010 - 10	0～10	109.9
2010 - 06	20～30	68.8	2010 - 10	10～20	83.0
2010 - 06	30～40	55.3	2010 - 10	20～30	67.6
2010 - 06	40～50	44.9	2010 - 10	30～40	62.7
2010 - 06	50～70	40.1	2010 - 10	40～50	62.4
2010 - 06	70～90	42.0	2010 - 10	50～70	53.7
2010 - 06	90～110	44.5	2010 - 10	70～90	43.2
2010 - 06	110～130	—	2010 - 10	90～110	39.6
2010 - 06	130～150	36.8	2010 - 10	110～130	38.9
2010 - 07	0～10	91.6	2010 - 10	130～150	41.2
2010 - 07	10～20	82.0	2010 - 11	0～10	102.9
2010 - 07	20～30	63.3	2010 - 11	10～20	72.8
2010 - 07	30～40	53.3	2010 - 11	20～30	65.4
2010 - 07	40～50	53.4	2010 - 11	30～40	53.1

（续）

时间（年-月）	采样深度/cm	质量含水量/%	时间（年-月）	采样深度/cm	质量含水量/%
2010 - 11	40～50	60.7	2011 - 03	30～40	40.2
2010 - 11	50～70	40.3	2011 - 03	40～50	41.4
2010 - 11	70～90	37.7	2011 - 03	50～70	34.0
2010 - 11	90～110	35.7	2011 - 03	70～90	33.6
2010 - 11	110～130	36.0	2011 - 03	90～110	31.4
2010 - 11	130～150	36.0	2011 - 03	110～130	34.2
2010 - 12	0～10	96.8	2011 - 03	130～150	36.1
2010 - 12	10～20	80.7	2011 - 04	0～10	64.3
2010 - 12	20～30	67.6	2011 - 04	10～20	55.1
2010 - 12	30～40	59.4	2011 - 04	20～30	48.6
2010 - 12	40～50	56.3	2011 - 04	30～40	45.3
2010 - 12	50～70	39.6	2011 - 04	40～50	42.8
2010 - 12	70～90	39.9	2011 - 04	50～70	33.7
2010 - 12	90～110	34.3	2011 - 04	70～90	33.8
2010 - 12	110～130	36.8	2011 - 04	90～110	31.9
2010 - 12	130～150	36.4	2011 - 04	110～130	34.3
2011 - 01	0～10	85.1	2011 - 04	130～150	8.8
2011 - 01	10～20	65.8	2011 - 05	0～10	75.4
2011 - 01	20～30	52.2	2011 - 05	10～20	63.4
2011 - 01	30～40	55.5	2011 - 05	20～30	62.9
2011 - 01	40～50	59.6	2011 - 05	30～40	55.8
2011 - 01	50～70	48.4	2011 - 05	40～50	46.3
2011 - 01	70～90	37.4	2011 - 05	50～70	44.6
2011 - 01	90～110	35.8	2011 - 05	70～90	36.0
2011 - 01	110～130	35.5	2011 - 05	90～110	35.8
2011 - 01	130～150	33.8	2011 - 05	110～130	34.2
2011 - 02	0～10	73.1	2011 - 05	130～150	35.1
2011 - 02	10～20	62.6	2011 - 06	0～10	95.7
2011 - 02	20～30	56.2	2011 - 06	10～20	77.8
2011 - 02	30～40	51.3	2011 - 06	20～30	59.4
2011 - 02	40～50	53.7	2011 - 06	30～40	61.3
2011 - 02	50～70	43.4	2011 - 06	40～50	57.1
2011 - 02	70～90	37.1	2011 - 06	50～70	40.2
2011 - 02	90～110	36.0	2011 - 06	70～90	43.0
2011 - 02	110～130	34.4	2011 - 06	90～110	40.8
2011 - 02	130～150	36.1	2011 - 06	110～130	41.8
2011 - 03	0～10	50.9	2011 - 06	130～150	40.8
2011 - 03	10～20	51.7	2011 - 07	0～10	96.8
2011 - 03	20～30	44.5	2011 - 07	10～20	74.8

（续）

时间（年-月）	采样深度/cm	质量含水量/%	时间（年-月）	采样深度/cm	质量含水量/%
2011 - 07	20～30	59.9	2011 - 11	10～20	79.1
2011 - 07	30～40	61.2	2011 - 11	20～30	71.9
2011 - 07	40～50	58.2	2011 - 11	30～40	67.0
2011 - 07	50～70	45.5	2011 - 11	40～50	45.0
2011 - 07	70～90	41.9	2011 - 11	50～70	53.4
2011 - 07	90～110	43.2	2011 - 11	70～90	42.1
2011 - 07	110～130	45.0	2011 - 11	90～110	38.7
2011 - 07	130～150	40.6	2011 - 11	110～130	37.1
2011 - 08	0～10	101.4	2011 - 11	130～150	40.1
2011 - 08	10～20	77.7	2011 - 12	0～10	129.0
2011 - 08	20～30	72.8	2011 - 12	10～20	—
2011 - 08	30～40	66.8	2011 - 12	20～30	65.8
2011 - 08	40～50	65.7	2011 - 12	30～40	59.8
2011 - 08	50～70	61.0	2011 - 12	40～50	44.2
2011 - 08	70～90	43.1	2011 - 12	50～70	37.7
2011 - 08	90～110	41.4	2011 - 12	70～90	36.7
2011 - 08	110～130	39.7	2011 - 12	90～110	33.7
2011 - 08	130～150	39.5	2011 - 12	110～130	32.8
2011 - 09	0～10	137.7	2011 - 12	130～150	35.2
2011 - 09	10～20	81.4	2012 - 01	0～10	101.4
2011 - 09	20～30	77.6	2012 - 01	10～20	71.9
2011 - 09	30～40	66.7	2012 - 01	20～30	63.1
2011 - 09	40～50	59.8	2012 - 01	30～40	58.8
2011 - 09	50～70	68.4	2012 - 01	40～50	46.6
2011 - 09	70～90	43.6	2012 - 01	50～70	37.4
2011 - 09	90～110	39.5	2012 - 01	70～90	37.0
2011 - 09	110～130	37.3	2012 - 01	90～110	29.6
2011 - 09	130～150	44.5	2012 - 01	110～130	32.2
2011 - 10	0～10	132.4	2012 - 01	130～150	35.5
2011 - 10	10～20	77.7	2012 - 02	0～10	71.2
2011 - 10	20～30	71.6	2012 - 02	10～20	52.5
2011 - 10	30～40	66.7	2012 - 02	20～30	45.6
2011 - 10	40～50	58.4	2012 - 02	30～40	45.2
2011 - 10	50～70	44.0	2012 - 02	40～50	42.4
2011 - 10	70～90	39.6	2012 - 02	50～70	41.1
2011 - 10	90～110	40.6	2012 - 02	70～90	33.2
2011 - 10	110～130	37.8	2012 - 02	90～110	37.0
2011 - 10	130～150	40.0	2012 - 02	110～130	35.2
2011 - 11	0～10	114.9	2012 - 02	130～150	35.5

（续）

时间（年-月）	采样深度/cm	质量含水量/%	时间（年-月）	采样深度/cm	质量含水量/%
2012 - 03	0～10	69.9	2012 - 06	130～150	39.3
2012 - 03	10～20	71.2	2012 - 07	0～10	110.9
2012 - 03	20～30	49.4	2012 - 07	10～20	77.3
2012 - 03	30～40	50.5	2012 - 07	20～30	67.4
2012 - 03	40～50	41.1	2012 - 07	30～40	62.9
2012 - 03	50～70	35.5	2012 - 07	40～50	63.7
2012 - 03	70～90	34.7	2012 - 07	50～70	41.9
2012 - 03	90～110	35.0	2012 - 07	70～90	43.3
2012 - 03	110～130	52.5	2012 - 07	90～110	40.1
2012 - 03	130～150	34.7	2012 - 07	110～130	35.9
2012 - 04	0～10	64.9	2012 - 07	130～150	37.4
2012 - 04	10～20	56.0	2012 - 08	0～10	90.2
2012 - 04	20～30	46.8	2012 - 08	10～20	60.5
2012 - 04	30～40	46.8	2012 - 08	20～30	64.9
2012 - 04	40～50	38.2	2012 - 08	30～40	62.3
2012 - 04	50～70	34.5	2012 - 08	40～50	47.7
2012 - 04	70～90	33.9	2012 - 08	50～70	48.0
2012 - 04	90～110	34.9	2012 - 08	70～90	41.1
2012 - 04	110～130	43.9	2012 - 08	90～110	40.1
2012 - 04	130～150	34.2	2012 - 08	110～130	38.5
2012 - 05	0～10	54.2	2012 - 08	130～150	39.6
2012 - 05	10～20	47.7	2012 - 09	0～10	123.1
2012 - 05	20～30	40.4	2012 - 09	10～20	94.3
2012 - 05	30～40	34.4	2012 - 09	20～30	81.9
2012 - 05	40～50	34.4	2012 - 09	30～40	79.2
2012 - 05	50～70	34.5	2012 - 09	40～50	72.1
2012 - 05	70～90	41.0	2012 - 09	50～70	63.9
2012 - 05	90～110	32.0	2012 - 09	70～90	41.4
2012 - 05	110～130	28.7	2012 - 09	90～110	40.6
2012 - 05	130～150	28.2	2012 - 09	110～130	40.4
2012 - 06	0～10	112.2	2012 - 09	130～150	37.4
2012 - 06	10～20	83.4	2012 - 10	0～10	118.1
2012 - 06	20～30	56.4	2012 - 10	10～20	90.0
2012 - 06	30～40	54.8	2012 - 10	20～30	75.7
2012 - 06	40～50	60.3	2012 - 10	30～40	69.1
2012 - 06	50～70	53.9	2012 - 10	40～50	61.3
2012 - 06	70～90	43.6	2012 - 10	50～70	54.0
2012 - 06	90～110	42.4	2012 - 10	70～90	41.7
2012 - 06	110～130	43.9	2012 - 10	90～110	38.5

（续）

时间（年-月）	采样深度/cm	质量含水量/%	时间（年-月）	采样深度/cm	质量含水量/%
2012 - 10	110～130	39.2	2013 - 02	90～110	32.1
2012 - 10	130～150	37.4	2013 - 02	110～130	31.8
2012 - 11	0～10	90.5	2013 - 02	130～150	31.8
2012 - 11	10～20	73.2	2013 - 03	0～10	51.9
2012 - 11	20～30	56.8	2013 - 03	10～20	54.0
2012 - 11	30～40	64.2	2013 - 03	20～30	50.7
2012 - 11	40～50	58.9	2013 - 03	30～40	45.2
2012 - 11	50～70	45.2	2013 - 03	40～50	43.0
2012 - 11	70～90	37.1	2013 - 03	50～70	33.7
2012 - 11	90～110	29.1	2013 - 03	70～90	31.9
2012 - 11	110～130	35.7	2013 - 03	90～110	33.9
2012 - 11	130～150	36.5	2013 - 03	110～130	34.3
2012 - 12	0～10	79.9	2013 - 03	130～150	32.1
2012 - 12	10～20	68.1	2013 - 04	0～10	42.1
2012 - 12	20～30	61.9	2013 - 04	10～20	36.8
2012 - 12	30～40	52.1	2013 - 04	20～30	35.5
2012 - 12	40～50	49.8	2013 - 04	30～40	35.5
2012 - 12	50～70	40.4	2013 - 04	40～50	33.8
2012 - 12	70～90	36.9	2013 - 04	50～70	30.2
2012 - 12	90～110	34.8	2013 - 04	70～90	28.9
2012 - 12	110～130	35.1	2013 - 04	90～110	29.0
2012 - 12	130～150	35.9	2013 - 04	110～130	27.4
2013 - 01	0～10	64.3	2013 - 04	130～150	28.6
2013 - 01	10～20	59.6	2013 - 05	0～10	50.8
2013 - 01	20～30	51.9	2013 - 05	10～20	47.5
2013 - 01	30～40	48.1	2013 - 05	20～30	47.5
2013 - 01	40～50	38.6	2013 - 05	30～40	45.0
2013 - 01	50～70	34.3	2013 - 05	40～50	41.1
2013 - 01	70～90	34.7	2013 - 05	50～70	32.9
2013 - 01	90～110	35.2	2013 - 05	70～90	35.5
2013 - 01	110～130	33.2	2013 - 05	90～110	32.1
2013 - 01	130～150	34.4	2013 - 05	110～130	31.7
2013 - 02	0～10	59.8	2013 - 05	130～150	30.9
2013 - 02	10～20	48.4	2013 - 06	0～10	72.6
2013 - 02	20～30	46.0	2013 - 06	10～20	59.3
2013 - 02	30～40	41.8	2013 - 06	20～30	56.4
2013 - 02	40～50	35.5	2013 - 06	30～40	49.1
2013 - 02	50～70	34.3	2013 - 06	40～50	49.7
2013 - 02	70～90	32.8	2013 - 06	50～70	36.0

（续）

时间（年-月）	采样深度/cm	质量含水量/%	时间（年-月）	采样深度/cm	质量含水量/%
2013 - 06	70~90	41.4	2013 - 10	50~70	44.3
2013 - 06	90~110	35.6	2013 - 10	70~90	45.1
2013 - 06	110~130	35.7	2013 - 10	90~110	39.1
2013 - 06	130~150	36.4	2013 - 10	110~130	37.6
2013 - 07	0~10	90.5	2013 - 10	130~150	37.1
2013 - 07	10~20	72.0	2013 - 11	0~10	95.9
2013 - 07	20~30	61.5	2013 - 11	10~20	72.7
2013 - 07	30~40	58.2	2013 - 11	20~30	60.0
2013 - 07	40~50	56.5	2013 - 11	30~40	56.1
2013 - 07	50~70	40.4	2013 - 11	40~50	50.0
2013 - 07	70~90	44.5	2013 - 11	50~70	37.4
2013 - 07	90~110	40.2	2013 - 11	70~90	43.6
2013 - 07	110~130	37.4	2013 - 11	90~110	35.1
2013 - 07	130~150	36.6	2013 - 11	110~130	35.5
2013 - 08	0~10	92.1	2013 - 11	130~150	35.6
2013 - 08	10~20	70.2	2013 - 12	0~10	114.0
2013 - 08	20~30	64.8	2013 - 12	10~20	77.0
2013 - 08	30~40	64.6	2013 - 12	20~30	61.0
2013 - 08	40~50	20.9	2013 - 12	30~40	53.0
2013 - 08	50~70	43.8	2013 - 12	40~50	51.9
2013 - 08	70~90	34.8	2013 - 12	50~70	42.1
2013 - 08	90~110	46.2	2013 - 12	70~90	46.8
2013 - 08	110~130	32.0	2013 - 12	90~110	37.0
2013 - 08	130~150	37.7	2013 - 12	110~130	35.7
2013 - 09	0~10	104.8	2013 - 12	130~150	37.4
2013 - 09	10~20	74.9	2014 - 01	0~10	85.4
2013 - 09	20~30	68.8	2014 - 01	10~20	64.2
2013 - 09	30~40	62.2	2014 - 01	20~30	59.2
2013 - 09	40~50	61.6	2014 - 01	30~40	53.1
2013 - 09	50~70	52.8	2014 - 01	40~50	46.6
2013 - 09	70~90	41.4	2014 - 01	50~70	34.3
2013 - 09	90~110	44.4	2014 - 01	70~90	37.4
2013 - 09	110~130	41.7	2014 - 01	90~110	37.2
2013 - 09	130~150	39.3	2014 - 01	110~130	34.8
2013 - 10	0~10	102.4	2014 - 01	130~150	35.1
2013 - 10	10~20	78.4	2014 - 02	0~10	53.9
2013 - 10	20~30	71.0	2014 - 02	10~20	52.6
2013 - 10	30~40	59.0	2014 - 02	20~30	50.0
2013 - 10	40~50	53.0	2014 - 02	30~40	45.8

（续）

时间（年-月）	采样深度/cm	质量含水量/%	时间（年-月）	采样深度/cm	质量含水量/%
2014 - 02	40～50	43.8	2014 - 06	30～40	63.1
2014 - 02	50～70	39.8	2014 - 06	40～50	55.1
2014 - 02	70～90	32.0	2014 - 06	50～70	43.7
2014 - 02	90～110	33.9	2014 - 06	70～90	43.9
2014 - 02	110～130	32.9	2014 - 06	90～110	41.0
2014 - 02	130～150	34.0	2014 - 06	110～130	38.6
2014 - 03	0～10	65.9	2014 - 06	130～150	38.5
2014 - 03	10～20	54.4	2014 - 07	0～10	89.8
2014 - 03	20～30	46.7	2014 - 07	10～20	77.7
2014 - 03	30～40	43.5	2014 - 07	20～30	70.4
2014 - 03	40～50	43.9	2014 - 07	30～40	65.0
2014 - 03	50～70	—	2014 - 07	40～50	58.6
2014 - 03	70～90	31.2	2014 - 07	50～70	45.8
2014 - 03	90～110	32.5	2014 - 07	70～90	45.4
2014 - 03	110～130	34.1	2014 - 07	90～110	44.5
2014 - 03	130～150	34.2	2014 - 07	110～130	43.0
2014 - 04	0～10	50.0	2014 - 07	130～150	41.9
2014 - 04	10～20	40.4	2014 - 08	0～10	101.8
2014 - 04	20～30	40.1	2014 - 08	10～20	69.7
2014 - 04	30～40	35.5	2014 - 08	20～30	63.1
2014 - 04	40～50	35.5	2014 - 08	30～40	60.3
2014 - 04	50～70	35.6	2014 - 08	40～50	62.7
2014 - 04	70～90	31.2	2014 - 08	50～70	53.6
2014 - 04	90～110	30.2	2014 - 08	70～90	43.5
2014 - 04	110～130	31.9	2014 - 08	90～110	47.3
2014 - 04	130～150	32.7	2014 - 08	110～130	42.6
2014 - 05	0～10	49.7	2014 - 08	130～150	39.6
2014 - 05	10～20	53.1	2014 - 09	0～10	94.7
2014 - 05	20～30	49.3	2014 - 09	10～20	65.8
2014 - 05	30～40	50.9	2014 - 09	20～30	68.2
2014 - 05	40～50	49.0	2014 - 09	30～40	61.3
2014 - 05	50～70	36.8	2014 - 09	40～50	56.4
2014 - 05	70～90	40.9	2014 - 09	50～70	48.8
2014 - 05	90～110	37.4	2014 - 09	70～90	39.6
2014 - 05	110～130	36.0	2014 - 09	90～110	42.5
2014 - 05	130～150	34.5	2014 - 09	110～130	38.4
2014 - 06	0～10	67.0	2014 - 09	130～150	36.6
2014 - 06	10～20	62.5	2014 - 10	0～10	137.7
2014 - 06	20～30	58.4	2014 - 10	10～20	87.2

（续）

时间（年-月）	采样深度/cm	质量含水量/%	时间（年-月）	采样深度/cm	质量含水量/%
2014 - 10	20～30	71.2	2015 - 02	10～20	75.0
2014 - 10	30～40	67.8	2015 - 02	20～30	68.4
2014 - 10	40～50	58.0	2015 - 02	30～40	66.1
2014 - 10	50～70	46.1	2015 - 02	40～50	62.7
2014 - 10	70～90	37.1	2015 - 02	50～70	58.3
2014 - 10	90～110	41.5	2015 - 02	70～90	48.8
2014 - 10	110～130	38.6	2015 - 02	90～110	38.3
2014 - 10	130～150	36.4	2015 - 02	110～130	38.8
2014 - 11	0～10	78.0	2015 - 02	130～150	37.3
2014 - 11	10～20	65.4	2015 - 03	0～10	53.9
2014 - 11	20～30	61.9	2015 - 03	10～20	55.6
2014 - 11	30～40	54.5	2015 - 03	20～30	51.4
2014 - 11	40～50	49.1	2015 - 03	30～40	51.7
2014 - 11	50～70	48.4	2015 - 03	40～50	47.9
2014 - 11	70～90	44.1	2015 - 03	50～70	37.2
2014 - 11	90～110	40.3	2015 - 03	70～90	31.3
2014 - 11	110～130	40.8	2015 - 03	90～110	30.8
2014 - 11	130～150	37.9	2015 - 03	110～130	30.5
2014 - 12	0～10	85.1	2015 - 03	130～150	34.7
2014 - 12	10～20	68.1	2015 - 04	0～10	54.7
2014 - 12	20～30	61.2	2015 - 04	10～20	49.5
2014 - 12	30～40	57.9	2015 - 04	20～30	48.2
2014 - 12	40～50	52.9	2015 - 04	30～40	37.9
2014 - 12	50～70	44.3	2015 - 04	40～50	46.7
2014 - 12	70～90	43.7	2015 - 04	50～70	37.3
2014 - 12	90～110	34.6	2015 - 04	70～90	30.1
2014 - 12	110～130	37.6	2015 - 04	90～110	29.7
2014 - 12	130～150	35.7	2015 - 04	110～130	31.5
2015 - 01	0～10	85.4	2015 - 04	130～150	33.6
2015 - 01	10～20	64.2	2015 - 05	0～10	58.9
2015 - 01	20～30	59.2	2015 - 05	10～20	59.0
2015 - 01	30～40	53.1	2015 - 05	20～30	57.9
2015 - 01	40～50	46.6	2015 - 05	30～40	54.0
2015 - 01	50～70	34.3	2015 - 05	40～50	49.8
2015 - 01	70～90	37.4	2015 - 05	50～70	42.6
2015 - 01	90～110	37.2	2015 - 05	70～90	35.6
2015 - 01	110～130	34.8	2015 - 05	90～110	31.9
2015 - 01	130～150	35.1	2015 - 05	110～130	32.1
2015 - 02	0～10	108.1	2015 - 05	130～150	35.0

（续）

时间（年-月）	采样深度/cm	质量含水量/%	时间（年-月）	采样深度/cm	质量含水量/%
2015 - 06	0～10	53.2	2015 - 09	50～70	66.0
2015 - 06	10～20	—	2015 - 09	70～90	44.1
2015 - 06	20～30	69.1	2015 - 09	90～110	46.0
2015 - 06	30～40	69.8	2015 - 09	110～130	42.7
2015 - 06	40～50	69.4	2015 - 09	130～150	41.3
2015 - 06	50～70	60.8	2015 - 10	0～10	110.8
2015 - 06	70～90	57.9	2015 - 10	10～20	101.4
2015 - 06	90～110	43.5	2015 - 10	20～30	77.4
2015 - 06	110～130	37.8	2015 - 10	30～40	83.5
2015 - 06	130～150	39.1	2015 - 10	40～50	83.2
2015 - 07	0～10	78.7	2015 - 10	50～70	65.2
2015 - 07	10～20	97.7	2015 - 10	70～90	42.9
2015 - 07	20～30	81.1	2015 - 10	90～110	43.5
2015 - 07	30～40	76.5	2015 - 10	110～130	42.0
2015 - 07	40～50	73.5	2015 - 10	130～150	41.2
2015 - 07	50～70	69.0	2015 - 11	0～10	94.0
2015 - 07	70～90	54.5	2015 - 11	10～20	118.3
2015 - 07	90～110	42.4	2015 - 11	20～30	84.0
2015 - 07	110～130	40.1	2015 - 11	30～40	78.2
2015 - 07	130～150	39.8	2015 - 11	40～50	73.6
2015 - 08	0～10	84.2	2015 - 11	50～70	66.3
2015 - 08	10～20	93.5	2015 - 11	70～90	45.2
2015 - 08	20～30	80.2	2015 - 11	90～110	41.3
2015 - 08	30～40	71.4	2015 - 11	110～130	39.4
2015 - 08	40～50	56.5	2015 - 11	130～150	39.8
2015 - 08	50～70	52.4	2015 - 12	0～10	129.3
2015 - 08	70～90	44.2	2015 - 12	10～20	103.9
2015 - 08	90～110	42.7	2015 - 12	20～30	89.9
2015 - 08	110～130	41.9	2015 - 12	30～40	74.4
2015 - 08	130～150	41.3	2015 - 12	40～50	67.7
2015 - 09	0～10	125.0	2015 - 12	50～70	55.6
2015 - 09	10～20	107.7	2015 - 12	70～90	40.0
2015 - 09	20～30	87.3	2015 - 12	90～110	39.4
2015 - 09	30～40	77.2	2015 - 12	110～130	35.9
2015 - 09	40～50	75.7	2015 - 12	130～150	37.2

表 3 - 79　滇南山杨次生林辅助长期观测样地森林生态系统烘干法土壤含水量

时间（年-月）	采样深度/cm	质量含水量/%	时间（年-月）	采样深度/cm	质量含水量/%
2008 - 01	0～10	75.0	2008 - 04	110～130	42.0
2008 - 01	10～20	76.0	2008 - 04	130～150	32.0
2008 - 01	20～30	71.0	2008 - 05	0～10	91.0
2008 - 01	30～40	78.0	2008 - 05	10～20	81.0
2008 - 01	40～50	71.0	2008 - 05	20～30	77.0
2008 - 01	50～70	40.0	2008 - 05	30～40	87.0
2008 - 01	70～90	40.0	2008 - 05	40～50	82.0
2008 - 01	90～110	36.0	2008 - 05	50～70	29.0
2008 - 01	110～130	38.0	2008 - 05	70～90	33.0
2008 - 01	130～150	52.0	2008 - 05	90～110	44.0
2008 - 02	0～10	85.0	2008 - 05	110～130	37.0
2008 - 02	10～20	72.0	2008 - 05	130～150	37.0
2008 - 02	20～30	75.0	2008 - 06	0～10	95.0
2008 - 02	30～40	134.0	2008 - 06	10～20	89.0
2008 - 02	40～50	76.0	2008 - 06	20～30	81.0
2008 - 02	50～70	49.0	2008 - 06	30～40	132.0
2008 - 02	70～90	35.0	2008 - 06	40～50	85.0
2008 - 02	90～110	49.0	2008 - 06	50～70	61.0
2008 - 02	110～130	36.0	2008 - 06	70～90	41.0
2008 - 02	130～150	32.0	2008 - 06	90～110	57.0
2008 - 03	0～10	81.0	2008 - 06	110～130	38.0
2008 - 03	10～20	76.0	2008 - 06	130～150	39.0
2008 - 03	20～30	75.0	2008 - 07	0～10	137.0
2008 - 03	30～40	81.0	2008 - 07	10～20	91.0
2008 - 03	40～50	77.0	2008 - 07	20～30	92.0
2008 - 03	50～70	45.0	2008 - 07	30～40	99.0
2008 - 03	70～90	31.0	2008 - 07	40～50	71.0
2008 - 03	90～110	41.0	2008 - 07	50～70	43.0
2008 - 03	110～130	41.0	2008 - 07	70～90	41.0
2008 - 03	130～150	40.0	2008 - 07	90～110	54.0
2008 - 04	0～10	54.0	2008 - 07	110～130	41.0
2008 - 04	10～20	61.0	2008 - 07	130～150	40.0
2008 - 04	20～30	55.0	2008 - 08	0～10	87.0
2008 - 04	30～40	60.0	2008 - 08	10～20	80.0
2008 - 04	40～50	67.0	2008 - 08	20～30	81.0
2008 - 04	50～70	51.0	2008 - 08	30～40	91.0
2008 - 04	70～90	28.0	2008 - 08	40～50	63.0
2008 - 04	90～110	38.0	2008 - 08	50～70	33.0

（续）

时间（年-月）	采样深度/cm	质量含水量/%	时间（年-月）	采样深度/cm	质量含水量/%
2008 - 08	70～90	28.0	2008 - 12	50～70	56.0
2008 - 08	90～110	49.0	2008 - 12	70～90	50.0
2008 - 08	110～130	35.0	2008 - 12	90～110	41.0
2008 - 08	130～150	54.0	2008 - 12	110～130	29.0
2008 - 09	0～10	93.0	2008 - 12	130～150	30.0
2008 - 09	10～20	85.0	2009 - 01	0～10	88.5
2008 - 09	20～30	83.0	2009 - 01	10～20	85.0
2008 - 09	30～40	108.0	2009 - 01	20～30	81.6
2008 - 09	40～50	70.0	2009 - 01	30～40	87.5
2008 - 09	50～70	49.0	2009 - 01	40～50	91.5
2008 - 09	70～90	52.0	2009 - 01	50～70	57.3
2008 - 09	90～110	37.0	2009 - 01	70～90	36.8
2008 - 09	110～130	34.0	2009 - 01	90～110	55.6
2008 - 09	130～150	31.0	2009 - 01	110～130	40.9
2008 - 10	0～10	92.0	2009 - 01	130～150	39.1
2008 - 10	10～20	86.0	2009 - 02	0～10	72.2
2008 - 10	20～30	80.0	2009 - 02	10～20	71.6
2008 - 10	30～40	121.0	2009 - 02	20～30	84.4
2008 - 10	40～50	87.0	2009 - 02	30～40	115.0
2008 - 10	50～70	54.0	2009 - 02	40～50	64.4
2008 - 10	70～90	59.0	2009 - 02	50～70	48.2
2008 - 10	90～110	49.0	2009 - 02	70～90	43.5
2008 - 10	110～130	34.0	2009 - 02	90～110	48.0
2008 - 10	130～150	34.0	2009 - 02	110～130	37.1
2008 - 11	0～10	92.0	2009 - 02	130～150	30.7
2008 - 11	10～20	86.0	2009 - 03	0～10	51.3
2008 - 11	20～30	78.0	2009 - 03	10～20	55.9
2008 - 11	30～40	83.0	2009 - 03	20～30	54.1
2008 - 11	40～50	85.0	2009 - 03	30～40	60.3
2008 - 11	50～70	58.0	2009 - 03	40～50	60.5
2008 - 11	70～90	37.0	2009 - 03	50～70	45.6
2008 - 11	90～110	54.0	2009 - 03	70～90	34.7
2008 - 11	110～130	46.0	2009 - 03	90～110	45.6
2008 - 11	130～150	33.0	2009 - 03	110～130	38.8
2008 - 12	0～10	86.0	2009 - 03	130～150	30.5
2008 - 12	10～20	80.0	2009 - 04	0～10	69.6
2008 - 12	20～30	76.0	2009 - 04	10～20	71.4
2008 - 12	30～40	91.0	2009 - 04	20～30	70.3
2008 - 12	40～50	61.0	2009 - 04	30～40	64.3

（续）

时间（年-月）	采样深度/cm	质量含水量/%	时间（年-月）	采样深度/cm	质量含水量/%
2009 - 04	40～50	67.0	2009 - 08	30～40	96.4
2009 - 04	50～70	45.2	2009 - 08	40～50	79.6
2009 - 04	70～90	33.1	2009 - 08	50～70	61.4
2009 - 04	90～110	45.5	2009 - 08	70～90	52.6
2009 - 04	110～130	49.5	2009 - 08	90～110	56.1
2009 - 04	130～150	22.9	2009 - 08	110～130	39.9
2009 - 05	0～10	86.7	2009 - 08	130～150	37.3
2009 - 05	10～20	73.4	2009 - 09	0～10	82.0
2009 - 05	20～30	—	2009 - 09	10～20	73.1
2009 - 05	30～40	77.2	2009 - 09	20～30	76.7
2009 - 05	40～50	72.6	2009 - 09	30～40	79.0
2009 - 05	50～70	54.4	2009 - 09	40～50	60.4
2009 - 05	70～90	45.2	2009 - 09	50～70	54.4
2009 - 05	90～110	42.1	2009 - 09	70～90	60.9
2009 - 05	110～130	41.0	2009 - 09	90～110	48.5
2009 - 05	130～150	30.4	2009 - 09	110～130	37.2
2009 - 06	0～10	94.3	2009 - 09	130～150	36.0
2009 - 06	10～20	86.7	2009 - 10	0～10	87.0
2009 - 06	20～30	80.3	2009 - 10	10～20	79.1
2009 - 06	30～40	84.3	2009 - 10	20～30	99.3
2009 - 06	40～50	63.6	2009 - 10	30～40	91.4
2009 - 06	50～70	54.4	2009 - 10	40～50	65.8
2009 - 06	70～90	56.4	2009 - 10	50～70	60.8
2009 - 06	90～110	53.9	2009 - 10	70～90	59.0
2009 - 06	110～130	44.0	2009 - 10	90～110	49.6
2009 - 06	130～150	35.4	2009 - 10	110～130	39.3
2009 - 07	0～10	88.0	2009 - 10	130～150	31.3
2009 - 07	10～20	85.6	2009 - 11	0～10	73.8
2009 - 07	20～30	81.6	2009 - 11	10～20	70.8
2009 - 07	30～40	83.0	2009 - 11	20～30	60.9
2009 - 07	40～50	65.2	2009 - 11	30～40	80.9
2009 - 07	50～70	57.1	2009 - 11	40～50	60.3
2009 - 07	70～90	59.7	2009 - 11	50～70	51.6
2009 - 07	90～110	54.5	2009 - 11	70～90	48.1
2009 - 07	110～130	44.8	2009 - 11	90～110	57.0
2009 - 07	130～150	35.2	2009 - 11	110～130	40.2
2009 - 08	0～10	94.8	2009 - 11	130～150	30.6
2009 - 08	10～20	77.8	2009 - 12	0～10	79.9
2009 - 08	20～30	79.3	2009 - 12	10～20	75.8

（续）

时间（年-月）	采样深度/cm	质量含水量/%	时间（年-月）	采样深度/cm	质量含水量/%
2009 - 12	20～30	74.0	2010 - 04	10～20	58.1
2009 - 12	30～40	73.0	2010 - 04	20～30	55.8
2009 - 12	40～50	63.3	2010 - 04	30～40	51.8
2009 - 12	50～70	50.3	2010 - 04	40～50	43.9
2009 - 12	70～90	54.5	2010 - 04	50～70	37.7
2009 - 12	90～110	50.3	2010 - 04	70～90	40.8
2009 - 12	110～130	35.7	2010 - 04	90～110	39.9
2009 - 12	130～150	34.0	2010 - 04	110～130	33.4
2010 - 01	0～10	66.8	2010 - 04	130～150	27.1
2010 - 01	10～20	65.1	2010 - 05	0～10	43.2
2010 - 01	20～30	60.8	2010 - 05	10～20	53.6
2010 - 01	30～40	65.6	2010 - 05	20～30	50.9
2010 - 01	40～50	49.8	2010 - 05	30～40	40.3
2010 - 01	50～70	48.7	2010 - 05	40～50	40.0
2010 - 01	70～90	48.4	2010 - 05	50～70	38.4
2010 - 01	90～110	44.6	2010 - 05	70～90	37.0
2010 - 01	110～130	34.5	2010 - 05	90～110	39.4
2010 - 01	130～150	29.1	2010 - 05	110～130	72.6
2010 - 02	0～10	54.7	2010 - 05	130～150	28.3
2010 - 02	10～20	57.2	2010 - 06	0～10	90.5
2010 - 02	20～30	60.2	2010 - 06	10～20	82.9
2010 - 02	30～40	58.8	2010 - 06	20～30	86.4
2010 - 02	40～50	44.3	2010 - 06	30～40	72.3
2010 - 02	50～70	41.3	2010 - 06	40～50	59.4
2010 - 02	70～90	37.3	2010 - 06	50～70	56.3
2010 - 02	90～110	37.2	2010 - 06	70～90	59.1
2010 - 02	110～130	31.3	2010 - 06	90～110	48.3
2010 - 02	130～150	29.0	2010 - 06	110～130	45.8
2010 - 03	0～10	42.0	2010 - 06	130～150	30.4
2010 - 03	10～20	47.3	2010 - 07	0～10	76.0
2010 - 03	20～30	51.3	2010 - 07	10～20	74.8
2010 - 03	30～40	46.1	2010 - 07	20～30	76.4
2010 - 03	40～50	41.4	2010 - 07	30～40	71.9
2010 - 03	50～70	36.9	2010 - 07	40～50	54.5
2010 - 03	70～90	37.7	2010 - 07	50～70	51.7
2010 - 03	90～110	39.8	2010 - 07	70～90	48.0
2010 - 03	110～130	37.3	2010 - 07	90～110	50.3
2010 - 03	130～150	26.8	2010 - 07	110～130	41.0
2010 - 04	0～10	55.2	2010 - 07	130～150	25.8

（续）

时间（年-月）	采样深度/cm	质量含水量/%	时间（年-月）	采样深度/cm	质量含水量/%
2010 - 08	0~10	94.1	2010 - 11	130~150	34.1
2010 - 08	10~20	83.1	2010 - 12	0~10	87.1
2010 - 08	20~30	79.1	2010 - 12	10~20	87.0
2010 - 08	30~40	85.4	2010 - 12	20~30	80.8
2010 - 08	40~50	72.6	2010 - 12	30~40	70.9
2010 - 08	50~70	47.6	2010 - 12	40~50	55.1
2010 - 08	70~90	34.5	2010 - 12	50~70	53.5
2010 - 08	90~110	51.8	2010 - 12	70~90	54.9
2010 - 08	110~130	41.1	2010 - 12	90~110	33.3
2010 - 08	130~150	34.9	2010 - 12	110~130	34.8
2010 - 09	0~10	90.3	2010 - 12	130~150	34.2
2010 - 09	10~20	80.6	2011 - 01	0~10	88.8
2010 - 09	20~30	77.9	2011 - 01	10~20	85.1
2010 - 09	30~40	75.6	2011 - 01	20~30	84.2
2010 - 09	40~50	71.7	2011 - 01	30~40	64.2
2010 - 09	50~70	55.6	2011 - 01	40~50	65.9
2010 - 09	70~90	35.4	2011 - 01	50~70	54.5
2010 - 09	90~110	50.8	2011 - 01	70~90	55.7
2010 - 09	110~130	38.3	2011 - 01	90~110	44.4
2010 - 09	130~150	29.0	2011 - 01	110~130	36.0
2010 - 10	0~10	98.4	2011 - 01	130~150	32.0
2010 - 10	10~20	85.0	2011 - 02	0~10	78.9
2010 - 10	20~30	88.4	2011 - 02	10~20	74.9
2010 - 10	30~40	75.0	2011 - 02	20~30	83.9
2010 - 10	40~50	55.9	2011 - 02	30~40	59.9
2010 - 10	50~70	53.5	2011 - 02	40~50	53.6
2010 - 10	70~90	56.0	2011 - 02	50~70	51.2
2010 - 10	90~110	59.0	2011 - 02	70~90	51.6
2010 - 10	110~130	32.1	2011 - 02	90~110	46.7
2010 - 10	130~150	42.6	2011 - 02	110~130	40.3
2010 - 11	0~10	82.0	2011 - 02	130~150	28.0
2010 - 11	10~20	83.1	2011 - 03	0~10	72.9
2010 - 11	20~30	81.4	2011 - 03	10~20	65.3
2010 - 11	30~40	72.6	2011 - 03	20~30	61.8
2010 - 11	40~50	63.8	2011 - 03	30~40	44.0
2010 - 11	50~70	51.6	2011 - 03	40~50	47.6
2010 - 11	70~90	53.9	2011 - 03	50~70	45.2
2010 - 11	90~110	45.5	2011 - 03	70~90	51.0
2010 - 11	110~130	36.6	2011 - 03	90~110	45.6

（续）

时间（年-月）	采样深度/cm	质量含水量/%	时间（年-月）	采样深度/cm	质量含水量/%
2011 - 03	110～130	32.1	2011 - 07	90～110	57.3
2011 - 03	130～150	34.2	2011 - 07	110～130	42.2
2011 - 04	0～10	56.1	2011 - 07	130～150	30.6
2011 - 04	10～20	60.8	2011 - 08	0～10	102.1
2011 - 04	20～30	59.0	2011 - 08	10～20	89.3
2011 - 04	30～40	42.9	2011 - 08	20～30	90.6
2011 - 04	40～50	42.4	2011 - 08	30～40	65.8
2011 - 04	50～70	40.8	2011 - 08	40～50	55.7
2011 - 04	70～90	47.1	2011 - 08	50～70	58.2
2011 - 04	90～110	42.8	2011 - 08	70～90	62.9
2011 - 04	110～130	31.9	2011 - 08	90～110	57.5
2011 - 04	130～150	35.0	2011 - 08	110～130	43.5
2011 - 05	0～10	92.1	2011 - 08	130～150	42.1
2011 - 05	10～20	111.7	2011 - 09	0～10	96.6
2011 - 05	20～30	82.5	2011 - 09	10～20	96.5
2011 - 05	30～40	79.8	2011 - 09	20～30	87.8
2011 - 05	40～50	52.5	2011 - 09	30～40	90.2
2011 - 05	50～70	53.2	2011 - 09	40～50	68.8
2011 - 05	70～90	56.2	2011 - 09	50～70	65.1
2011 - 05	90～110	52.7	2011 - 09	70～90	57.9
2011 - 05	110～130	41.1	2011 - 09	90～110	59.5
2011 - 05	130～150	37.7	2011 - 09	110～130	49.4
2011 - 06	0～10	93.6	2011 - 09	130～150	36.6
2011 - 06	10～20	81.6	2011 - 10	0～10	87.2
2011 - 06	20～30	72.2	2011 - 10	10～20	86.7
2011 - 06	30～40	58.3	2011 - 10	20～30	83.1
2011 - 06	40～50	56.4	2011 - 10	30～40	74.7
2011 - 06	50～70	54.1	2011 - 10	40～50	65.0
2011 - 06	70～90	59.2	2011 - 10	50～70	53.8
2011 - 06	90～110	57.3	2011 - 10	70～90	51.1
2011 - 06	110～130	37.3	2011 - 10	90～110	45.0
2011 - 06	130～150	37.4	2011 - 10	110～130	38.5
2011 - 07	0～10	97.2	2011 - 10	130～150	34.5
2011 - 07	10～20	86.1	2011 - 11	0～10	106.8
2011 - 07	20～30	89.2	2011 - 11	10～20	88.8
2011 - 07	30～40	80.8	2011 - 11	20～30	83.2
2011 - 07	40～50	76.0	2011 - 11	30～40	57.5
2011 - 07	50～70	58.0	2011 - 11	40～50	61.0
2011 - 07	70～90	57.3	2011 - 11	50～70	56.3

（续）

时间（年-月）	采样深度/cm	质量含水量/%	时间（年-月）	采样深度/cm	质量含水量/%
2011 - 11	70～90	55.8	2012 - 03	50～70	43.7
2011 - 11	90～110	56.3	2012 - 03	70～90	43.2
2011 - 11	110～130	44.6	2012 - 03	90～110	45.6
2011 - 11	130～150	34.9	2012 - 03	110～130	44.3
2011 - 12	0～10	86.9	2012 - 03	130～150	29.2
2011 - 12	10～20	83.6	2012 - 04	0～10	60.0
2011 - 12	20～30	78.7	2012 - 04	10～20	60.6
2011 - 12	30～40	74.5	2012 - 04	20～30	56.8
2011 - 12	40～50	62.7	2012 - 04	30～40	56.0
2011 - 12	50～70	52.9	2012 - 04	40～50	38.8
2011 - 12	70～90	55.1	2012 - 04	50～70	43.7
2011 - 12	90～110	52.9	2012 - 04	70～90	41.2
2011 - 12	110～130	43.3	2012 - 04	90～110	42.0
2011 - 12	130～150	37.1	2012 - 04	110～130	42.2
2012 - 01	0～10	84.7	2012 - 04	130～150	29.5
2012 - 01	10～20	83.3	2012 - 05	0～10	52.1
2012 - 01	20～30	79.8	2012 - 05	10～20	51.7
2012 - 01	30～40	78.6	2012 - 05	20～30	51.5
2012 - 01	40～50	61.3	2012 - 05	30～40	49.6
2012 - 01	50～70	57.7	2012 - 05	40～50	39.0
2012 - 01	70～90	54.5	2012 - 05	50～70	41.8
2012 - 01	90～110	52.0	2012 - 05	70～90	39.6
2012 - 01	110～130	41.8	2012 - 05	90～110	39.4
2012 - 01	130～150	38.4	2012 - 05	110～130	40.2
2012 - 02	0～10	63.8	2012 - 05	130～150	30.8
2012 - 02	10～20	66.2	2012 - 06	0～10	96.6
2012 - 02	20～30	66.3	2012 - 06	10～20	88.6
2012 - 02	30～40	66.0	2012 - 06	20～30	84.1
2012 - 02	40～50	39.2	2012 - 06	30～40	82.2
2012 - 02	50～70	43.5	2012 - 06	40～50	51.1
2012 - 02	70～90	44.5	2012 - 06	50～70	63.6
2012 - 02	90～110	49.2	2012 - 06	70～90	54.2
2012 - 02	110～130	45.4	2012 - 06	90～110	58.8
2012 - 02	130～150	34.5	2012 - 06	110～130	51.0
2012 - 03	0～10	65.4	2012 - 06	130～150	40.0
2012 - 03	10～20	65.6	2012 - 07	0～10	80.8
2012 - 03	20～30	58.4	2012 - 07	10～20	80.6
2012 - 03	30～40	62.9	2012 - 07	20～30	84.7
2012 - 03	40～50	44.8	2012 - 07	30～40	86.5

（续）

时间（年-月）	采样深度/cm	质量含水量/%	时间（年-月）	采样深度/cm	质量含水量/%
2012 - 07	40～50	71.0	2012 - 11	30～40	60.0
2012 - 07	50～70	63.1	2012 - 11	40～50	55.7
2012 - 07	70～90	59.4	2012 - 11	50～70	55.2
2012 - 07	90～110	55.2	2012 - 11	70～90	54.4
2012 - 07	110～130	60.2	2012 - 11	90～110	46.1
2012 - 07	130～150	39.3	2012 - 11	110～130	41.4
2012 - 08	0～10	91.5	2012 - 11	130～150	33.5
2012 - 08	10～20	83.6	2012 - 12	0～10	71.6
2012 - 08	20～30	77.5	2012 - 12	10～20	72.2
2012 - 08	30～40	74.1	2012 - 12	20～30	64.9
2012 - 08	40～50	71.4	2012 - 12	30～40	54.1
2012 - 08	50～70	60.5	2012 - 12	40～50	60.0
2012 - 08	70～90	59.2	2012 - 12	50～70	50.4
2012 - 08	90～110	21.7	2012 - 12	70～90	50.4
2012 - 08	110～130	16.3	2012 - 12	90～110	46.4
2012 - 08	130～150	36.7	2012 - 12	110～130	34.8
2012 - 09	0～10	100.6	2012 - 12	130～150	31.0
2012 - 09	10～20	93.4	2013 - 01	0～10	57.3
2012 - 09	20～30	77.0	2013 - 01	10～20	62.6
2012 - 09	30～40	75.5	2013 - 01	20～30	52.5
2012 - 09	40～50	68.0	2013 - 01	30～40	37.2
2012 - 09	50～70	59.9	2013 - 01	40～50	42.2
2012 - 09	70～90	57.8	2013 - 01	50～70	44.7
2012 - 09	90～110	51.9	2013 - 01	70～90	44.7
2012 - 09	110～130	40.1	2013 - 01	90～110	40.5
2012 - 09	130～150	35.6	2013 - 01	110～130	33.3
2012 - 10	0～10	73.3	2013 - 01	130～150	33.5
2012 - 10	10～20	83.5	2013 - 02	0～10	47.6
2012 - 10	20～30	78.1	2013 - 02	10～20	50.2
2012 - 10	30～40	73.4	2013 - 02	20～30	37.2
2012 - 10	40～50	69.0	2013 - 02	30～40	32.4
2012 - 10	50～70	56.4	2013 - 02	40～50	36.4
2012 - 10	70～90	56.9	2013 - 02	50～70	38.6
2012 - 10	90～110	51.2	2013 - 02	70～90	39.2
2012 - 10	110～130	41.1	2013 - 02	90～110	39.8
2012 - 10	130～150	35.1	2013 - 02	110～130	32.8
2012 - 11	0～10	88.6	2013 - 02	130～150	28.4
2012 - 11	10～20	83.8	2013 - 03	0～10	55.9
2012 - 11	20～30	77.6	2013 - 03	10～20	14.4

（续）

时间（年-月）	采样深度/cm	质量含水量/%	时间（年-月）	采样深度/cm	质量含水量/%
2013 - 03	20～30	47.5	2013 - 07	10～20	70.6
2013 - 03	30～40	36.5	2013 - 07	20～30	65.9
2013 - 03	40～50	33.2	2013 - 07	30～40	68.5
2013 - 03	50～70	40.2	2013 - 07	40～50	53.7
2013 - 03	70～90	40.7	2013 - 07	50～70	50.5
2013 - 03	90～110	40.7	2013 - 07	70～90	50.7
2013 - 03	110～130	33.2	2013 - 07	90～110	46.6
2013 - 03	130～150	31.4	2013 - 07	110～130	42.8
2013 - 04	0～10	33.4	2013 - 07	130～150	38.7
2013 - 04	10～20	34.4	2013 - 08	0～10	78.3
2013 - 04	20～30	40.1	2013 - 08	10～20	78.7
2013 - 04	30～40	33.2	2013 - 08	20～30	70.0
2013 - 04	40～50	30.2	2013 - 08	30～40	75.3
2013 - 04	50～70	31.7	2013 - 08	40～50	64.8
2013 - 04	70～90	30.9	2013 - 08	50～70	50.5
2013 - 04	90～110	32.6	2013 - 08	70～90	54.4
2013 - 04	110～130	33.2	2013 - 08	90～110	41.9
2013 - 04	130～150	33.3	2013 - 08	110～130	43.3
2013 - 05	0～10	57.3	2013 - 08	130～150	37.3
2013 - 05	10～20	55.8	2013 - 09	0～10	82.4
2013 - 05	20～30	53.2	2013 - 09	10～20	75.5
2013 - 05	30～40	48.1	2013 - 09	20～30	68.6
2013 - 05	40～50	36.2	2013 - 09	30～40	68.1
2013 - 05	50～70	42.7	2013 - 09	40～50	50.2
2013 - 05	70～90	41.0	2013 - 09	50～70	64.4
2013 - 05	90～110	38.8	2013 - 09	70～90	48.9
2013 - 05	110～130	34.5	2013 - 09	90～110	53.7
2013 - 05	130～150	32.9	2013 - 09	110～130	47.6
2013 - 06	0～10	74.3	2013 - 09	130～150	38.4
2013 - 06	10～20	65.4	2013 - 10	0～10	77.6
2013 - 06	20～30	66.3	2013 - 10	10～20	79.9
2013 - 06	30～40	66.7	2013 - 10	20～30	67.8
2013 - 06	40～50	46.0	2013 - 10	30～40	67.1
2013 - 06	50～70	47.0	2013 - 10	40～50	56.7
2013 - 06	70～90	50.8	2013 - 10	50～70	43.4
2013 - 06	90～110	50.3	2013 - 10	70～90	51.4
2013 - 06	110～130	45.4	2013 - 10	90～110	54.5
2013 - 06	130～150	34.6	2013 - 10	110～130	42.5
2013 - 07	0～10	76.6	2013 - 10	130～150	39.4

（续）

时间（年-月）	采样深度/cm	质量含水量/%	时间（年-月）	采样深度/cm	质量含水量/%
2013 - 11	0～10	80.5	2014 - 02	130～150	34.1
2013 - 11	10～20	73.4	2014 - 03	0～10	32.9
2013 - 11	20～30	71.3	2014 - 03	10～20	28.5
2013 - 11	30～40	65.1	2014 - 03	20～30	21.3
2013 - 11	40～50	48.2	2014 - 03	30～40	23.3
2013 - 11	50～70	49.8	2014 - 03	40～50	24.1
2013 - 11	70～90	50.4	2014 - 03	50～70	21.7
2013 - 11	90～110	47.6	2014 - 03	70～90	21.3
2013 - 11	110～130	39.7	2014 - 03	90～110	28.0
2013 - 11	130～150	71.5	2014 - 03	110～130	20.5
2013 - 12	0～10	90.1	2014 - 03	130～150	22.4
2013 - 12	10～20	75.7	2014 - 04	0～10	26.2
2013 - 12	20～30	67.3	2014 - 04	10～20	27.1
2013 - 12	30～40	68.0	2014 - 04	20～30	22.7
2013 - 12	40～50	59.7	2014 - 04	30～40	19.4
2013 - 12	50～70	48.8	2014 - 04	40～50	17.6
2013 - 12	70～90	50.2	2014 - 04	50～70	12.1
2013 - 12	90～110	43.9	2014 - 04	70～90	15.2
2013 - 12	110～130	37.1	2014 - 04	90～110	11.7
2013 - 12	130～150	37.2	2014 - 04	110～130	23.0
2014 - 01	0～10	54.8	2014 - 04	130～150	19.7
2014 - 01	10～20	52.4	2014 - 05	0～10	22.2
2014 - 01	20～30	55.1	2014 - 05	10～20	25.3
2014 - 01	30～40	47.4	2014 - 05	20～30	33.5
2014 - 01	40～50	56.2	2014 - 05	30～40	38.0
2014 - 01	50～70	39.4	2014 - 05	40～50	24.4
2014 - 01	70～90	51.1	2014 - 05	50～70	35.2
2014 - 01	90～110	56.6	2014 - 05	70～90	38.6
2014 - 01	110～130	51.5	2014 - 05	90～110	34.2
2014 - 01	130～150	56.7	2014 - 05	110～130	25.0
2014 - 02	0～10	38.5	2014 - 05	130～150	32.0
2014 - 02	10～20	36.6	2014 - 06	0～10	72.5
2014 - 02	20～30	38.1	2014 - 06	10～20	62.4
2014 - 02	30～40	39.3	2014 - 06	20～30	57.4
2014 - 02	40～50	33.3	2014 - 06	30～40	48.4
2014 - 02	50～70	28.3	2014 - 06	40～50	49.4
2014 - 02	70～90	32.6	2014 - 06	50～70	52.7
2014 - 02	90～110	34.1	2014 - 06	70～90	47.8
2014 - 02	110～130	38.6	2014 - 06	90～110	44.4

（续）

时间（年-月）	采样深度/cm	质量含水量/%	时间（年-月）	采样深度/cm	质量含水量/%
2014 - 06	110～130	50.3	2014 - 10	90～110	59.0
2014 - 06	130～150	55.9	2014 - 10	110～130	83.2
2014 - 07	0～10	73.9	2014 - 10	130～150	80.7
2014 - 07	10～20	66.3	2014 - 11	0～10	49.2
2014 - 07	20～30	60.7	2014 - 11	10～20	61.0
2014 - 07	30～40	75.8	2014 - 11	20～30	58.9
2014 - 07	40～50	53.9	2014 - 11	30～40	65.1
2014 - 07	50～70	60.7	2014 - 11	40～50	56.1
2014 - 07	70～90	72.6	2014 - 11	50～70	53.2
2014 - 07	90～110	79.3	2014 - 11	70～90	56.7
2014 - 07	110～130	62.3	2014 - 11	90～110	59.6
2014 - 07	130～150	51.7	2014 - 11	110～130	51.8
2014 - 08	0～10	59.2	2014 - 11	130～150	61.5
2014 - 08	10～20	67.7	2014 - 12	0～10	74.0
2014 - 08	20～30	63.0	2014 - 12	10～20	59.2
2014 - 08	30～40	69.8	2014 - 12	20～30	57.3
2014 - 08	40～50	64.5	2014 - 12	30～40	99.6
2014 - 08	50～70	61.8	2014 - 12	40～50	54.0
2014 - 08	70～90	50.8	2014 - 12	50～70	59.5
2014 - 08	90～110	69.4	2014 - 12	70～90	59.2
2014 - 08	110～130	61.7	2014 - 12	90～110	51.2
2014 - 08	130～150	65.1	2014 - 12	110～130	56.1
2014 - 09	0～10	71.6	2014 - 12	130～150	73.0
2014 - 09	10～20	66.7	2015 - 01	0～10	54.8
2014 - 09	20～30	63.4	2015 - 01	10～20	52.4
2014 - 09	30～40	64.0	2015 - 01	20～30	55.1
2014 - 09	40～50	62.1	2015 - 01	30～40	47.4
2014 - 09	50～70	54.0	2015 - 01	40～50	56.2
2014 - 09	70～90	62.9	2015 - 01	50～70	39.4
2014 - 09	90～110	73.0	2015 - 01	70～90	51.1
2014 - 09	110～130	61.4	2015 - 01	90～110	56.6
2014 - 09	130～150	79.5	2015 - 01	110～130	51.5
2014 - 10	0～10	89.0	2015 - 01	130～150	56.7
2014 - 10	10～20	56.2	2015 - 02	0～10	60.7
2014 - 10	20～30	57.9	2015 - 02	10～20	63.7
2014 - 10	30～40	52.5	2015 - 02	20～30	57.4
2014 - 10	40～50	69.5	2015 - 02	30～40	60.9
2014 - 10	50～70	68.1	2015 - 02	40～50	76:3
2014 - 10	70～90	68.7	2015 - 02	50～70	51.0

（续）

时间（年-月）	采样深度/cm	质量含水量/%	时间（年-月）	采样深度/cm	质量含水量/%
2015 - 02	70～90	—	2015 - 06	50～70	53.2
2015 - 02	90～110	58.9	2015 - 06	70～90	47.9
2015 - 02	110～130	57.8	2015 - 06	90～110	53.2
2015 - 02	130～150	59.9	2015 - 06	110～130	48.5
2015 - 03	0～10	37.7	2015 - 06	130～150	55.0
2015 - 03	10～20	41.0	2015 - 07	0～10	76.2
2015 - 03	20～30	39.1	2015 - 07	10～20	60.5
2015 - 03	30～40	36.1	2015 - 07	20～30	64.3
2015 - 03	40～50	37.4	2015 - 07	30～40	70.2
2015 - 03	50～70	36.0	2015 - 07	40～50	72.2
2015 - 03	70～90	41.3	2015 - 07	50～70	62.7
2015 - 03	90～110	29.6	2015 - 07	70～90	57.2
2015 - 03	110～130	35.6	2015 - 07	90～110	59.0
2015 - 03	130～150	46.2	2015 - 07	110～130	66.9
2015 - 04	0～10	30.5	2015 - 07	130～150	75.7
2015 - 04	10～20	31.3	2015 - 08	0～10	114.2
2015 - 04	20～30	29.3	2015 - 08	10～20	70.8
2015 - 04	30～40	32.1	2015 - 08	20～30	72.3
2015 - 04	40～50	23.5	2015 - 08	30～40	70.8
2015 - 04	50～70	28.4	2015 - 08	40～50	64.0
2015 - 04	70～90	31.4	2015 - 08	50～70	63.6
2015 - 04	90～110	27.7	2015 - 08	70～90	65.4
2015 - 04	110～130	28.7	2015 - 08	90～110	70.1
2015 - 04	130～150	26.4	2015 - 08	110～130	63.7
2015 - 05	0～10	38.2	2015 - 08	130～150	66.3
2015 - 05	10～20	39.3	2015 - 09	0～10	65.1
2015 - 05	20～30	40.6	2015 - 09	10～20	64.3
2015 - 05	30～40	35.6	2015 - 09	20～30	57.1
2015 - 05	40～50	40.6	2015 - 09	30～40	65.2
2015 - 05	50～70	28.7	2015 - 09	40～50	66.0
2015 - 05	70～90	29.8	2015 - 09	50～70	58.6
2015 - 05	90～110	25.6	2015 - 09	70～90	55.7
2015 - 05	110～130	37.4	2015 - 09	90～110	67.3
2015 - 05	130～150	29.0	2015 - 09	110～130	66.5
2015 - 06	0～10	58.4	2015 - 09	130～150	60.1
2015 - 06	10～20	63.4	2015 - 10	0～10	60.2
2015 - 06	20～30	63.8	2015 - 10	10～20	46.4
2015 - 06	30～40	66.5	2015 - 10	20～30	51.4
2015 - 06	40～50	51.3	2015 - 10	30～40	67.4

（续）

时间（年-月）	采样深度/cm	质量含水量/%	时间（年-月）	采样深度/cm	质量含水量/%
2015 - 10	40~50	65.4	2015 - 11	90~110	57.9
2015 - 10	50~70	68.2	2015 - 11	110~130	57.3
2015 - 10	70~90	59.1	2015 - 11	130~150	61.0
2015 - 10	90~110	62.6	2015 - 12	0~10	56.7
2015 - 10	110~130	66.5	2015 - 12	10~20	62.1
2015 - 10	130~150	64.7	2015 - 12	20~30	73.0
2015 - 11	0~10	56.5	2015 - 12	30~40	63.8
2015 - 11	10~20	59.0	2015 - 12	40~50	64.8
2015 - 11	20~30	48.2	2015 - 12	50~70	64.9
2015 - 11	30~40	57.3	2015 - 12	70~90	61.9
2015 - 11	40~50	59.9	2015 - 12	90~110	68.4
2015 - 11	50~70	57.4	2015 - 12	110~130	64.7
2015 - 11	70~90	50.6	2015 - 12	130~150	60.7

表 3 - 80　山顶苔藓矮林辅助长期观测采样地森林生态系统烘干法土壤含水量

时间（年-月）	采样深度/cm	质量含水量/%	时间（年-月）	采样深度/cm	质量含水量/%
2008 - 01	0~10	66.0	2008 - 03	20~30	52.0
2008 - 01	10~20	69.0	2008 - 03	30~40	58.0
2008 - 01	20~30	66.0	2008 - 03	40~50	67.0
2008 - 01	30~40	71.0	2008 - 03	50~70	56.0
2008 - 01	40~50	66.0	2008 - 03	70~90	62.0
2008 - 01	50~70	67.0	2008 - 03	90~110	56.0
2008 - 01	70~90	55.0	2008 - 03	110~130	61.0
2008 - 01	90~110	64.0	2008 - 03	130~150	17.0
2008 - 01	110~130	54.0	2008 - 04	0~10	49.0
2008 - 01	130~150	15.0	2008 - 04	10~20	36.0
2008 - 02	0~10	58.0	2008 - 04	20~30	42.0
2008 - 02	10~20	66.0	2008 - 04	30~40	52.0
2008 - 02	20~30	62.0	2008 - 04	40~50	48.0
2008 - 02	30~40	59.0	2008 - 04	50~70	46.0
2008 - 02	40~50	80.0	2008 - 04	70~90	47.0
2008 - 02	50~70	72.0	2008 - 04	90~110	51.0
2008 - 02	70~90	58.0	2008 - 04	110~130	48.0
2008 - 02	90~110	60.0	2008 - 04	130~150	41.0
2008 - 02	110~130	51.0	2008 - 05	0~10	48.0
2008 - 02	130~150	43.0	2008 - 05	10~20	40.0
2008 - 03	0~10	56.0	2008 - 05	20~30	49.0
2008 - 03	10~20	60.0	2008 - 05	30~40	62.0

（续）

时间（年-月）	采样深度/cm	质量含水量/%	时间（年-月）	采样深度/cm	质量含水量/%
2008 - 05	40～50	67.0	2008 - 09	30～40	82.0
2008 - 05	50～70	67.0	2008 - 09	40～50	75.0
2008 - 05	70～90	56.0	2008 - 09	50～70	101.0
2008 - 05	90～110	27.0	2008 - 09	70～90	88.0
2008 - 05	110～130	58.0	2008 - 09	90～110	73.0
2008 - 05	130～150	24.0	2008 - 09	110～130	70.0
2008 - 06	0～10	61.0	2008 - 09	130～150	25.0
2008 - 06	10～20	75.0	2008 - 10	0～10	86.0
2008 - 06	20～30	69.0	2008 - 10	10～20	86.0
2008 - 06	30～40	97.0	2008 - 10	20～30	81.0
2008 - 06	40～50	94.0	2008 - 10	30～40	93.0
2008 - 06	50～70	78.0	2008 - 10	40～50	74.0
2008 - 06	70～90	82.0	2008 - 10	50～70	88.0
2008 - 06	90～110	83.0	2008 - 10	70～90	85.0
2008 - 06	110～130	51.0	2008 - 10	90～110	89.0
2008 - 06	130～150	23.0	2008 - 10	110～130	37.0
2008 - 07	0～10	141.0	2008 - 10	130～150	15.0
2008 - 07	10～20	86.0	2008 - 11	0～10	80.0
2008 - 07	20～30	86.0	2008 - 11	10～20	86.0
2008 - 07	30～40	78.0	2008 - 11	20～30	83.0
2008 - 07	40～50	92.0	2008 - 11	30～40	81.0
2008 - 07	50～70	92.0	2008 - 11	40～50	85.0
2008 - 07	70～90	90.0	2008 - 11	50～70	86.0
2008 - 07	90～110	89.0	2008 - 11	70～90	82.0
2008 - 07	110～130	52.0	2008 - 11	90～110	86.0
2008 - 07	130～150	24.0	2008 - 11	110～130	81.0
2008 - 08	0～10	73.0	2008 - 11	130～150	26.0
2008 - 08	10～20	83.0	2008 - 12	0～10	78.0
2008 - 08	20～30	83.0	2008 - 12	10～20	79.0
2008 - 08	30～40	75.0	2008 - 12	20～30	82.0
2008 - 08	40～50	90.0	2008 - 12	30～40	77.0
2008 - 08	50～70	76.0	2008 - 12	40～50	80.0
2008 - 08	70～90	76.0	2008 - 12	50～70	87.0
2008 - 08	90～110	85.0	2008 - 12	70～90	80.0
2008 - 08	110～130	57.0	2008 - 12	90～110	73.0
2008 - 08	130～150	20.0	2008 - 12	110～130	71.0
2008 - 09	0～10	72.0	2008 - 12	130～150	40.0
2008 - 09	10～20	80.0	2009 - 01	0～10	70.8
2008 - 09	20～30	82.0	2009 - 01	10～20	73.3

（续）

时间（年-月）	采样深度/cm	质量含水量/%	时间（年-月）	采样深度/cm	质量含水量/%
2009 - 01	20～30	81.2	2009 - 05	10～20	42.8
2009 - 01	30～40	83.1	2009 - 05	20～30	30.4
2009 - 01	40～50	76.2	2009 - 05	30～40	42.0
2009 - 01	50～70	92.7	2009 - 05	40～50	59.9
2009 - 01	70～90	86.8	2009 - 05	50～70	55.6
2009 - 01	90～110	90.2	2009 - 05	70～90	48.1
2009 - 01	110～130	76.7	2009 - 05	90～110	45.7
2009 - 01	130～150	20.1	2009 - 05	110～130	30.6
2009 - 02	0～10	82.5	2009 - 05	130～150	14.7
2009 - 02	10～20	68.2	2009 - 06	0～10	77.9
2009 - 02	20～30	65.6	2009 - 06	10～20	74.2
2009 - 02	30～40	62.8	2009 - 06	20～30	73.0
2009 - 02	40～50	66.7	2009 - 06	30～40	102.0
2009 - 02	50～70	66.5	2009 - 06	40～50	87.9
2009 - 02	70～90	62.5	2009 - 06	50～70	71.3
2009 - 02	90～110	154.8	2009 - 06	70～90	82.4
2009 - 02	110～130	50.2	2009 - 06	90～110	56.4
2009 - 02	130～150	51.7	2009 - 06	110～130	21.0
2009 - 03	0～10	38.7	2009 - 06	130～150	14.3
2009 - 03	10～20	49.2	2009 - 07	0～10	79.7
2009 - 03	20～30	51.9	2009 - 07	10～20	79.7
2009 - 03	30～40	41.3	2009 - 07	20～30	80.7
2009 - 03	40～50	52.6	2009 - 07	30～40	71.6
2009 - 03	50～70	55.2	2009 - 07	40～50	78.3
2009 - 03	70～90	60.7	2009 - 07	50～70	105.6
2009 - 03	90～110	57.0	2009 - 07	70～90	71.7
2009 - 03	110～130	53.5	2009 - 07	90～110	88.4
2009 - 03	130～150	22.5	2009 - 07	110～130	67.6
2009 - 04	0～10	45.4	2009 - 07	130～150	17.5
2009 - 04	10～20	42.0	2009 - 08	0～10	80.4
2009 - 04	20～30	42.2	2009 - 08	10～20	75.0
2009 - 04	30～40	44.9	2009 - 08	20～30	83.5
2009 - 04	40～50	51.3	2009 - 08	30～40	73.1
2009 - 04	50～70	45.0	2009 - 08	40～50	78.2
2009 - 04	70～90	44.8	2009 - 08	50～70	93.6
2009 - 04	90～110	43.2	2009 - 08	70～90	87.1
2009 - 04	110～130	41.3	2009 - 08	90～110	70.3
2009 - 04	130～150	23.5	2009 - 08	110～130	77.2
2009 - 05	0～10	36.1	2009 - 08	130～150	16.7

（续）

时间（年-月）	采样深度/cm	质量含水量/%	时间（年-月）	采样深度/cm	质量含水量/%
2009 - 09	0～10	74.4	2009 - 12	130～150	17.5
2009 - 09	10～20	66.9	2010 - 01	0～10	53.4
2009 - 09	20～30	80.6	2010 - 01	10～20	57.1
2009 - 09	30～40	68.0	2010 - 01	20～30	62.6
2009 - 09	40～50	73.0	2010 - 01	30～40	57.5
2009 - 09	50～70	98.4	2010 - 01	40～50	58.7
2009 - 09	70～90	78.8	2010 - 01	50～70	82.0
2009 - 09	90～110	74.4	2010 - 01	70～90	66.1
2009 - 09	110～130	61.8	2010 - 01	90～110	65.5
2009 - 09	130～150	17.2	2010 - 01	110～130	57.5
2009 - 10	0～10	86.3	2010 - 01	130～150	17.4
2009 - 10	10～20	81.2	2010 - 02	0～10	43.1
2009 - 10	20～30	75.3	2010 - 02	10～20	44.1
2009 - 10	30～40	86.6	2010 - 02	20～30	40.5
2009 - 10	40～50	98.0	2010 - 02	30～40	46.2
2009 - 10	50～70	78.8	2010 - 02	40～50	41.7
2009 - 10	70～90	86.0	2010 - 02	50～70	58.5
2009 - 10	90～110	77.3	2010 - 02	70～90	54.9
2009 - 10	110～130	55.7	2010 - 02	90～110	54.4
2009 - 10	130～150	23.8	2010 - 02	110～130	51.0
2009 - 11	0～10	71.1	2010 - 02	130～150	15.0
2009 - 11	10～20	64.0	2010 - 03	0～10	26.8
2009 - 11	20～30	74.9	2010 - 03	10～20	29.1
2009 - 11	30～40	70.2	2010 - 03	20～30	34.8
2009 - 11	40～50	63.0	2010 - 03	30～40	33.7
2009 - 11	50～70	95.5	2010 - 03	40～50	41.8
2009 - 11	70～90	73.6	2010 - 03	50～70	47.1
2009 - 11	90～110	77.6	2010 - 03	70～90	42.0
2009 - 11	110～130	57.0	2010 - 03	90～110	39.7
2009 - 11	130～150	18.7	2010 - 03	110～130	42.3
2009 - 12	0～10	69.2	2010 - 03	130～150	19.5
2009 - 12	10～20	64.8	2010 - 04	0～10	39.4
2009 - 12	20～30	66.2	2010 - 04	10～20	32.8
2009 - 12	30～40	68.6	2010 - 04	20～30	29.7
2009 - 12	40～50	65.5	2010 - 04	30～40	32.6
2009 - 12	50～70	75.1	2010 - 04	40～50	46.5
2009 - 12	70～90	70.8	2010 - 04	50～70	39.2
2009 - 12	90～110	67.5	2010 - 04	70～90	39.9
2009 - 12	110～130	68.8	2010 - 04	90～110	46.2

（续）

时间（年-月）	采样深度/cm	质量含水量/%	时间（年-月）	采样深度/cm	质量含水量/%
2010 - 04	110～130	38.9	2010 - 08	90～110	86.6
2010 - 04	130～150	12.5	2010 - 08	110～130	87.0
2010 - 05	0～10	32.9	2010 - 08	130～150	57.3
2010 - 05	10～20	28.6	2010 - 09	0～10	95.8
2010 - 05	20～30	31.1	2010 - 09	10～20	85.7
2010 - 05	30～40	44.3	2010 - 09	20～30	70.8
2010 - 05	40～50	46.3	2010 - 09	30～40	77.5
2010 - 05	50～70	37.6	2010 - 09	40～50	78.0
2010 - 05	70～90	39.7	2010 - 09	50～70	88.9
2010 - 05	90～110	36.5	2010 - 09	70～90	70.1
2010 - 05	110～130	32.0	2010 - 09	90～110	89.4
2010 - 05	130～150	11.8	2010 - 09	110～130	83.7
2010 - 06	0～10	52.4	2010 - 09	130～150	76.7
2010 - 06	10～20	75.8	2010 - 10	0～10	98.7
2010 - 06	20～30	72.3	2010 - 10	10～20	89.2
2010 - 06	30～40	69.4	2010 - 10	20～30	90.6
2010 - 06	40～50	78.9	2010 - 10	30～40	98.9
2010 - 06	50～70	59.0	2010 - 10	40～50	93.2
2010 - 06	70～90	56.7	2010 - 10	50～70	80.3
2010 - 06	90～110	57.8	2010 - 10	70～90	76.0
2010 - 06	110～130	58.7	2010 - 10	90～110	88.0
2010 - 06	130～150	25.8	2010 - 10	110～130	81.6
2010 - 07	0～10	70.5	2010 - 10	130～150	24.0
2010 - 07	10～20	76.0	2010 - 11	0～10	71.6
2010 - 07	20～30	72.4	2010 - 11	10～20	71.6
2010 - 07	30～40	70.4	2010 - 11	20～30	71.9
2010 - 07	40～50	68.7	2010 - 11	30～40	74.7
2010 - 07	50～70	79.3	2010 - 11	40～50	72.2
2010 - 07	70～90	79.6	2010 - 11	50～70	61.3
2010 - 07	90～110	75.2	2010 - 11	70～90	42.3
2010 - 07	110～130	80.0	2010 - 11	90～110	41.3
2010 - 07	130～150	14.0	2010 - 11	110～130	48.3
2010 - 08	0～10	83.6	2010 - 11	130～150	63.9
2010 - 08	10～20	79.4	2010 - 12	0～10	75.9
2010 - 08	20～30	67.6	2010 - 12	10～20	79.4
2010 - 08	30～40	88.4	2010 - 12	20～30	78.9
2010 - 08	40～50	81.0	2010 - 12	30～40	83.5
2010 - 08	50～70	77.6	2010 - 12	40～50	68.4
2010 - 08	70～90	81.6	2010 - 12	50～70	69.2

（续）

时间（年-月）	采样深度/cm	质量含水量/%	时间（年-月）	采样深度/cm	质量含水量/%
2010 - 12	70～90	49.8	2011 - 04	50～70	52.6
2010 - 12	90～110	49.0	2011 - 04	70～90	46.8
2010 - 12	110～130	89.5	2011 - 04	90～110	39.2
2010 - 12	130～150	49.0	2011 - 04	110～130	59.4
2011 - 01	0～10	66.9	2011 - 04	130～150	74.7
2011 - 01	10～20	71.7	2011 - 05	0～10	73.5
2011 - 01	20～30	74.2	2011 - 05	10～20	100.0
2011 - 01	30～40	70.5	2011 - 05	20～30	65.0
2011 - 01	40～50	69.7	2011 - 05	30～40	66.5
2011 - 01	50～70	63.3	2011 - 05	40～50	72.2
2011 - 01	70～90	46.7	2011 - 05	50～70	57.9
2011 - 01	90～110	50.6	2011 - 05	70～90	40.7
2011 - 01	110～130	85.3	2011 - 05	90～110	81.9
2011 - 01	130～150	—	2011 - 05	110～130	65.3
2011 - 02	0～10	69.2	2011 - 05	130～150	45.9
2011 - 02	10～20	78.1	2011 - 06	0～10	81.3
2011 - 02	20～30	68.6	2011 - 06	10～20	80.0
2011 - 02	30～40	72.7	2011 - 06	20～30	83.1
2011 - 02	40～50	68.3	2011 - 06	30～40	72.4
2011 - 02	50～70	52.4	2011 - 06	40～50	69.3
2011 - 02	70～90	39.6	2011 - 06	50～70	69.4
2011 - 02	90～110	53.6	2011 - 06	70～90	63.3
2011 - 02	110～130	43.1	2011 - 06	90～110	45.7
2011 - 02	130～150	53.0	2011 - 06	110～130	75.2
2011 - 03	0～10	58.7	2011 - 06	130～150	94.2
2011 - 03	10～20	67.2	2011 - 07	0～10	83.0
2011 - 03	20～30	59.9	2011 - 07	10～20	85.9
2011 - 03	30～40	60.2	2011 - 07	20～30	74.9
2011 - 03	40～50	62.3	2011 - 07	30～40	72.1
2011 - 03	50～70	91.9	2011 - 07	40～50	72.9
2011 - 03	70～90	44.1	2011 - 07	50～70	73.2
2011 - 03	90～110	39.5	2011 - 07	70～90	61.5
2011 - 03	110～130	57.2	2011 - 07	90～110	41.7
2011 - 03	130～150	97.5	2011 - 07	110～130	58.1
2011 - 04	0～10	50.9	2011 - 07	130～150	88.0
2011 - 04	10～20	55.6	2011 - 08	0～10	87.2
2011 - 04	20～30	55.9	2011 - 08	10～20	92.5
2011 - 04	30～40	53.3	2011 - 08	20～30	89.0
2011 - 04	40～50	55.6	2011 - 08	30～40	73.3

（续）

时间（年-月）	采样深度/cm	质量含水量/%	时间（年-月）	采样深度/cm	质量含水量/%
2011 - 08	40～50	67.5	2011 - 12	30～40	72.8
2011 - 08	50～70	66.5	2011 - 12	40～50	71.2
2011 - 08	70～90	48.1	2011 - 12	50～70	71.2
2011 - 08	90～110	86.1	2011 - 12	70～90	72.5
2011 - 08	110～130	75.6	2011 - 12	90～110	65.6
2011 - 08	130～150	93.5	2011 - 12	110～130	39.3
2011 - 09	0～10	82.1	2011 - 12	130～150	41.5
2011 - 09	10～20	76.5	2012 - 01	0～10	73.5
2011 - 09	20～30	78.2	2012 - 01	10～20	78.3
2011 - 09	30～40	86.7	2012 - 01	20～30	83.1
2011 - 09	40～50	72.1	2012 - 01	30～40	74.3
2011 - 09	50～70	75.9	2012 - 01	40～50	71.1
2011 - 09	70～90	82.3	2012 - 01	50～70	71.9
2011 - 09	90～110	66.3	2012 - 01	70～90	70.2
2011 - 09	110～130	49.3	2012 - 01	90～110	49.5
2011 - 09	130～150	79.7	2012 - 01	110～130	52.1
2011 - 10	0～10	86.4	2012 - 01	130～150	53.8
2011 - 10	10～20	79.4	2012 - 02	0～10	56.0
2011 - 10	20～30	81.8	2012 - 02	10～20	56.2
2011 - 10	30～40	77.1	2012 - 02	20～30	51.2
2011 - 10	40～50	79.1	2012 - 02	30～40	59.1
2011 - 10	50～70	73.9	2012 - 02	40～50	56.6
2011 - 10	70～90	58.7	2012 - 02	50～70	56.0
2011 - 10	90～110	48.6	2012 - 02	70～90	54.7
2011 - 10	110～130	74.4	2012 - 02	90～110	44.3
2011 - 10	130～150	118.4	2012 - 02	110～130	34.2
2011 - 11	0～10	92.3	2012 - 02	130～150	88.8
2011 - 11	10～20	82.5	2012 - 03	0～10	54.8
2011 - 11	20～30	81.9	2012 - 03	10～20	58.6
2011 - 11	30～40	73.6	2012 - 03	20～30	58.2
2011 - 11	40～50	70.9	2012 - 03	30～40	55.4
2011 - 11	50～70	78.1	2012 - 03	40～50	53.5
2011 - 11	70～90	49.0	2012 - 03	50～70	54.1
2011 - 11	90～110	59.9	2012 - 03	70～90	47.8
2011 - 11	110～130	70.8	2012 - 03	90～110	45.7
2011 - 11	130～150	64.3	2012 - 03	110～130	47.0
2011 - 12	0～10	64.5	2012 - 03	130～150	63.8
2011 - 12	10～20	71.0	2012 - 04	0～10	46.9
2011 - 12	20～30	77.4	2012 - 04	10～20	43.1

（续）

时间（年-月）	采样深度/cm	质量含水量/%	时间（年-月）	采样深度/cm	质量含水量/%
2012 - 04	20～30	42.7	2012 - 08	10～20	65.5
2012 - 04	30～40	41.3	2012 - 08	20～30	77.1
2012 - 04	40～50	44.5	2012 - 08	30～40	74.8
2012 - 04	50～70	42.9	2012 - 08	40～50	62.9
2012 - 04	70～90	42.0	2012 - 08	50～70	69.7
2012 - 04	90～110	41.4	2012 - 08	70～90	76.9
2012 - 04	110～130	46.9	2012 - 08	90～110	50.7
2012 - 04	130～150	25.7	2012 - 08	110～130	57.1
2012 - 05	0～10	40.9	2012 - 08	130～150	59.5
2012 - 05	10～20	36.4	2012 - 09	0～10	81.4
2012 - 05	20～30	41.0	2012 - 09	10～20	82.9
2012 - 05	30～40	37.6	2012 - 09	20～30	72.1
2012 - 05	40～50	36.3	2012 - 09	30～40	79.6
2012 - 05	50～70	30.5	2012 - 09	40～50	72.8
2012 - 05	70～90	35.2	2012 - 09	50～70	71.1
2012 - 05	90～110	37.6	2012 - 09	70～90	43.9
2012 - 05	110～130	19.4	2012 - 09	90～110	50.7
2012 - 05	130～150	29.7	2012 - 09	110～130	63.9
2012 - 06	0～10	75.9	2012 - 09	130～150	49.1
2012 - 06	10～20	81.4	2012 - 10	0～10	83.8
2012 - 06	20～30	78.1	2012 - 10	10～20	62.9
2012 - 06	30～40	83.4	2012 - 10	20～30	72.7
2012 - 06	40～50	77.0	2012 - 10	30～40	77.5
2012 - 06	50～70	78.8	2012 - 10	40～50	77.1
2012 - 06	70～90	83.0	2012 - 10	50～70	75.9
2012 - 06	90～110	69.9	2012 - 10	70～90	48.0
2012 - 06	110～130	50.6	2012 - 10	90～110	73.2
2012 - 06	130～150	98.6	2012 - 10	110～130	57.4
2012 - 07	0～10	80.2	2012 - 10	130～150	58.1
2012 - 07	10～20	79.4	2012 - 11	0～10	83.5
2012 - 07	20～30	78.8	2012 - 11	10～20	75.4
2012 - 07	30～40	76.2	2012 - 11	20～30	79.3
2012 - 07	40～50	79.3	2012 - 11	30～40	70.8
2012 - 07	50～70	41.0	2012 - 11	40～50	74.5
2012 - 07	70～90	65.3	2012 - 11	50～70	75.7
2012 - 07	90～110	54.6	2012 - 11	70～90	51.2
2012 - 07	110～130	72.6	2012 - 11	90～110	77.8
2012 - 07	130～150	92.4	2012 - 11	110～130	41.4
2012 - 08	0～10	79.4	2012 - 11	130～150	35.2

（续）

时间（年-月）	采样深度/cm	质量含水量/%	时间（年-月）	采样深度/cm	质量含水量/%
2012 - 12	0～10	87.4	2013 - 04	0～10	11.1
2012 - 12	10～20	55.0	2013 - 04	10～20	15.2
2012 - 12	20～30	62.5	2013 - 04	20～30	19.9
2012 - 12	30～40	63.7	2013 - 04	30～40	16.3
2012 - 12	40～50	61.7	2013 - 04	40～50	11.8
2012 - 12	50～70	62.2	2013 - 04	50～70	13.8
2012 - 12	70～90	61.4	2013 - 04	70～90	15.6
2012 - 12	90～110	60.2	2013 - 04	90～110	15.5
2012 - 12	110～130	62.8	2013 - 04	110～130	15.8
2013 - 01	0～10	57.4	2013 - 04	130～150	24.5
2013 - 01	10～20	49.8	2013 - 05	0～10	23.4
2013 - 01	20～30	39.1	2013 - 05	10～20	22.8
2013 - 01	30～40	48.5	2013 - 05	20～30	29.1
2013 - 01	40～50	46.3	2013 - 05	30～40	22.1
2013 - 01	50～70	44.5	2013 - 05	40～50	29.9
2013 - 01	70～90	46.1	2013 - 05	50～70	22.7
2013 - 01	90～110	45.4	2013 - 05	70～90	18.4
2013 - 01	110～130	55.0	2013 - 05	90～110	18.1
2013 - 01	130～150	47.1	2013 - 05	110～130	18.4
2013 - 02	0～10	31.1	2013 - 05	130～150	22.7
2013 - 02	10～20	28.9	2013 - 06	0～10	43.7
2013 - 02	20～30	25.4	2013 - 06	10～20	47.8
2013 - 02	30～40	27.6	2013 - 06	20～30	41.5
2013 - 02	40～50	22.7	2013 - 06	30～40	40.8
2013 - 02	50～70	23.6	2013 - 06	40～50	46.4
2013 - 02	70～90	21.9	2013 - 06	50～70	43.4
2013 - 02	90～110	28.1	2013 - 06	70～90	41.6
2013 - 02	110～130	29.4	2013 - 06	90～110	36.6
2013 - 02	130～150	26.5	2013 - 06	110～130	37.5
2013 - 03	0～10	24.5	2013 - 06	130～150	40.5
2013 - 03	10～20	29.7	2013 - 07	0～10	56.1
2013 - 03	20～30	35.5	2013 - 07	10～20	48.8
2013 - 03	30～40	28.2	2013 - 07	20～30	62.4
2013 - 03	40～50	14.6	2013 - 07	30～40	62.6
2013 - 03	50～70	17.4	2013 - 07	40～50	57.8
2013 - 03	70～90	19.7	2013 - 07	50～70	61.3
2013 - 03	90～110	22.5	2013 - 07	70～90	57.2
2013 - 03	110～130	25.9	2013 - 07	90～110	65.3
2013 - 03	130～150	28.3	2013 - 07	110～130	64.6

（续）

时间（年-月）	采样深度/cm	质量含水量/%	时间（年-月）	采样深度/cm	质量含水量/%
2013 - 07	130～150	65.2	2013 - 11	110～130	64.4
2013 - 08	0～10	62.2	2013 - 11	130～150	71.4
2013 - 08	10～20	67.4	2013 - 12	0～10	71.9
2013 - 08	20～30	60.0	2013 - 12	10～20	70.0
2013 - 08	30～40	62.9	2013 - 12	20～30	65.1
2013 - 08	40～50	62.3	2013 - 12	30～40	43.8
2013 - 08	50～70	62.3	2013 - 12	40～50	57.0
2013 - 08	70～90	58.1	2013 - 12	50～70	51.8
2013 - 08	90～110	56.1	2013 - 12	70～90	67.1
2013 - 08	110～130	67.8	2013 - 12	90～110	59.2
2013 - 08	130～150	81.7	2013 - 12	110～130	62.5
2013 - 09	0～10	85.6	2013 - 12	130～150	64.0
2013 - 09	10～20	65.3	2014 - 01	0～10	68.8
2013 - 09	20～30	67.5	2014 - 01	10～20	69.9
2013 - 09	30～40	67.7	2014 - 01	20～30	63.2
2013 - 09	40～50	52.8	2014 - 01	30～40	60.6
2013 - 09	50～70	70.6	2014 - 01	40～50	34.8
2013 - 09	70～90	73.1	2014 - 01	50～70	49.1
2013 - 09	90～110	67.5	2014 - 01	70～90	47.7
2013 - 09	110～130	83.0	2014 - 01	90～110	46.3
2013 - 09	130～150	82.5	2014 - 01	110～130	35.8
2013 - 10	0～10	66.9	2014 - 01	130～150	34.7
2013 - 10	10～20	55.8	2014 - 02	0～10	52.6
2013 - 10	20～30	61.7	2014 - 02	10～20	53.4
2013 - 10	30～40	53.4	2014 - 02	20～30	52.0
2013 - 10	40～50	55.2	2014 - 02	30～40	52.7
2013 - 10	50～70	56.2	2014 - 02	40～50	48.4
2013 - 10	70～90	67.5	2014 - 02	50～70	42.3
2013 - 10	90～110	64.0	2014 - 02	70～90	41.3
2013 - 10	110～130	66.0	2014 - 02	90～110	40.5
2013 - 10	130～150	67.6	2014 - 02	110～130	32.4
2013 - 11	0～10	73.2	2014 - 02	130～150	31.8
2013 - 11	10～20	51.2	2014 - 03	0～10	43.8
2013 - 11	20～30	51.4	2014 - 03	10～20	45.7
2013 - 11	30～40	64.2	2014 - 03	20～30	45.5
2013 - 11	40～50	57.9	2014 - 03	30～40	45.8
2013 - 11	50～70	57.6	2014 - 03	40～50	39.8
2013 - 11	70～90	56.6	2014 - 03	50～70	40.2
2013 - 11	90～110	67.3	2014 - 03	70～90	36.7

（续）

时间（年-月）	采样深度/cm	质量含水量/%	时间（年-月）	采样深度/cm	质量含水量/%
2014 - 03	90～110	37.8	2014 - 07	70～90	49.5
2014 - 03	110～130	34.5	2014 - 07	90～110	52.9
2014 - 03	130～150	32.8	2014 - 07	110～130	48.8
2014 - 04	0～10	31.0	2014 - 07	130～150	36.7
2014 - 04	10～20	37.2	2014 - 08	0～10	79.5
2014 - 04	20～30	43.6	2014 - 08	10～20	74.3
2014 - 04	30～40	41.4	2014 - 08	20～30	71.4
2014 - 04	40～50	37.0	2014 - 08	30～40	71.5
2014 - 04	50～70	36.2	2014 - 08	40～50	49.4
2014 - 04	70～90	31.2	2014 - 08	50～70	45.2
2014 - 04	90～110	36.5	2014 - 08	70～90	50.7
2014 - 04	110～130	32.8	2014 - 08	90～110	47.9
2014 - 04	130～150	28.4	2014 - 08	110～130	49.2
2014 - 05	0～10	56.2	2014 - 08	130～150	45.6
2014 - 05	10～20	63.7	2014 - 09	0～10	86.1
2014 - 05	20～30	59.0	2014 - 09	10～20	77.7
2014 - 05	30～40	53.3	2014 - 09	20～30	76.2
2014 - 05	40～50	42.6	2014 - 09	30～40	74.5
2014 - 05	50～70	42.1	2014 - 09	40～50	70.1
2014 - 05	70～90	44.4	2014 - 09	50～70	48.1
2014 - 05	90～110	38.2	2014 - 09	70～90	51.8
2014 - 05	110～130	32.7	2014 - 09	90～110	51.5
2014 - 05	130～150	33.7	2014 - 09	110～130	48.1
2014 - 06	0～10	82.6	2014 - 09	130～150	37.6
2014 - 06	10～20	71.8	2014 - 10	0～10	85.1
2014 - 06	20～30	68.9	2014 - 10	10～20	86.0
2014 - 06	30～40	67.6	2014 - 10	20～30	80.7
2014 - 06	40～50	65.0	2014 - 10	30～40	75.2
2014 - 06	50～70	53.7	2014 - 10	40～50	47.2
2014 - 06	70～90	49.7	2014 - 10	50～70	48.9
2014 - 06	90～110	33.3	2014 - 10	70～90	49.8
2014 - 06	110～130	46.9	2014 - 10	90～110	46.8
2014 - 06	130～150	39.0	2014 - 10	110～130	41.7
2014 - 07	0～10	82.9	2014 - 10	130～150	37.6
2014 - 07	10～20	67.2	2014 - 11	0～10	87.0
2014 - 07	20～30	70.3	2014 - 11	10～20	52.8
2014 - 07	30～40	72.1	2014 - 11	20～30	73.4
2014 - 07	40～50	60.6	2014 - 11	30～40	72.2
2014 - 07	50～70	46.7	2014 - 11	40～50	68.6

（续）

时间（年-月）	采样深度/cm	质量含水量/%	时间（年-月）	采样深度/cm	质量含水量/%
2014 - 11	50~70	53.1	2015 - 03	40~50	49.8
2014 - 11	70~90	50.2	2015 - 03	50~70	39.2
2014 - 11	90~110	52.3	2015 - 03	70~90	36.6
2014 - 11	110~130	45.1	2015 - 03	90~110	36.4
2014 - 11	130~150	46.1	2015 - 03	110~130	39.2
2014 - 12	0~10	72.6	2015 - 03	130~150	30.4
2014 - 12	10~20	81.8	2015 - 04	0~10	47.7
2014 - 12	20~30	76.6	2015 - 04	10~20	49.8
2014 - 12	30~40	77.7	2015 - 04	20~30	52.4
2014 - 12	40~50	71.5	2015 - 04	30~40	48.3
2014 - 12	50~70	52.7	2015 - 04	40~50	48.1
2014 - 12	70~90	46.9	2015 - 04	50~70	35.9
2014 - 12	90~110	50.2	2015 - 04	70~90	37.4
2014 - 12	110~130	46.1	2015 - 04	90~110	34.5
2014 - 12	130~150	36.8	2015 - 04	110~130	36.7
2015 - 01	0~10	68.8	2015 - 04	130~150	28.2
2015 - 01	10~20	69.9	2015 - 05	0~10	66.8
2015 - 01	20~30	63.2	2015 - 05	10~20	66.7
2015 - 01	30~40	60.6	2015 - 05	20~30	71.2
2015 - 01	40~50	34.8	2015 - 05	30~40	66.7
2015 - 01	50~70	49.1	2015 - 05	40~50	68.5
2015 - 01	70~90	47.7	2015 - 05	50~70	54.6
2015 - 01	90~110	46.3	2015 - 05	70~90	42.4
2015 - 01	110~130	35.8	2015 - 05	90~110	42.1
2015 - 01	130~150	34.7	2015 - 05	110~130	32.4
2015 - 02	0~10	72.6	2015 - 05	130~150	34.4
2015 - 02	10~20	67.7	2015 - 06	0~10	85.2
2015 - 02	20~30	59.8	2015 - 06	10~20	87.8
2015 - 02	30~40	59.8	2015 - 06	20~30	96.2
2015 - 02	40~50	49.2	2015 - 06	30~40	91.0
2015 - 02	50~70	43.3	2015 - 06	40~50	97.6
2015 - 02	70~90	47.6	2015 - 06	50~70	64.8
2015 - 02	90~110	45.4	2015 - 06	70~90	57.6
2015 - 02	110~130	43.5	2015 - 06	90~110	47.0
2015 - 02	130~150	39.8	2015 - 06	110~130	39.3
2015 - 03	0~10	44.7	2015 - 06	130~150	39.9
2015 - 03	10~20	51.6	2015 - 07	0~10	87.2
2015 - 03	20~30	51.4	2015 - 07	10~20	92.2
2015 - 03	30~40	52.4	2015 - 07	20~30	82.0

（续）

时间（年-月）	采样深度/cm	质量含水量/%	时间（年-月）	采样深度/cm	质量含水量/%
2015 - 07	30~40	89.0	2015 - 10	20~30	93.7
2015 - 07	40~50	83.9	2015 - 10	30~40	80.7
2015 - 07	50~70	57.8	2015 - 10	40~50	77.9
2015 - 07	70~90	54.3	2015 - 10	50~70	73.9
2015 - 07	90~110	42.0	2015 - 10	70~90	56.2
2015 - 07	110~130	36.1	2015 - 10	90~110	47.0
2015 - 07	130~150	44.0	2015 - 10	110~130	39.5
2015 - 08	0~10	88.9	2015 - 10	130~150	40.3
2015 - 08	10~20	87.3	2015 - 11	0~10	83.6
2015 - 08	20~30	88.4	2015 - 11	10~20	87.6
2015 - 08	30~40	96.5	2015 - 11	20~30	87.8
2015 - 08	40~50	81.6	2015 - 11	30~40	82.9
2015 - 08	50~70	53.6	2015 - 11	40~50	71.4
2015 - 08	70~90	59.5	2015 - 11	50~70	65.3
2015 - 08	90~110	44.3	2015 - 11	70~90	48.7
2015 - 08	110~130	37.4	2015 - 11	90~110	45.8
2015 - 08	130~150	37.9	2015 - 11	110~130	41.2
2015 - 09	0~10	102.5	2015 - 11	130~150	35.7
2015 - 09	10~20	100.9	2015 - 12	0~10	93.4
2015 - 09	20~30	92.1	2015 - 12	10~20	90.3
2015 - 09	30~40	84.4	2015 - 12	20~30	81.9
2015 - 09	40~50	83.0	2015 - 12	30~40	75.9
2015 - 09	50~70	66.0	2015 - 12	40~50	66.1
2015 - 09	70~90	56.6	2015 - 12	50~70	55.1
2015 - 09	90~110	54.6	2015 - 12	70~90	47.1
2015 - 09	110~130	42.1	2015 - 12	90~110	43.8
2015 - 09	130~150	40.2	2015 - 12	110~130	38.9
2015 - 10	0~10	89.9	2015 - 12	130~150	37.0
2015 - 10	10~20	100.0			

3.3.2　地表水、地下水水质状况

3.3.2.1　概述

　　水质长期监测是森林生态系统水分观测的重要内容之一，可以全面地反映出生态系统中水质的动态变化及发展趋势。水质监测对整个森林生态系统水环境管理、维护水环境健康以及评价森林对水质的影响等方面提供了理论依据。哀牢山森林生态系统水质观测数据集为 2008—2015 年的监测数据，监测频率每年 4 次（分别为 1 月、4 月、7 月和 10 月），包括雨水、泉水、流动水、静止水、林内地下水和林外地下水的水质监测数据。水质样品采集地为 ALFQX02（林内气象、水分观测场），地理位置：101°2′E，24°33′N，海拔 2 488 m。

3.3.2.2　数据采集和处理方法

哀牢山生态站水质监测样品（雨水、泉水、流动水、静止水、林内地下水和林外地下水）采集于1月、4月、7月和10月底，采样之后用EXO水质多参数分析仪测量pH和水温。然后，取1 000 mL样品送西双版纳热带植物园中心实验室测量总氮、总磷、钾、钠、钙、镁、氯离子、硫酸根离子、磷酸根离子、硝酸根离子、碳酸根离子、重碳酸根离子、矿化度和非溶性物质总含量。其中，雨水自2013年起每月采集1次，由水分分中心集中分析，检测内容包括pH、矿化度、硫酸根和非溶性物质总含量。

测量方法：

总氮：碱性过硫酸钾消解，紫外分光光度法测定（HJ 636—2012）。

总磷：过硫酸钾消解，钼酸铵分光光度法测定（GB/T 11893—1989）。

钾、钠、钙、镁：电感耦合等离子体发射光谱仪测定（HJ 776—2015）。

氯离子（Cl^-）、硫酸根离子（SO_4^{2-}）、磷酸根离子（PO_4^{3-}）、硝酸根离子（NO_3^-）：离子色谱仪测定（HJ 84—2016）。

碳酸根离子（CO_3^{2-}）、重碳酸根离子（HCO_3^-）：酸碱滴定法测定（LY/T 1275—1999）。

矿化度：重量法测定。

非溶性物质总含量：质量法测定（GB/T 9738—2008）。

3.3.2.3　数据质量控制和评估

①数据采集和分析过程中的质量控制：采样过程要确保水样的质量，并按规定的方法对样品妥善保存，分析过程要采用可靠的分析方法和技术。原始数据必须在观测和分析时及时记录，分析完之后应采用阴阳离子平衡法、质量法与加和法测矿化度比对，电导率校核分析结果以及pH校核等方法检验水质正确性。

②数据质量控制：数据录入之后，再次核对、整理和分析，避免录入过程出现错误。最后，将原始数据保存，统一编号，并在数据处理和上报完毕后归档保存。原始电子数据必须备份一份，并打印一份存档。

③数据质量综合评价：对已录入的数据，从数据的合理性、准确性、一致性、完整性、对比性和连续性等方面评价。如果发现异常数据，应详细分析，根据分析结果修正或者去除该数据。最后，由站长和数据管理员审核认定之后上报。

3.3.2.4　数据使用方法和建议

水质是水资源问题中的一个重要部分，通过分析森林生态系统水质的监测数据能够真实反映生态系统区域水的质量，有利于揭示森林与水质之间的相互关系，为森林水资源和水环境的保护提供理论依据。

3.3.2.5　数据

具体数据见表3-81～表3-86。

表3-81　中山湿性常绿阔叶林地下水观测采样点水质状况

日期（年-月-日）	pH	钙离子含量/（mg/L）	镁离子含量/（mg/L）	钾离子含量/（mg/L）	钠离子含量/（mg/L）	碳酸根离子含量/（mg/L）	重碳酸根离子含量/（mg/L）	氯化物/（mg/L）	硫酸根离子/（mg/L）	磷酸根离子/（mg/L）	硝酸根/（mg/L）	矿化度/（mg/L）	总氮/（mg/L）	总磷/（mg/L）
2008-01-27	6.020	7.650	1.130	0.180	0.390	—	36.970	1.190	2.590	≤0.005	0.070	57.000	≤0.080	0.100
2008-04-27	6.190	12.730	2.310	0.260	2.900	—	58.650	0.400	9.290	0.010	0.050	77.000	0.260	0.030
2008-07-27	5.360	1.420	0.410	0.090	3.350	—	20.710	0.500	7.900	≤0.005	0.060	46.000	0.200	0.020
2008-10-28	5.520	1.570	0.430	0.180	4.650	—	8.840	0.940	4.090	0.010	0.030	28.000	0.120	0.010

（续）

日期 (年-月-日)	pH	钙离子 含量/ (mg/L)	镁离子 含量/ (mg/L)	钾离子 含量/ (mg/L)	钠离子 含量/ (mg/L)	碳酸根 离子含量/ (mg/L)	重碳酸根 离子含量/ (mg/L)	氯化物/ (mg/L)	硫酸根 离子/ (mg/L)	磷酸根 离子/ (mg/L)	硝酸根/ (mg/L)	矿化度/ (mg/L)	总氮/ (mg/L)	总磷/ (mg/L)
2009-01-19	6.120	6.070	0.810	0.090	0.250	—	284.000	0.330	7.240	0.030	0.050	36.000	0.080	0.060
2009-04-27	5.830	7.970	1.490	0.180	0.420	—	35.870	0.500	6.020	<0.005	0.060	48.000	0.240	0.020
2009-07-28	5.200	2.810	0.050	0.180	0.220	—	15.030	1.120	4.460	0.010	0.070	26.000	0.100	0.010
2009-10-28	4.910	2.800	0.070	0.170	0.110	—	19.140	0.210	0.750	0.010	0.030	21.000	0.300	0.010
2010-01-28	6.260	6.420	1.950	0.100	0.390	—	32.770	0.610	5.250	0.040	0.090	58.000	0.210	0.050
2010-07-27	5.530	2.380	0.670	0.070	0.210	—	17.460	0.300	1.580	0.010	0.010	98.000	0.100	0.030
2010-10-27	5.330	1.110	0.330	—	0.560	—	11.300	0.340	6.140	0.010	0.020	43.000	0.220	0.030
2011-01-24	5.770	6.950	1.010	0.130	1.630	—	34.030	0.710	11.160	0.020	0.160	165.000	0.350	0.030
2011-04-27	7.210	6.200	1.380	0.150	2.270	—	35.510	0.280	13.280	0.030	0.020	74.000	0.260	0.060
2011-07-31	4.000	1.450	0.560	0.100	0.020	—	11.000	0.260	4.210	0.020	0.000	244.000	0.080	0.030
2011-10-31	4.990	3.670	1.110	0.850	0.700	—	14.230	0.390	3.460	0.010	—	84.000	0.040	0.010
2012-01-31	6.010	9.130	1.420	0.140	0.050	—	14.640	0.410	0.040	5.660	0.020	50.000	0.240	0.060
2012-04-28	5.840	13.170	1.630	0.080	0.370	—	49.940	0.400	0.250	0.010	0.070	60.000	1.300	0.080
2012-07-28	5.330	0.640	0.370	0.160	0.470	—	7.260	0.180	0.620	0.000	0.010		0.080	0.020
2012-10-28	4.330	1.310	0.590	0.130	0.560	—	8.800	0.300	1.160	—	0.110	26.000	0.170	0.040
2013-01-31	6.350	6.470	1.020	0.150	0.400	—	27.430	0.250	0.890	0.010	0.020	49.000	0.200	0.080
2013-07-28	5.400	1.880	0.740	0.080	1.340	—	12.300	0.290	3.370	0.010	—	33.000	0.160	0.010
2013-10-30	5.400	1.340	0.610	0.030	0.760	—	15.220	0.220	3.680	—	0.010	39.000	0.010	0.010
2014-01-20	5.760	8.080	1.050	0.150	3.490	—	29.790	0.780	7.410	—	0.010	55.000	0.040	0.050
2014-07-30	5.060	0.730	0.500	0.020	0.680	—	10.620	0.440	1.490	—	0.030	49.000	0.070	0.030
2014-10-29	5.370	1.960	0.620	0.070	0.280	—	13.890	0.330	1.050	0.010	0.080	17.000	0.070	0.030
2015-01-31	5.860	3.070	0.630	0.050	0.270	—	18.200	0.490	1.430	—	0.150	35.000	0.210	0.030
2015-04-27	5.570	3.100	0.700	0.040	0.340	—	22.800	0.410	1.130	—	0.090	31.000	0.280	0.030
2015-07-31	7.050	1.330	0.680	0.030	0.290	—	9.630	0.830	2.800	0.010	0.100		0.230	0.010
2015-10-31	7.130	1.200	0.540	0.070	0.280	—	12.140	0.460	0.640	—	0.100		0.130	0.010

注：—表示未检出。

表 3-82 中山湿性常绿阔叶林地下泉水采样点水质状况

日期 (年-月-日)	pH	钙离子 含量/ (mg/L)	镁离子 含量/ (mg/L)	钾离子 含量/ (mg/L)	钠离子 含量/ (mg/L)	碳酸根 离子含量/ (mg/L)	重碳酸根 离子含量/ (mg/L)	氯化物/ (mg/L)	硫酸根 离子/ (mg/L)	磷酸根 离子/ (mg/L)	硝酸根/ (mg/L)	矿化度/ (mg/L)	总氮/ (mg/L)	总磷/ (mg/L)
2008-01-27	5.870	0.290	0.230	0.360	0.490	—	8.390	0.690	3.140	≤0.005	0.160	28.000	0.240	0.050
2008-04-27	5.530	0.390	0.290	0.270	2.440	—	9.980	0.650	7.730	0.010	0.160	22.000	0.170	0.020
2008-07-27	5.440	0.330	0.160	0.270	2.700	—	22.130	0.450	5.960	≤0.005	0.280	30.000	0.310	0.020
2008-10-28	5.320	0.310	0.170	0.150	5.380	—	3.620	1.090	5.160	≤0.005	0.240	24.000	0.690	0.120
2009-01-19	5.580	0.260	0.140	1.140	0.500	—	55.000	0.500	5.620	0.000	0.120	23.000	0.160	≤0.005
2009-04-27	5.100	0.320	0.180	0.240	0.410	—	5.420	0.650	5.750	<0.005	0.130	20.000	0.190	0.010
2009-07-28	5.160	1.510	0.190	0.310	0.450	—	10.990	0.690	9.000	≤0.005	0.210	28.000	0.290	0.010

（续）

日期 （年-月-日）	pH	钙离子 含量/ (mg/L)	镁离子 含量/ (mg/L)	钾离子 含量/ (mg/L)	钠离子 含量/ (mg/L)	碳酸根 离子含量/ (mg/L)	重碳酸根 离子含量/ (mg/L)	氯化物/ (mg/L)	硫酸根 离子/ (mg/L)	磷酸根 离子/ (mg/L)	硝酸根/ (mg/L)	矿化度/ (mg/L)	总氮/ (mg/L)	总磷/ (mg/L)
2009-10-28	4.580	0.350	0.080	0.260	0.250	—	9.850	0.290	0.720	0.010	0.160	21.000	0.440	0.030
2010-01-28	6.180	0.530	0.360	0.470	0.730	—	7.050	0.240	2.850	0.010	0.120	29.000	0.220	0.010
2010-04-27	6.400	0.350	0.070	0.250	0.700	—	7.830	0.270	2.970	0.030	0.120	92.000	0.730	0.090
2010-07-27	5.850	0.480	0.230	0.360	0.370	—	9.390	0.140	0.680	0.010	0.430	73.000	0.480	0.020
2010-10-27	5.250	0.200	0.190	0.030	0.320	—	7.360	0.120	5.030	—	0.230	30.000	0.320	0.030
2011-01-24	5.630	0.610	0.280	0.220	0.500	—	9.450	0.570	12.300	0.000	0.240	89.000	0.370	0.020
2011-04-27	5.340	0.550	0.320	0.190	0.430	—	20.860	0.710	21.390	—	0.080	63.000	0.130	0.010
2011-07-31	4.290	0.550	0.320	0.230	0.040	—	9.090	0.440	4.500	0.010	0.260	171.000	0.730	0.020
2011-10-31	5.340	3.100	0.670	0.710	0.390	—	8.610	0.170	8.390	0.000	0.250	67.000	0.220	0.000
2012-01-31	5.540	13.100	0.370	0.220	0.050	—	6.520	0.140	0.000	8.450	0.100	55.000	0.270	—
2012-04-28	5.500	0.720	0.310	0.120	0.480	—	10.950	0.230	0.430	0.000	0.160	21.000	0.190	0.020
2012-07-28	5.230	0.610	0.210	0.310	0.450	—	7.130	0.170	0.370	0.000	0.190	8.000	0.200	0.010
2012-10-28	5.020	1.440	0.260	0.140	0.440	—	8.000	0.090	0.660	—	0.090	23.000	0.200	0.020
2013-01-31	6.100	0.290	0.270	0.280	0.400	—	7.690	0.120	0.520	—	0.150	32.000	0.250	0.070
2013-04-30	5.580	0.430	0.300	0.160	0.440	—	7.330	0.150	0.180	0.020	0.110	2.000	0.100	0.050
2013-07-28	5.000	0.440	0.340	0.300	0.400	—	7.250	0.060	0.440	—	0.380	21.000	0.450	—
2013-10-30	5.100	0.770	0.300	0.190	0.380	—	9.040	0.010	0.440	—	0.190	41.000	0.200	0.020
2014-01-20	5.820	0.410	0.340	0.260	0.440	—	5.590	0.110	0.560	—	0.160	33.000	0.160	0.010
2014-04-28	5.540	0.380	0.300	0.220	0.500	—	10.620	0.050	0.460	—	0.130	13.000	0.190	0.030
2014-07-30	4.710	0.140	0.300	0.200	0.410	—	11.040	0.050	0.720	0.010	0.260	49.000	0.280	0.010
2014-10-29	5.700	0.680	0.340	1.000	0.440	—	9.910	0.840	1.140	—	0.180	17.000	0.190	—
2015-01-31	6.030	0.670	0.330	0.970	0.450	—	10.870	1.000	1.080	—	0.270	44.000	0.300	0.020
2015-04-27	5.590	0.510	0.320	0.690	0.360	—	11.710	0.690	0.600	—	0.220	17.000	0.290	—
2015-07-31	8.850	0.840	0.330	1.400	0.470	—	5.290	1.760	1.660	0.010	0.290		0.460	0.040
2015-10-31	6.400	0.580	0.300	0.290	0.520	—	10.980	0.570	0.870	—	0.230		0.270	—

注：—表示未检出。

表3-83　哀牢山中山湿性常绿阔叶林流动地表水采样点水质状况

日期 （年-月-日）	pH	钙离子 含量/ (mg/L)	镁离子 含量/ (mg/L)	钾离子 含量/ (mg/L)	钠离子 含量/ (mg/L)	碳酸根 离子含量/ (mg/L)	重碳酸根 离子含量/ (mg/L)	氯化物/ (mg/L)	硫酸根 离子/ (mg/L)	磷酸根 离子/ (mg/L)	硝酸根/ (mg/L)	矿化度/ (mg/L)	总氮/ (mg/L)	总磷/ (mg/L)
2008-01-27	6.820	2.260	1.030	0.780	0.820	—	17.940	1.140	4.800	≤0.005	0.120	28.000	0.290	0.070
2008-04-27	6.530	1.710	0.900	0.470	2.840	—	17.480	0.600	4.750	0.010	0.070	38.000	0.200	0.030
2008-07-27	6.530	0.630	0.240	0.340	2.800	—	21.200	0.150	6.850	≤0.005	0.210	37.000	0.330	0.030
2008-10-28	6.170	7.370	0.320	0.380	0.600	—	11.660	0.840	9.080	0.220	0.180	38.000	0.480	0.240
2009-01-19	6.950	1.050	0.400	1.120	0.820	—	106.000	0.260	7.570	0.010	0.070	27.000	0.130	0.010
2009-04-27	6.510	1.940	0.820	0.330	0.860	—	14.420	<0.05	5.290	<0.005	0.110	37.000	0.250	0.050
2009-07-28	6.240	5.790	0.490	0.450	0.530	—	18.760	0.600	6.700	≤0.005	0.140	37.000	0.270	0.020

（续）

日期 （年-月-日）	pH	钙离子 含量/ (mg/L)	镁离子 含量/ (mg/L)	钾离子 含量/ (mg/L)	钠离子 含量/ (mg/L)	碳酸根 离子含量/ (mg/L)	重碳酸根 离子含量/ (mg/L)	氯化物/ (mg/L)	硫酸根 离子/ (mg/L)	磷酸根 离子/ (mg/L)	硝酸根/ (mg/L)	矿化度/ (mg/L)	总氮/ (mg/L)	总磷/ (mg/L)
2009 - 10 - 28	6.150	0.700	0.340	0.350	0.580	—	13.390	0.280	1.120	0.010	0.120	34.000	0.460	0.010
2010 - 01 - 28	6.850	1.680	0.870	0.270	0.810	—	15.240	0.380	3.790	0.010	0.080	40.000	0.190	0.020
2010 - 07 - 27	6.330	1.450	0.670	0.550	0.380	—	13.280	0.290	1.130	0.030	0.500	70.000	0.540	0.030
2010 - 10 - 27	6.000	1.140	0.410	0.030	0.410	—	12.320	0.280	7.670	0.020	0.130	25.000	0.200	0.030
2011 - 01 - 24	6.170	1.440	0.680	0.180	0.680	—	14.060	0.890	7.550	—	0.210	295.000	0.420	0.020
2011 - 04 - 27	6.030	1.790	0.920	0.220	0.730	—	22.830	0.430	20.150	—	0.060	41.000	0.150	0.020
2011 - 07 - 31	5.190	1.270	0.650	0.210	0.040	—	12.440	0.130	4.210	0.020	0.190	173.000	0.280	0.030
2011 - 10 - 31	5.530	2.660	1.190	0.570	0.940	—	13.640	0.160	5.310	0.000	0.140	62.000	0.160	0.020
2012 - 01 - 31	5.880	1.780	0.720	0.180	0.030	—	8.860	0.210	0.010	7.450	0.060	44.000	0.230	0.010
2012 - 04 - 28	5.940	2.040	1.050	0.250	1.040	—	20.170	0.330	0.480	0.000	0.090	23.000	1.300	0.040
2012 - 07 - 28	5.520	1.160	0.610	0.560	0.380	—	7.380	0.030	0.650	0.010	0.420	1.000	0.670	0.060
2012 - 10 - 28	5.390	1.120	0.630	0.240	0.560	—	10.150	0.260	0.760	—	0.100	24.000	0.300	0.020
2013 - 01 - 31	6.680	1.390	0.770	0.240	0.680	—	12.790	0.140	0.570	0.010	0.090	31.000	0.280	0.040
2013 - 04 - 30	6.100	1.590	0.950	0.330	0.660	—	12.570	0.320	0.320	0.020	0.250	11.000	0.140	0.060
2013 - 07 - 28	6.100	1.360	0.820	0.570	0.490	—	10.620	0.260	0.970	0.010	0.250	40.000	0.440	0.010
2013 - 10 - 30	5.600	1.050	0.590	0.260	0.440	—	9.630	0.180	0.570	0.020	0.170	42.000	0.220	0.030
2014 - 01 - 20	6.120	1.450	0.800	0.330	0.620	—	10.880	0.290	0.570	0.020	0.060	31.000	0.170	0.010
2014 - 04 - 28	6.720	1.630	0.480	0.300	0.550	—	14.970	0.290	0.480	0.010	0.010	9.000	0.430	0.030
2014 - 07 - 30	5.970	0.860	0.620	0.290	0.430	—	12.050	0.290	0.700	0.010	0.180	61.000	0.250	0.020
2014 - 10 - 29	5.870	1.480	0.720	0.270	0.530	—	13.650	0.210	0.800	0.010	0.130	23.000	0.150	0.010
2015 - 01 - 31	6.350	1.370	0.730	0.260	0.570	—	14.790	0.430	1.230	—	0.210	48.000	0.270	0.020
2015 - 04 - 27	6.360	1.940	1.030	0.620	0.570	—	18.800	0.500	0.950	0.010	0.370	27.000	0.680	0.010
2015 - 07 - 31	7.860	1.590	0.890	0.530	0.540	—	8.630	0.390	1.640	0.010	0.430		0.740	0.020
2015 - 10 - 31	6.200	1.280	0.660	0.230	0.520	—	14.170	0.540	0.840	0.010	0.170		0.230	0.020

注：—表示未检出。

表 3-84　中山湿性常绿阔叶林静止地表水采样点

日期 （年-月-日）	pH	钙离子 含量/ (mg/L)	镁离子 含量/ (mg/L)	钾离子 含量/ (mg/L)	钠离子 含量/ (mg/L)	碳酸根 离子含量/ (mg/L)	重碳酸根 离子含量/ (mg/L)	氯化物/ (mg/L)	硫酸根 离子/ (mg/L)	磷酸根 离子/ (mg/L)	硝酸根/ (mg/L)	矿化度/ (mg/L)	总氮/ (mg/L)	总磷/ (mg/L)
2008 - 01 - 27	7.240	1.470	0.340	0.240	0.400	—	14.470	0.840	2.890	≤0.005	0.080	38.000	0.420	0.070
2008 - 04 - 27	8.330	1.360	0.410	0.260	2.030	—	11.590	0.500	4.880	0.020	0.090	29.000	0.430	0.040
2008 - 07 - 27	9.030	1.660	0.190	0.310	3.200	—	27.340	0.300	6.960	0.020	0.100	39.000	0.350	0.040
2008 - 10 - 28	6.750	1.490	0.320	0.560	4.150	—	10.860	0.690	6.440	0.020	0.060	31.000	0.260	0.030
2009 - 01 - 19	7.270	1.270	0.270	0.940	0.900	—	109.000	0.260	6.210	0.020	0.080	22.000	0.400	0.020
2009 - 04 - 27	8.600	2.090	0.440	0.330	0.640	—	13.560	<0.05	4.560	0.030	0.150	20.000	1.040	0.070
2009 - 07 - 28	8.220	4.520	0.420	0.470	0.680	0.990	15.910	0.930	4.190	0.010	0.130	40.000	0.650	0.040
2009 - 10 - 28	6.760	0.960	0.240	0.430	0.480	—	13.890	0.340	2.190	0.010	0.030	29.000	0.510	0.040

（续）

日期 （年-月-日）	pH	钙离子 含量/ (mg/L)	镁离子 含量/ (mg/L)	钾离子 含量/ (mg/L)	钠离子 含量/ (mg/L)	碳酸根 离子含量/ (mg/L)	重碳酸根 离子含量/ (mg/L)	氯化物/ (mg/L)	硫酸根 离子/ (mg/L)	磷酸根 离子/ (mg/L)	硝酸根/ (mg/L)	矿化度/ (mg/L)	总氮/ (mg/L)	总磷/ (mg/L)
2010 - 01 - 28	7.260	2.180	0.600	0.360	0.750	—	14.520	0.470	4.350	0.010	0.050	41.000	0.410	0.030
2010 - 04 - 27	7.200	1.380	0.390	0.490	51.350	—	13.960	2.110	1.500	0.040	≤0.005	135.000	0.990	0.120
2010 - 07 - 27	7.540	1.870	0.420	0.370	0.540	—	15.910	0.300	2.480	0.050	0.010	170.000	0.570	0.060
2010 - 10 - 27	6.680	1.440	0.310	0.180	0.810	—	11.840	0.250	6.900	0.010	0.030	23.000	0.610	0.050
2011 - 01 - 24	6.550	1.650	0.450	0.270	0.490	—	15.970	0.720	10.780	0.010	0.150	244.000	0.370	0.030
2011 - 04 - 27	6.120	1.830	0.530	0.390	0.440	—	24.800	0.570	19.940	0.000	0.010	40.000	1.090	0.060
2011 - 07 - 31	7.530	1.620	0.490	0.240	0.040	—	13.400	0.100	4.960	0.030	0.050	358.000	0.680	0.050
2011 - 10 - 31	5.860	3.020	0.890	0.560	0.770	—	14.230	0.230	5.610	0.010	0.000	70.000	0.320	0.020
2012 - 01 - 31	6.280	9.350	0.560	0.270	0.060	—	14.020	0.190	0.010	5.540	0.020	12.000	0.260	0.020
2012 - 04 - 28	6.690	1.590	0.510	0.260	0.510	—	15.990	0.300	0.510	0.010	0.000	23.000	0.850	0.070
2012 - 07 - 28	6.120	1.090	0.330	0.330	0.460	—	8.430	0.020	0.500	0.000	0.000	2.000	0.350	0.040
2012 - 10 - 31	5.690	1.350	0.430	0.320	0.510	—	8.430	0.160	0.700	—	0.040	30.000	0.550	0.040
2013 - 01 - 31	7.240	1.360	0.420	0.350	0.440	—	9.900	0.180	0.520	0.020	—	21.000	0.620	0.050
2013 - 04 - 30	9.400	1.260	0.440	0.290	0.500	—	10.240	0.260	0.190	0.010	0.000	1.000	0.420	0.090
2013 - 07 - 28	9.800	1.730	0.530	0.390	0.580	—	12.170	0.150	0.670	0.010	—	33.000	0.500	0.020
2013 - 10 - 30	7.900	1.660	0.500	0.270	0.520	—	13.680	0.110	0.800	0.020	0.010	43.000	0.700	0.040
2014 - 01 - 20	7.890	1.860	0.550	0.370	0.520	—	11.060	0.140	0.530	0.020	0.010	37.000	0.360	0.020
2014 - 04 - 28	6.010	25.590	0.250	0.170	0.180	—	87.370	0.330	0.910	—	0.010	71.000	0.250	0.010
2014 - 07 - 30	7.620	1.200	0.410	0.270	0.570	—	12.230	0.610	0.910	0.010	0.030	51.000	0.800	0.050
2014 - 10 - 29	7.980	1.700	0.500	0.350	0.510	—	12.820	0.270	0.820	0.010	0.080	16.000	0.370	0.010
2015 - 01 - 31	7.650	1.640	0.410	0.380	1.090	—	12.090	1.640	1.490	0.030	0.140	57.000	4.090	0.220
2015 - 04 - 27	6.580	1.720	0.490	0.340	0.390	—	18.800	0.330	0.880	—	0.080	22.000	0.470	0.010
2015 - 07 - 31	7.610	1.660	0.520	0.420	0.610	—	9.320	0.410	1.630	0.010	0.110		0.540	0.010
2015 - 10 - 31	6.500	1.660	0.490	0.570	0.550	—	14.720	0.550	0.790	—	0.090		0.320	0.000

注：—表示未检出。

表 3 - 85   综合气象观测场地下水观测采样点

日期 （年-月-日）	pH	钙离子 含量/ (mg/L)	镁离子 含量/ (mg/L)	钾离子 含量/ (mg/L)	钠离子 含量/ (mg/L)	碳酸根 离子含量/ (mg/L)	重碳酸根 离子含量/ (mg/L)	氯化物/ (mg/L)	硫酸根 离子/ (mg/L)	磷酸根 离子/ (mg/L)	硝酸根/ (mg/L)	矿化度/ (mg/L)	总氮/ (mg/L)	总磷/ (mg/L)
2008 - 01 - 27	6.200	14.950	0.160	0.210	0.320	—	60.750	0.690	2.100	≤0.005	0.100	52.000	0.140	0.040
2008 - 04 - 27	6.420	25.740	0.310	0.210	2.320	—	17.300	0.250	6.430	0.000	0.040	77.000	0.140	0.020
2008 - 07 - 27	5.880	2.890	0.020	0.230	2.830	—	30.070	0.300	6.900	≤0.005	0.060	33.000	0.120	0.020
2008 - 10 - 28	5.690	4.820	0.050	0.460	4.660	—	16.140	1.140	4.710	0.010	0.060	32.000	0.160	0.010
2009 - 01 - 19	6.070	6.990	0.030	0.900	0.430	—	329.000	0.400	6.210	0.000	0.090	44.000	0.160	≤0.005
2009 - 04 - 27	6.100	18.020	0.110	0.170	0.140	—	64.710	0.840	5.380	<0.005	0.040	55.000	0.170	0.010
2009 - 07 - 28	5.360	0.720	0.270	0.130	0.720	—	10.800	1.060	5.280	0.010	0.070	33.000	0.080	0.010
2009 - 10 - 28	7.880	1.590	0.400	0.100	0.270	—	17.810	0.630	1.010	0.030	0.030	24.000	0.300	0.040

（续）

日期 (年-月-日)	pH	钙离子 含量/ (mg/L)	镁离子 含量/ (mg/L)	钾离子 含量/ (mg/L)	钠离子 含量/ (mg/L)	碳酸根 离子含量/ (mg/L)	重碳酸根 离子含量/ (mg/L)	氯化物/ (mg/L)	硫酸根 离子/ (mg/L)	磷酸根 离子/ (mg/L)	硝酸根/ (mg/L)	矿化度/ (mg/L)	总氮/ (mg/L)	总磷/ (mg/L)
2010-01-28	6.470	18.230	0.170	0.310	0.260	—	59.520	1.320	2.650	≤0.005	0.070	78.000	0.210	0.010
2010-04-27	6.650	9.610	0.220	0.260	57.400	—	38.650	0.760	1.230	0.020≤0.005	106.000	0.530	0.090
2010-07-27	5.440	2.870	0.040	0.140	0.170	—	16.870	0.320	1.710	0.010	0.010	120.000	0.120	0.050
2010-10-27	5.300	4.750	0.060	0.000	0.470	—	19.500	0.180	6.420	—	0.020	31.000	0.180	0.020
2011-01-24	5.700	8.740	0.160	0.150	0.270	—	35.410	0.560	11.060	0.020	0.160	187.000	0.320	0.010
2011-04-27	6.070	21.670	0.280	0.190	0.210	—	72.150	0.710	15.990	0.020	0.010	111.000	0.180	0.010
2011-07-31	4.250	3.900	0.140	0.130	0.020	—	15.910	0.110	4.390	0.020	0.010	145.000	0.060	0.020
2011-10-31	4.950	7.920	0.320	0.590	0.200	—	17.220	0.160	3.550	0.000	—	87.000	0.070	-
2012-01-31	6.030	15.020	0.200	0.230	0.060	—	14.640	0.340	0.000	4.690	0.010	44.000	0.270	0.060
2012-04-28	6.200	26.960	0.270	0.170	0.140	—	82.420	0.230	0.650	0.000	0.000	71.000	0.250	0.050
2012-07-28	5.150	2.070	0.010	0.220	0.220	—	8.610	—	0.400	0.000	0.000	4.000	0.060	0.010
2012-10-28	4.070	2.580	0.060	0.110	0.180	—	10.030	0.080	0.790	0.000	—	17.000	0.250	0.060
2013-01-31	6.130	20.620	0.170	0.220	0.150	—	61.810	0.120	1.420	0.010	0.000	68.000	0.270	0.040
2013-04-30	5.260	26.080	0.310	0.220	0.240	—	75.670	0.280	0.970	—	0.010	41.000	0.260	0.070
2013-07-28	5.300	1.750	0.080	0.120	0.150	—	8.420	0.120	0.670	—	—	16.000	0.220	0.030
2013-10-30	7.700	2.250	0.070	0.070	0.120	—	13.620	0.020	1.540	0.030	—	37.000	0.170	0.020
2014-01-20	5.400	18.510	0.200	0.180	0.190	—	53.040	0.220	3.000	0.020	0.020	61.000	0.190	0.010
2014-07-30	5.150	2.980	0.070	0.060	0.190	—	13.890	0.180	0.930	—	0.030	45.000	0.100	0.020
2014-10-29	6.970	3.410	0.100	0.100	0.130	—	14.720	0.160	1.010	—	0.080	8.000	0.090	-
2015-01-31	5.610	6.280	0.110	0.080	0.140	—	25.530	0.340	1.550	—	0.150	47.000	0.350	0.020
2015-04-27	6.060	10.080	0.140	0.090	0.160	—	37.590	0.450	1.380	0.020	0.080	38.000	0.300	0.020
2015-07-31	5.970	2.740	0.110	0.060	0.140	—	10.330	0.400	1.690	—	0.100		0.300	0.000
2015-10-31	7.100	3.870	0.070	0.090	0.130	—	18.090	0.370	0.880	—	0.090		0.240	—

注：—表示未检出。

表 3-86 综合气象观测场雨水水质状况

时间（年-月）	pH	矿化度/（mg/L）	硫酸根/（mg/L）	非溶性物质总含量/（mg/L）
2008-01	5.57	31.00	3.57	156.00
2008-04	7.04	183.00	15.77	47.00
2008-07	7.74	24.00	4.86	14.00
2008-10	6.61	17.00	4.71	68.00
2009-01	6.66	32.00	6.79	32.00
2009-04	7.11	38.00	6.94	50.00
2009-07	7.00	20.00	5.55	9.00
2009-10	6.53	18.00	2.96	65.00
2010-01	6.80	156.00	—	42.00
2010-04	9.69	116.00	2.69	12.00

（续）

时间（年-月）	pH	矿化度/（mg/L）	硫酸根/（mg/L）	非溶性物质总含量/（mg/L）
2010 - 07	8.90	86.00	1.32	84.00
2010 - 10	5.20	30.00	5.45	57.00
2011 - 01	7.30	113.00	7.08	16.00
2011 - 04	4.52	37.00	18.27	13.00
2011 - 07	4.95	116.00	3.44	98.00
2011 - 10	5.99	41.00	9.73	28.00
2012 - 04	5.87	26.00	3.21	2.00
2012 - 07	4.99	1.00	1.21	4.00
2012 - 10	4.38	30.00	2.59	23.00
2013 - 04	6.54	21.00	4.22	16.00
2013 - 07	8.80	33.00	1.30	7.00
2013 - 10	8.40	45.00	3.17	17.00
2014 - 01	7.38	46.00	5.27	—
2014 - 07	5.13	90.00	12.87	—
2014 - 10	5.74	97.88	121.80	150.80
2015 - 01	7.26	46.00	1.20	4.00
2015 - 04	7.22	74.00	4.14	11.00
2015 - 07	8.84	237.00	73.04	3.00
2015 - 10	6.60	127.00	79.35	5.00

注：—表示未检出。

3.3.3　地下水位

3.3.3.1　概述

地下水位表达了地下水的运动状态，不同植被类型地下水位的长期观测可以了解哀牢山不同植被类型的地下水动态和水文循环过程。水位数据为 2008—2015 年的水位观测数据，观测点：ALFQX01CDX_01（气象观测场地下水采样点），植被类型为毛蕨菜灌草丛，地理位置为 $101°1'E$，$24°32'N$，海拔 2 478 m；ALFZH01CDX_02［地下水（泉水）采样点］，植被类型为中山湿性常绿阔叶林，地理位置为 $101°1'E$，$24°32'N$，海拔 2 488 m。

3.3.3.2　数据采集和处理方法

哀牢山生态站有毛蕨菜灌草丛和山湿性常绿阔叶林地下水位观测井各 1 口，井深 8 m，数据观测为每天 14：00 观测 1 次，每次观测重复 2 次，取平均值，最后，求每 5 d 的平均值。

3.3.3.3　数据质量控制和评估

①数据观测过程中的质量控制：观测过程要多次观测，求平均值，如果两次测量误差超过 2 cm，则应该重测。

②数据质量控制：数据录入之后，再次核对、整理和分析，避免录入过程出现错误。最后，将原始数据保存，统一编号，并在数据处理和上报完毕后归档保存。原始电子数据必须备份一份，并打印一份存档。

③数据质量综合评价：对已录入的数据，从数据的合理性、准确性、一致性、完整性、对比性和连续性等方面评价。如果发现异常数据，应详细分析，根据分析结果修正或者去除该数据。最后，由

站长和数据管理员审核认定之后上报。

3.3.3.4　数据使用方法和建议

通过分析哀牢山生态站长期监测的水位数据，可以了解区域地下水位的长期动态变化、土壤水分状况及植物蒸腾作用大小。

3.3.3.5　数据

具体数据见表 3-87、表 3-88。

表 3-87　中山湿性常绿阔叶林地下水位记录

日期 （年/月/日）	地下水 埋深/m	日期 （年/月/日）	地下水 埋深/m	日期 （年/月/日）	地下水 埋深/m	日期 （年/月/日）	地下水 埋深/m
2008/1/5	3.85	2008/6/20	3.35	2008/11/30	3.52	2009/5/15	4.75
2008/1/10	3.91	2008/6/25	3.26	2008/12/5	3.58	2009/5/20	4.70
2008/1/15	3.94	2008/6/30	3.32	2008/12/10	3.62	2009/5/25	4.70
2008/1/20	3.97	2008/7/5	2.72	2008/12/15	3.66	2009/5/30	4.65
2008/1/25	4.02	2008/7/10	3.27	2008/12/20	3.69	2009/6/5	4.11
2008/1/30	3.93	2008/7/15	3.35	2008/12/25	3.71	2009/6/10	3.77
2008/2/5	4.01	2008/7/20	3.35	2008/12/30	3.74	2009/6/15	3.68
2008/2/10	4.04	2008/7/25	3.36	2009/1/5	3.70	2009/6/20	3.89
2008/2/15	4.06	2008/7/30	3.05	2009/1/10	3.76	2009/6/25	3.79
2008/2/20	4.06	2008/8/5	3.39	2009/1/15	3.74	2009/6/30	3.47
2008/2/25	4.10	2008/8/10	3.16	2009/1/20	3.81	2009/7/5	3.18
2008/3/5	4.08	2008/8/15	3.31	2009/1/25	3.84	2009/7/10	2.93
2008/3/10	4.14	2008/8/20	3.43	2009/1/30	3.89	2009/7/15	3.38
2008/3/15	4.18	2008/8/25	3.52	2009/2/5	3.94	2009/7/20	3.22
2008/3/20	4.24	2008/8/30	3.12	2009/2/10	3.98	2009/7/25	3.28
2008/3/25	4.26	2008/9/5	3.04	2009/2/15	4.04	2009/7/30	2.97
2008/3/30	4.32	2008/9/10	3.16	2009/2/20	4.10	2009/8/5	3.31
2008/4/5	4.38	2008/9/15	3.35	2009/2/25	4.19	2009/8/10	3.56
2008/4/10	4.47	2008/9/20	3.29	2009/3/5	4.28	2009/8/15	2.86
2008/4/15	4.54	2008/9/25	3.41	2009/3/10	4.34	2009/8/20	2.85
2008/4/20	4.63	2008/9/30	3.15	2009/3/15	4.42	2009/8/25	3.16
2008/4/25	4.73	2008/10/5	3.33	2009/3/20	4.49	2009/8/30	3.30
2008/4/30	4.70	2008/10/10	3.40	2009/3/25	4.57	2009/9/5	3.49
2008/5/5	4.67	2008/10/15	3.43	2009/3/30	4.62	2009/9/10	3.57
2008/5/10	4.68	2008/10/20	3.39	2009/4/5	4.52	2009/9/15	3.62
2008/5/15	4.66	2008/10/25	2.88	2009/4/10	4.55	2009/9/20	3.66
2008/5/20	3.74	2008/10/30	2.90	2009/4/15	4.59	2009/9/25	3.58
2008/5/25	4.04	2008/11/5	2.86	2009/4/20	4.60	2009/9/30	3.67
2008/5/30	4.21	2008/11/10	3.08	2009/4/25	4.61	2009/10/5	3.70
2008/6/5	4.11	2008/11/15	3.32	2009/4/30	4.68	2009/10/10	3.73
2008/6/10	4.18	2008/11/20	3.37	2009/5/5	4.70	2009/10/15	3.72
2008/6/15	4.08	2008/11/25	3.48	2009/5/10	4.80	2009/10/20	3.75

（续）

日期 （年/月/日）	地下水 埋深/m	日期 （年/月/日）	地下水 埋深/m	日期 （年/月/日）	地下水 埋深/m	日期 （年/月/日）	地下水 埋深/m
2009/10/25	3.81	2010/5/10	5.23	2010/11/20	3.58	2011/6/5	3.66
2009/10/30	3.86	2010/5/15	5.23	2010/11/25	3.64	2011/6/10	3.90
2009/11/5	3.90	2010/5/20	5.23	2010/11/30	3.67	2011/6/15	3.67
2009/11/10	3.95	2010/5/25	5.23	2010/12/5	3.71	2011/6/20	3.37
2009/11/15	4.00	2010/5/30	5.23	2010/12/10	3.69	2011/6/25	3.48
2009/11/20	3.94	2010/6/5	5.23	2010/12/15	3.53	2011/6/30	3.30
2009/11/25	3.97	2010/6/10	5.23	2010/12/20	3.62	2011/7/5	3.39
2009/11/30	4.04	2010/6/15	5.23	2010/12/25	3.69	2011/7/10	3.35
2009/12/5	4.06	2010/6/20	4.82	2010/12/30	3.75	2011/7/15	3.40
2009/12/10	4.12	2010/6/25	4.35	2011/1/5	3.80	2011/7/20	2.84
2009/12/15	4.16	2010/6/30	4.31	2011/1/10	3.81	2011/7/25	3.25
2009/12/20	4.18	2010/7/5	4.00	2011/1/15	3.85	2011/7/30	3.49
2009/12/25	4.24	2010/7/10	3.99	2011/1/20	3.80	2011/8/5	3.60
2009/12/30	4.28	2010/7/15	4.05	2011/1/25	3.85	2011/8/10	3.64
2010/1/5	4.33	2010/7/20	3.65	2011/1/30	3.90	2011/8/15	3.25
2010/1/10	4.38	2010/7/25	3.35	2011/2/5	3.94	2011/8/20	3.27
2010/1/15	4.41	2010/7/30	2.71	2011/2/10	3.99	2011/8/25	3.36
2010/1/20	4.44	2010/8/5	2.88	2011/2/15	4.03	2011/8/30	3.50
2010/1/25	4.48	2010/8/10	3.11	2011/2/20	4.08	2011/9/5	3.57
2010/1/30	4.51	2010/8/15	3.04	2011/2/25	4.11	2011/9/10	3.26
2010/2/5	4.58	2010/8/20	3.06	2011/3/5	4.20	2011/9/15	3.21
2010/2/10	4.65	2010/8/25	3.08	2011/3/10	4.24	2011/9/20	3.18
2010/2/15	4.72	2010/8/30	3.21	2011/3/15	4.28	2011/9/25	2.82
2010/2/20	4.79	2010/9/5	3.19	2011/3/20	4.27	2011/9/30	2.87
2010/2/25	4.89	2010/9/10	3.36	2011/3/25	4.30	2011/10/5	2.95
2010/3/5	5.08	2010/9/15	3.11	2011/3/30	4.26	2011/10/10	3.31
2010/3/10	5.23	2010/9/20	3.36	2011/4/5	4.26	2011/10/15	3.45
2010/3/15	5.23	2010/9/25	3.33	2011/4/10	4.32	2011/10/20	3.35
2010/3/20	5.23	2010/9/30	3.20	2011/4/15	4.35	2011/10/25	3.45
2010/3/25	5.23	2010/10/5	3.35	2011/4/20	4.37	2011/10/30	3.50
2010/3/30	5.23	2010/10/10	2.77	2011/4/25	4.34	2011/11/5	3.54
2010/4/5	5.23	2010/10/15	3.01	2011/4/30	4.26	2011/11/10	3.28
2010/4/10	5.23	2010/10/20	3.01	2011/5/5	4.33	2011/11/15	3.45
2010/4/15	5.23	2010/10/25	3.25	2011/5/10	4.35	2011/11/20	3.53
2010/4/20	5.23	2010/10/30	3.27	2011/5/15	4.40	2011/11/25	3.60
2010/4/25	5.23	2010/11/5	3.40	2011/5/20	4.43	2011/11/30	3.65
2010/4/30	5.23	2010/11/10	3.49	2011/5/25	4.43	2011/12/5	3.65
2010/5/5	5.23	2010/11/15	3.52	2011/5/30	4.40	2011/12/10	3.68

（续）

日期 （年/月/日）	地下水 埋深/m	日期 （年/月/日）	地下水 埋深/m	日期 （年/月/日）	地下水 埋深/m	日期 （年/月/日）	地下水 埋深/m
2011/12/15	3.70	2012/6/30	3.14	2013/1/10	4.13	2013/7/25	3.59
2011/12/20	3.74	2012/7/5	3.35	2013/1/15	4.18	2013/7/30	2.96
2011/12/25	3.78	2012/7/10	3.41	2013/1/20	4.20	2013/8/5	3.00
2011/12/30	3.78	2012/7/15	3.34	2013/1/25	4.26	2013/8/10	3.38
2012/1/5	3.82	2012/7/20	2.86	2013/1/30	4.29	2013/8/15	3.00
2012/1/10	3.86	2012/7/25	3.25	2013/2/5	4.34	2013/8/20	3.27
2012/1/15	3.87	2012/7/30	3.12	2013/2/10	4.40	2013/8/25	3.29
2012/1/20	3.93	2012/8/5	3.29	2013/2/15	4.46	2013/8/30	3.33
2012/1/25	3.97	2012/8/10	3.31	2013/2/20	4.50	2013/9/5	3.08
2012/1/30	4.01	2012/8/15	4.49	2013/2/25	4.54	2013/9/10	2.99
2012/2/5	4.04	2012/8/20	3.55	2013/3/5	4.65	2013/9/15	3.33
2012/2/10	4.10	2012/8/25	3.51	2013/3/10	4.68	2013/9/20	3.52
2012/2/15	4.15	2012/8/30	3.58	2013/3/15	4.71	2013/9/25	3.68
2012/2/20	4.20	2012/9/5	3.62	2013/3/20	4.75	2013/9/30	3.68
2012/2/25	4.24	2012/9/10	3.65	2013/3/25	4.89	2013/10/5	3.74
2012/3/5	4.19	2012/9/15	2.93	2013/3/30	4.99	2013/10/10	3.80
2012/3/10	4.23	2012/9/20	3.28	2013/4/5	5.26	2013/10/15	3.87
2012/3/15	4.27	2012/9/25	3.45	2013/4/10	5.25	2013/10/20	3.86
2012/3/20	4.31	2012/9/30	3.14	2013/4/15	5.26	2013/10/25	3.88
2012/3/25	4.36	2012/10/5	3.20	2013/4/20	5.26	2013/10/30	3.08
2012/3/30	4.37	2012/10/10	3.31	2013/4/25	5.25	2013/11/5	3.28
2012/4/5	4.43	2012/10/15	3.43	2013/4/30	5.25	2013/11/10	3.46
2012/4/10	4.40	2012/10/20	3.53	2013/5/5	5.25	2013/11/15	3.59
2012/4/15	4.44	2012/10/25	3.60	2013/5/10	5.25	2013/11/20	3.63
2012/4/20	4.50	2012/10/30	3.66	2013/5/15	5.25	2013/11/25	3.70
2012/4/25	4.54	2012/11/5	3.73	2013/5/20	5.25	2013/11/30	3.75
2012/4/30	4.60	2012/11/10	3.73	2013/5/25	5.25	2013/12/5	3.77
2012/5/5	4.68	2012/11/15	3.79	2013/5/30	5.25	2013/12/10	3.82
2012/5/10	4.75	2012/11/20	3.80	2013/6/5	5.25	2013/12/15	3.85
2012/5/15	4.90	2012/11/25	3.86	2013/6/10	5.25	2013/12/20	3.87
2012/5/20	5.12	2012/11/30	3.90	2013/6/15	5.25	2013/12/25	3.88
2012/5/25	5.23	2012/12/5	3.93	2013/6/20	5.25	2013/12/30	3.90
2012/5/30	4.96	2012/12/10	3.95	2013/6/25	5.25	2014/1/5	3.94
2012/6/5	4.05	2012/12/15	3.98	2013/6/30	5.25	2014/1/10	3.97
2012/6/10	3.59	2012/12/20	3.97	2013/7/5	5.25	2014/1/15	4.01
2012/6/15	2.70	2012/12/25	4.00	2013/7/10	4.26	2014/1/20	4.03
2012/6/20	2.43	2012/12/30	4.06	2013/7/15	3.43	2014/1/25	4.07
2012/6/25	2.98	2013/1/5	4.08	2013/7/20	3.77	2014/1/30	4.09

（续）

日期 （年/月/日）	地下水 埋深/m	日期 （年/月/日）	地下水 埋深/m	日期 （年/月/日）	地下水 埋深/m	日期 （年/月/日）	地下水 埋深/m
2014/2/5	4.13	2014/7/30	3.08	2015/1/20		2015/7/15	3.55
2014/2/10	4.17	2014/8/5	2.97	2015/1/25		2015/7/20	3.43
2014/2/15	4.21	2014/8/10	3.13	2015/1/30	3.40	2015/7/25	3.40
2014/2/20	4.17	2014/8/15	3.29	2015/2/5	3.57	2015/7/30	3.18
2014/2/25	4.20	2014/8/20	3.31	2015/2/10	3.61	2015/8/5	3.35
2014/3/5	4.28	2014/8/25	3.09	2015/2/15	3.64	2015/8/10	3.19
2014/3/10	4.30	2014/8/30	3.17	2015/2/20	3.68	2015/8/15	3.35
2014/3/15	4.34	2014/9/5	3.30	2015/2/25	3.71	2015/8/20	3.30
2014/3/20	4.39	2014/9/10	3.37	2015/3/5	3.74	2015/8/25	3.37
2014/3/25	4.41	2014/9/15	3.49	2015/3/10	3.78	2015/8/30	3.08
2014/3/30	4.45	2014/9/20	3.17	2015/3/15	3.80	2015/9/5	3.20
2014/4/5	4.51	2014/9/25	2.80	2015/3/20	3.82	2015/9/10	3.06
2014/4/10	4.54	2014/9/30	3.12	2015/3/25	3.82	2015/9/15	3.18
2014/4/15	4.61	2014/10/5	3.36	2015/3/30	3.82	2015/9/20	3.18
2014/4/20	4.67	2014/10/10	3.45	2015/4/5	3.86	2015/9/25	3.29
2014/4/25	5.16	2014/10/15	3.47	2015/4/10	3.87	2015/9/30	3.36
2014/4/30	5.23	2014/10/20	3.51	2015/4/15	3.90	2015/10/5	3.41
2014/5/5	5.23	2014/10/25	3.56	2015/4/20	3.89	2015/10/10	2.75
2014/5/10	5.23	2014/10/30	3.57	2015/4/25	3.85	2015/10/15	3.22
2014/5/15	5.21	2014/11/5	3.62	2015/4/30	3.73	2015/10/20	3.35
2014/5/20	5.23	2014/11/10	3.59	2015/5/5	3.79	2015/10/25	3.40
2014/5/25	5.24	2014/11/15	3.64	2015/5/10	3.82	2015/10/30	3.46
2014/5/30	5.24	2014/11/20	3.66	2015/5/15	3.85	2015/11/5	3.47
2014/6/5	5.24	2014/11/25	3.69	2015/5/20	3.91	2015/11/10	3.52
2014/6/10	5.24	2014/11/30	3.73	2015/5/25	3.87	2015/11/15	3.54
2014/6/15		2014/12/5	3.76	2015/5/30	3.93	2015/11/20	3.55
2014/6/20		2014/12/10	3.78	2015/6/5	3.98	2015/11/25	3.58
2014/6/25		2014/12/15	3.81	2015/6/10	4.04	2015/11/30	3.60
2014/6/30	3.94	2014/12/20	3.78	2015/6/15	3.70	2015/12/5	3.59
2014/7/5	3.87	2014/12/25	3.80	2015/6/20	3.71	2015/12/10	3.62
2014/7/10	3.19	2014/12/30	3.84	2015/6/25	3.75	2015/12/15	3.64
2014/7/15	3.05	2015/1/5	3.87	2015/6/30	3.69	2015/12/20	3.59
2014/7/20	2.98	2015/1/10		2015/7/5	3.68	2015/12/25	3.62
2014/7/25	2.94	2015/1/15		2015/7/10	3.18	2015/12/30	3.64

表 3 - 88 综合气象场地下水位记录

日期 （年/月/日）	地下水 埋深/m	日期 （年/月/日）	地下水 埋深/m	日期 （年/月/日）	地下水 埋深/m	日期 （年/月/日）	地下水 埋深/m
2008/1/5	2.62	2008/7/20	1.90	2009/1/30	2.49	2009/8/15	1.86
2008/1/10	2.67	2008/7/25	1.99	2009/2/5	2.59	2009/8/20	1.83
2008/1/15	2.71	2008/7/30	1.85	2009/2/10	2.66	2009/8/25	1.89
2008/1/20	2.75	2008/8/5	1.86	2009/2/15	2.70	2009/8/30	1.85
2008/1/25	2.79	2008/8/10	1.84	2009/2/20	2.77	2009/9/5	1.97
2008/1/30	2.33	2008/8/15	1.94	2009/2/25	2.81	2009/9/10	2.14
2008/2/5	2.58	2008/8/20	1.95	2009/3/5	2.86	2009/9/15	2.20
2008/2/10	2.64	2008/8/25	2.07	2009/3/10	2.90	2009/9/20	2.23
2008/2/15	2.65	2008/8/30	1.86	2009/3/15	2.94	2009/9/25	1.98
2008/2/20	2.70	2008/9/5	1.89	2009/3/20	2.98	2009/9/30	2.19
2008/2/25	2.72	2008/9/10	1.88	2009/3/25	3.02	2009/10/5	2.25
2008/3/5	2.64	2008/9/15	2.01	2009/3/30	3.06	2009/10/10	2.28
2008/3/10	2.59	2008/9/20	1.75	2009/4/5	2.85	2009/10/15	2.19
2008/3/15	2.67	2008/9/25	1.97	2009/4/10	2.87	2009/10/20	2.23
2008/3/20	2.75	2008/9/30	1.88	2009/4/15	2.87	2009/10/25	2.36
2008/3/25	2.79	2008/10/5	1.87	2009/4/20	2.70	2009/10/30	2.46
2008/3/30	2.83	2008/10/10	1.91	2009/4/25	2.84	2009/11/5	2.57
2008/4/5	2.88	2008/10/15	2.01	2009/4/30	2.91	2009/11/10	2.63
2008/4/10	2.93	2008/10/20	2.11	2009/5/5	2.19	2009/11/15	2.69
2008/4/15	2.97	2008/10/25	1.63	2009/5/10	3.00	2009/11/20	1.65
2008/4/20	3.03	2008/10/30	1.75	2009/5/15	2.71	2009/11/25	2.52
2008/4/25	3.08	2008/11/5	1.83	2009/5/20	2.45	2009/11/30	2.59
2008/4/30	3.00	2008/11/10	1.94	2009/5/25	2.72	2009/12/5	2.64
2008/5/5	2.83	2008/11/15	2.00	2009/5/30	2.11	2009/12/10	2.69
2008/5/10	2.85	2008/11/20	2.00	2009/6/5	2.21	2009/12/15	2.74
2008/5/15	2.71	2008/11/25	2.07	2009/6/10	1.88	2009/12/20	2.75
2008/5/20	2.03	2008/11/30	2.13	2009/6/15	2.32	2009/12/25	2.78
2008/5/25	2.47	2008/12/5	2.18	2009/6/20	2.36	2009/12/30	2.82
2008/5/30	2.60	2008/12/10	2.21	2009/6/25	2.03	2010/1/5	2.86
2008/6/5	2.37	2008/12/15	2.26	2009/6/30	1.83	2010/1/10	2.90
2008/6/10	2.36	2008/12/20	2.31	2009/7/5	2.02	2010/1/15	2.92
2008/6/15	2.39	2008/12/25	2.36	2009/7/10	1.91	2010/1/20	2.94
2008/6/20	2.03	2008/12/30	2.28	2009/7/15	2.14	2010/1/25	2.96
2008/6/25	1.64	2009/1/5	2.06	2009/7/20	1.82	2010/1/30	2.95
2008/6/30	2.12	2009/1/10	2.21	2009/7/25	2.03	2010/2/5	2.99
2008/7/5	1.75	2009/1/15	2.25	2009/7/30	1.91	2010/2/10	3.02
2008/7/10	2.12	2009/1/20	2.32	2009/8/5	2.01	2010/2/15	3.06
2008/7/15	1.91	2009/1/25	2.41	2009/8/10	2.13	2010/2/20	3.08

（续）

日期 （年/月/日）	地下水 埋深/m	日期 （年/月/日）	地下水 埋深/m	日期 （年/月/日）	地下水 埋深/m	日期 （年/月/日）	地下水 埋深/m
2010/2/25	3.12	2010/9/10	2.17	2011/3/25	2.91	2011/10/5	2.01
2010/3/5	3.17	2010/9/15	1.77	2011/3/30	2.80	2011/10/10	1.99
2010/3/10	3.20	2010/9/20	2.07	2011/4/5	2.77	2011/10/15	2.06
2010/3/15	3.23	2010/9/25	1.98	2011/4/10	2.84	2011/10/20	1.86
2010/3/20	3.26	2010/9/30	1.80	2011/4/15	2.90	2011/10/25	2.04
2010/3/25	3.29	2010/10/5	2.04	2011/4/20	2.80	2011/10/30	1.99
2010/3/30	3.07	2010/10/10	1.85	2011/4/25	2.82	2011/11/5	2.06
2010/4/5	3.02	2010/10/15	1.56	2011/4/30	2.38	2011/11/10	1.93
2010/4/10	3.08	2010/10/20	1.87	2011/5/5	2.67	2011/11/15	2.07
2010/4/15	3.16	2010/10/25	1.91	2011/5/10	2.76	2011/11/20	2.15
2010/4/20	3.06	2010/10/30	1.93	2011/5/15	2.83	2011/11/25	2.22
2010/4/25	2.19	2010/11/5	2.09	2011/5/20	2.84	2011/11/30	2.28
2010/4/30	2.80	2010/11/10	2.17	2011/5/25	2.86	2011/12/5	2.27
2010/5/5	2.92	2010/11/15	2.04	2011/5/30	2.25	2011/12/10	2.30
2010/5/10	3.00	2010/11/20	2.20	2011/6/5	2.21	2011/12/15	2.24
2010/5/15	3.09	2010/11/25	2.29	2011/6/10	2.46	2011/12/20	2.33
2010/5/20	3.16	2010/11/30	2.37	2011/6/15	1.93	2011/12/25	2.40
2010/5/25	3.14	2010/12/5	2.44	2011/6/20	2.10	2011/12/30	2.41
2010/5/30	2.93	2010/12/10	2.19	2011/6/25	2.06	2012/1/5	2.34
2010/6/5	2.99	2010/12/15	2.11	2011/6/30	2.07	2012/1/10	2.41
2010/6/10	2.99	2010/12/20	2.26	2011/7/5	1.89	2012/1/15	2.45
2010/6/15	1.96	2010/12/25	2.36	2011/7/10	2.18	2012/1/20	2.54
2010/6/20	2.05	2010/12/30	2.44	2011/7/15	1.90	2012/1/25	2.61
2010/6/25	2.14	2011/1/5	2.54	2011/7/20	1.98	2012/1/30	2.67
2010/6/30	2.37	2011/1/10	2.58	2011/7/25	1.99	2012/2/5	2.74
2010/7/5	2.14	2011/1/15	2.53	2011/7/30	2.14	2012/2/10	2.79
2010/7/10	2.37	2011/1/20	2.08	2011/8/5	2.07	2012/2/15	2.83
2010/7/15	2.37	2011/1/25	2.39	2011/8/10	2.25	2012/2/20	2.85
2010/7/20	1.92	2011/1/30	2.49	2011/8/15	1.91	2012/2/25	2.88
2010/7/25	2.21	2011/2/5	2.60	2011/8/20	2.05	2012/3/5	2.32
2010/7/30	1.81	2011/2/10	2.67	2011/8/25	2.02	2012/3/10	2.69
2010/8/5	1.98	2011/2/15	2.72	2011/8/30	2.18	2012/3/15	2.77
2010/8/10	2.12	2011/2/20	2.77	2011/9/5	2.17	2012/3/20	2.83
2010/8/15	1.86	2011/2/25	2.81	2011/9/10	1.97	2012/3/25	2.88
2010/8/20	1.89	2011/3/5	2.87	2011/9/15	1.98	2012/3/30	2.92
2010/8/25	2.03	2011/3/10	2.91	2011/9/20	1.91	2012/4/5	2.98
2010/8/30	2.08	2011/3/15	2.94	2011/9/25	1.82	2012/4/10	2.84
2010/9/5	2.02	2011/3/20	2.88	2011/9/30	1.92	2012/4/15	2.88

（续）

日期 （年/月/日）	地下水 埋深/m	日期 （年/月/日）	地下水 埋深/m	日期 （年/月/日）	地下水 埋深/m	日期 （年/月/日）	地下水 埋深/m
2012/4/20	2.95	2012/10/30	2.36	2013/5/15	3.20	2013/11/25	2.44
2012/4/25	2.98	2012/11/5	2.46	2013/5/20	3.22	2013/11/30	2.51
2012/4/30	3.02	2012/11/10	2.17	2013/5/25	2.78	2013/12/5	2.45
2012/5/5	3.07	2012/11/15	2.35	2013/5/30	2.82	2013/12/10	2.53
2012/5/10	3.07	2012/11/20	2.38	2013/6/5	2.34	2013/12/15	2.58
2012/5/15	3.14	2012/11/25	2.48	2013/6/10	1.87	2013/12/20	2.52
2012/5/20	3.19	2012/11/30	2.56	2013/6/15	2.64	2013/12/25	2.53
2012/5/25	3.22	2012/12/5	2.62	2013/6/20	2.81	2013/12/30	2.59
2012/5/30	1.97	2012/12/10	2.65	2013/6/25	2.79	2014/1/5	2.65
2012/6/5	2.03	2012/12/15	2.70	2013/6/30	2.47	2014/1/10	2.69
2012/6/10	1.90	2012/12/20	2.73	2013/7/5	2.34	2014/1/15	2.73
2012/6/15	1.85	2012/12/25	2.77	2013/7/10	1.91	2014/1/20	2.77
2012/6/20	1.79	2012/12/30	2.79	2013/7/15	1.89	2014/1/25	2.75
2012/6/25	1.83	2013/1/5	2.82	2013/7/20	2.22	2014/1/30	2.79
2012/6/30	1.92	2013/1/10	2.85	2013/7/25	2.05	2014/2/5	2.82
2012/7/5	2.08	2013/1/15	2.87	2013/7/30	1.86	2014/2/10	2.85
2012/7/10	2.10	2013/1/20	2.89	2013/8/5	1.90	2014/2/15	2.87
2012/7/15	1.90	2013/1/25	2.91	2013/8/10	2.10	2014/2/20	2.74
2012/7/20	2.16	2013/1/30	2.94	2013/8/15	1.96	2014/2/25	2.77
2012/7/25	1.95	2013/2/5	2.96	2013/8/20	2.12	2014/3/5	2.85
2012/7/30	1.91	2013/2/10	2.99	2013/8/25	1.75	2014/3/10	2.88
2012/8/5	1.84	2013/2/15	3.01	2013/8/30	1.84	2014/3/15	2.92
2012/8/10	1.93	2013/2/20	3.04	2013/9/5	1.92	2014/3/20	2.95
2012/8/15	1.98	2013/2/25	3.07	2013/9/10	1.89	2014/3/25	2.92
2012/8/20	1.93	2013/3/5	3.13	2013/9/15	2.10	2014/3/30	2.95
2012/8/25	2.03	2013/3/10	3.15	2013/9/20	2.20	2014/4/5	2.99
2012/8/30	2.10	2013/3/15	3.05	2013/9/25	2.35	2014/4/10	3.02
2012/9/5	2.99	2013/3/20	3.09	2013/9/30	2.23	2014/4/15	3.07
2012/9/10	1.89	2013/3/25	3.14	2013/10/5	2.23	2014/4/20	3.13
2012/9/15	1.90	2013/3/30	3.17	2013/10/10	2.22	2014/4/25	3.21
2012/9/20	2.04	2013/4/5	3.24	2013/10/15	2.39	2014/4/30	3.25
2012/9/25	2.16	2013/4/10	3.29	2013/10/20	1.63	2014/5/5	3.02
2012/9/30	1.84	2013/4/15	3.33	2013/10/25	1.96	2014/5/10	2.92
2012/10/5	1.97	2013/4/20	3.30	2013/10/30	1.93	2014/5/15	2.95
2012/10/10	1.99	2013/4/25	3.38	2013/11/5	2.13	2014/5/20	3.03
2012/10/15	2.04	2013/4/30	3.42	2013/11/10	2.21	2014/5/25	3.12
2012/10/20	2.15	2013/5/5	3.21	2013/11/15	2.30	2014/5/30	3.24
2012/10/25	2.26	2013/5/10	3.22	2013/11/20	2.35	2014/6/5	3.36

（续）

日期 （年/月/日）	地下水 埋深/m	日期 （年/月/日）	地下水 埋深/m	日期 （年/月/日）	地下水 埋深/m	日期 （年/月/日）	地下水 埋深/m
2014/6/10	2.28	2014/10/30	2.28	2015/3/25	2.88	2015/8/15	2.02
2014/6/15	2.06	2014/11/5	2.38	2015/3/30	2.83	2015/8/20	1.86
2014/6/20	1.89	2014/11/10	2.20	2015/4/5	2.86	2015/8/25	2.09
2014/6/25	2.33	2014/11/15	2.36	2015/4/10	2.90	2015/8/30	1.88
2014/6/30	2.00	2014/11/20	2.47	2015/4/15	2.94	2015/9/5	2.02
2014/7/5	2.03	2014/11/25	2.54	2015/4/20	2.83	2015/9/10	1.93
2014/7/10	2.13	2014/11/30	2.60	2015/4/25	2.57	2015/9/15	1.96
2014/7/15	1.82	2014/12/5	2.65	2015/4/30	2.43	2015/9/20	1.90
2014/7/20	1.95	2014/12/10	2.68	2015/5/5	2.64	2015/9/25	2.01
2014/7/25	1.99	2014/12/15	2.71	2015/5/10	2.73	2015/9/30	2.11
2014/7/30	1.96	2014/12/20	2.57	2015/5/15	2.81	2015/10/5	2.20
2014/8/5	2.08	2014/12/25	2.63	2015/5/20	2.87	2015/10/10	1.82
2014/8/10	2.09	2014/12/30	2.67	2015/5/25	2.76	2015/10/15	2.05
2014/8/15	2.10	2015/1/5	2.71	2015/5/30	2.83	2015/10/20	2.15
2014/8/20	1.99	2015/1/10	2.00	2015/6/5	2.92	2015/10/25	2.24
2014/8/25	1.85	2015/1/15	1.96	2015/6/10	2.98	2015/10/30	2.31
2014/8/30	2.01	2015/1/20	1.90	2015/6/15	2.33	2015/11/5	2.17
2014/9/5	1.86	2015/1/25	2.20	2015/6/20	2.40	2015/11/10	2.29
2014/9/10	2.09	2015/1/30	2.33	2015/6/25	2.61	2015/11/15	2.31
2014/9/15	2.24	2015/2/5	2.43	2015/6/30	2.23	2015/11/20	2.38
2014/9/20	1.96	2015/2/10	2.50	2015/7/5	2.46	2015/11/25	2.46
2014/9/25	1.80	2015/2/15	2.55	2015/7/10	1.86	2015/11/30	2.51
2014/9/30	2.01	2015/2/20	2.60	2015/7/15	2.33	2015/12/5	2.26
2014/10/5	2.11	2015/2/25	2.64	2015/7/20	1.89	2015/12/10	2.39
2014/10/10	2.22	2015/3/5	2.72	2015/7/25	1.89	2015/12/15	2.48
2014/10/15	2.09	2015/3/10	2.77	2015/7/30	1.89	2015/12/20	2.11
2014/10/20	2.13	2015/3/15	2.82	2015/8/5	2.10	2015/12/25	2.35
2014/10/25	2.29	2015/3/20	2.86	2015/8/10	1.85	2015/12/30	2.41

3.3.4 水面蒸发和水温

3.3.4.1 概述

水面蒸发量是水文循环的重要内容之一，也是研究陆面蒸散的基本参数，在水资源评价、水文模型和地气能量交换过程研究方面都是重要的参考资料。完整的水面蒸发量观测，除了水面蒸发量本身之外，还要观察降水量、蒸发器中离水面 0.01 m 水深处的水温、气温、湿度、风速等辅助要素。数据提供了 2008—2015 年的月蒸发量和月平均温度，该数据观测点位于 ALFQX01（气象观测场），地理位置为 101°1′E，24°32′N，海拔 2 478 m。

3.3.4.2 数据质量控制和评估

①观测和实验过程中的数据质量控制：要准确读取测针上的刻度，读至 0.1 mm，并且读取 2

次，求平均值；水温每次读取 3 次，求平均值；针尖或水面标志线露出水面超过 1.0 cm 时，应向水面加水，使水面与针尖齐平。遇到降雨溢流时，应测记溢流量。

②数据质量控制：数据录入之后，再次核对、整理和分析，避免录入过程出现错误。最后，将原始数据保存，统一编号，并在数据处理和上报完毕后归档保存。原始电子数据必须备份一份，并打印一份存档。

③数据质量综合评价：对已录入的数据，从数据的合理性、准确性、一致性、完整性、对比性和连续性等方面进行评价。如果发现异常数据，应详细分析，根据分析结果修正或者去除该数据。最后，由站长和数据管理员审核认定之后上报。

3.3.4.3 数据使用方法和建议

水面蒸发作为水循环过程中重要的环节之一，将水面蒸发量长期监测数据与其他水文数据结合，可为研究水面蒸发量在水文循环中的作用提供依据。此外，还可以了解水面蒸发量的动态变化趋势。将水面蒸发量数据与气象数据结合，研究该地区地表蒸发的机理及其影响因素，揭示水面蒸发规律过程的机理机制。

3.3.4.4 数据采集和处理方法

哀牢山生态站采用的观测装置是 E601 水面蒸发器，通过观测前后两次的水位变化，结合这段时间的降雨量计算水面蒸发量。水面蒸发量和水温于每日 20：00 观测 1 次。水面蒸发量每次观测都重复 2 次，在第一次测读后将测针旋转 90°～180°，然后读取第二次。两次差不大于 0.2 mm，即可求其平均值。否则立刻检查测针座是否水平，待调平之后重新读数两次；水温每次观测读取 3 次，求其平均值。蒸发量＝前一日水面高度＋降水量－测量时水面高度；最后计算月蒸发量和月平均温度。

3.3.4.5 数据

具体数据见表 3-89。

表 3-89 综合气象观测场 E601 蒸发皿人工观测数据

时间（年-月）	月蒸发量/mm	月均水温/℃	时间（年-月）	月蒸发量/mm	月均水温/℃
2008-07	1.73	19.18	2009-12	2.16	10.99
2008-08	2.18	20.05	2010-01	1.53	2.31
2008-09	2.00	19.63	2010-02	3.71	11.03
2008-10	1.43	16.83	2010-03	3.97	13.31
2008-11	1.86	13.50	2010-04	3.95	15.79
2008-12	1.24	9.41	2010-05	3.58	18.47
2009-01	1.53	9.21	2010-06	2.05	19.00
2009-02	3.84	12.95	2010-07	1.71	20.28
2009-03	3.84	14.05	2010-08	2.11	21.19
2009-04	3.38	16.92	2010-09	2.58	20.47
2009-05	3.42	19.00	2010-10	1.70	16.21
2009-06	2.62	19.96	2010-11	1.62	13.25
2009-07	1.96	19.86	2010-12	1.74	10.67
2009-08	1.84	20.16	2011-01	1.84	9.30
2009-09	2.47	19.73	2011-02	2.99	11.16
2009-10	2.47	18.39	2011-03	2.99	12.45
2009-11	2.13	13.59	2011-04	3.11	15.95

（续）

时间（年-月）	月蒸发量/mm	月均水温/℃	时间（年-月）	月蒸发量/mm	月均水温/℃
2011 - 05	2.65	19.24	2013 - 09	2.07	18.17
2011 - 06	2.36	20.19	2013 - 10	2.04	14.82
2011 - 07	2.23	20.96	2013 - 11	2.43	13.22
2011 - 08	2.41	21.16	2013 - 12	1.62	8.41
2011 - 09	2.04	20.22	2014 - 01	2.40	8.65
2011 - 10	1.85	16.38	2014 - 02	3.62	9.82
2011 - 11	2.05	12.49	2014 - 03	4.12	12.39
2011 - 12	1.36	10.19	2014 - 04	5.30	15.83
2012 - 01	2.39	9.42	2014 - 05	4.33	17.91
2012 - 02	4.30	11.41	2014 - 06	2.92	19.10
2012 - 03	3.72	13.05	2014 - 07	2.29	20.81
2012 - 04	4.26	15.82	2014 - 08	2.15	20.13
2012 - 05	4.15	20.34	2014 - 09	2.43	19.99
2012 - 06	2.34	20.06	2014 - 10	2.23	16.02
2012 - 07	1.63	19.16	2014 - 11	2.47	13.67
2012 - 08	2.50	21.83	2014 - 12	1.87	9.23
2012 - 09	2.22	18.87	2015 - 01	1.78	7.87
2012 - 10	1.86	16.89	2015 - 02	3.10	9.82
2012 - 11	2.48	13.60	2015 - 03	4.78	13.21
2012 - 12	2.19	10.44	2015 - 04	3.38	14.62
2013 - 01	2.48	10.05	2015 - 05	4.14	19.88
2013 - 02	3.76	13.04	2015 - 06	2.98	22.82
2013 - 03	4.23	15.06	2015 - 07	2.33	22.29
2013 - 04	4.72	17.16	2015 - 08	1.92	22.52
2013 - 05	3.42	20.14	2015 - 09	1.88	18.93
2013 - 06	3.11	23.38	2015 - 10	2.52	15.96
2013 - 07	2.14	23.18	2015 - 11	2.29	12.78
2013 - 08	2.51	21.14	2015 - 12	1.81	8.65

3.3.5   雨水水质状况

3.3.5.1   概述

    雨水水质长期监测是森林生态系统水分观测的重要内容之一，可以全面的反映出生态系统中水质的动态变化及发展趋势。哀牢山生态站的雨水水质数据集为 2008—2015 年检测数据，采样点是 ALFQX01（气象观测场）地理位置：101°1′E，24°32′N，海拔 2 478 m。

3.3.5.2   数据采集和处理方法

    每次采集 500 mL 的雨水，2008—2012 年的样品送西双版纳热带植物园中心实验室检测，2013—

2015 年的样品送水分分中心检测，检测内容包括 pH、矿化度、硫酸根和非溶性物质总含量。

3.3.5.3 数据质量控制和评估

①数据采集和分析过程中的质量控制：采样过程要确保水样的质量，并按规定的方法对样品妥善保存。

②数据质量控制：数据录入之后，进行再次核对、整理和分析，避免录入过程出现错误。最后，将原始数据保存，统一编号，并在数据处理和上报完毕后归档保存。原始电子数据必须备份一份，并打印一份存档保存。

③数据质量综合评价：对已录入的数据，从数据的合理性、准确性、一致性、完整性、对比性和连续性等方面评价。如果发现异常数据，应详细分析，然后修正或者去除该数据。最后，由站长和数据管理员审核认定之后上报。

3.3.5.4 数据使用方法和建议

雨水水质是水资源问题中的重要部分，通过分析森林生态系统雨水水质的监测数据能够真实反映生态系统区域水的质量，有利于揭示森林与水质之间的相互关系，为森林水资源和水环境的保护提供理论依据。

3.3.5.5 数据

具体数据见表 3-90。

表 3-90　综合气象观测场雨水水质状况

时间（年-月）	pH	矿化度/（mg/L）	硫酸根/（mg/L）	非溶性物质总含量/（mg/L）
2008-01	5.57	31.00	3.57	156.00
2008-04	7.04	183.00	15.77	47.00
2008-07	7.74	24.00	4.86	14.00
2008-10	6.61	17.00	4.71	68.00
2009-01	6.66	32.00	6.79	32.00
2009-04	7.11	38.00	6.94	50.00
2009-07	7.00	20.00	5.55	9.00
2009-10	6.53	18.00	2.96	65.00
2010-01	6.80	156.00	ND	42.00
2010-04	9.69	116.00	2.69	12.00
2010-07	8.90	86.00	1.32	84.00
2010-10	5.20	30.00	5.45	57.00
2011-01	7.30	113.00	7.08	16.00
2011-04	4.52	37.00	18.27	13.00
2011-07	4.95	116.00	3.44	98.00
2011-10	5.99	41.00	9.73	28.00
2012-04	5.87	26.00	3.21	2.00
2012-07	4.99	—	1.21	4.00
2012-10	4.38	30.00	2.59	23.00
2013-04	6.54	21.00	4.22	16.00

（续）

时间（年-月）	pH	矿化度/（mg/L）	硫酸根/（mg/L）	非溶性物质总含量/（mg/L）
2013 - 07	8.80	33.00	1.30	7.00
2013 - 10	8.40	45.00	3.17	17.00
2014 - 01	7.38	46.00	5.27	ND
2014 - 07	5.13	90.00	12.87	ND
2014 - 10	5.74	97.88	121.80	150.80
2015 - 01	7.26	46.00	1.20	4.00
2015 - 04	7.22	74.00	4.14	11.00
2015 - 07	8.84	237.00	73.04	3.00
2015 - 10	6.60	127.00	79.35	5.00

注：ND 为未检出，—为数据缺失。

3.3.6　穿透雨降水量

3.3.6.1　概述

穿透雨是指由直接穿透植被冠层的雨量和冠层叶片滴漏量组成的雨水，是描述水文过程的重要指标。穿透雨是林地土壤水分和径流的主要来源，其大小与林分密度、植被类型以及降雨强度有关。哀牢山森林生态系统穿透雨观测数据集为 2008—2015 年观测数据，穿透雨观测点位于 ALFZH01（中山湿性常绿阔叶林综合观测场），地理位置：101°1′E，24°32′N，海拔 2 488 m。植被类型为亚热带中山湿性常绿阔叶林，乔木主要由壳斗科、茶科、樟科、木兰科等种类组成。

3.3.6.2　数据采集和处理方法

哀牢山生态站的穿透雨观测采用的是人工观测法，即通过雨水收集器采集雨水，然后人工测量雨水体积的方法。在穿透雨监测场地设置 6 个直径为 20 cm 的雨量器收集林内穿透雨，每次降雨时在 8：00 用专用量杯直接测定雨量器内的水量，最后计算每个月的总降雨量。为了防止储水瓶（罐）满溢出，应该注意随时观测并记录下观测时间。此外，为了减少灌木及草本植物对穿透雨的影响，应使雨量器离地面的高度不低于 50 cm。

3.3.6.3　数据质量控制和评估

①原始数据采集过程中的质量控制：观测场中雨量计的设置要合理，要全面、真实地反映样地穿透雨降水量的多少。测量过程要多次测量，取平均值。当降雨强度很大时，要随时观测，防止储水瓶溢出。

②数据质量控制：数据录入之后，再次核对、整理和分析，避免录入过程出现错误。最后，将原始数据保存，统一编号，并在数据处理和上报完毕后归档保存。原始电子数据必须备份一份，并打印一份存档。

③数据质量综合评价：对已录入的数据，从数据的合理性、准确性、一致性、完整性、对比性和连续性等方面进行评价。如果发现异常数据，应详细分析，根据分析结果修正或者去除该数据。最后，由站长和数据管理员审核认定之后上报。

3.3.6.4　数据使用方法和建议

穿透雨是降雨再分配的主要组分，对土壤水分补给和植被生长具有关键作用。分析哀牢山生态站长期观测的穿透雨数据，可以了解亚热带常绿阔叶林的穿透雨特征与影响因素，有助于理解植被对降雨的利用状况和土壤水分补给过程，对于揭示植被冠层影响下的生态水文过程机理具有重要意义。

3.3.6.5　穿透雨降水量数据

具体数据见表 3-91。

表 3-91　中山湿性常绿阔叶林水分长期观测穿透雨降水量

时间（年-月）	穿透雨/mm	时间（年-月）	穿透雨/mm
2008 - 01	17.70	2010 - 10	16.14
2008 - 02	4.80	2010 - 11	9.90
2008 - 03	5.88	2010 - 12	18.13
2008 - 04	6.10	2011 - 01	11.25
2008 - 05	16.01	2011 - 03	11.40
2008 - 06	9.46	2011 - 04	12.68
2008 - 07	9.07	2011 - 05	10.01
2008 - 08	8.47	2011 - 06	15.75
2008 - 09	9.00	2011 - 07	19.89
2008 - 10	12.16	2011 - 08	16.98
2008 - 11	23.79	2011 - 09	21.06
2008 - 12	7.10	2011 - 10	9.54
2009 - 01	9.40	2011 - 11	14.22
2009 - 03	5.60	2011 - 12	7.85
2009 - 04	9.10	2012 - 01	5.53
2009 - 05	8.68	2012 - 03	23.70
2009 - 06	8.41	2012 - 04	12.53
2009 - 07	12.55	2012 - 05	16.67
2009 - 08	12.24	2012 - 06	28.83
2009 - 09	5.35	2012 - 07	14.19
2009 - 10	8.12	2012 - 08	16.41
2009 - 11	4.15	2012 - 09	18.72
2009 - 12	5.30	2012 - 10	13.20
2010 - 01	4.20	2012 - 11	9.65
2010 - 03	12.05	2013 - 03	7.75
2010 - 04	10.72	2013 - 04	11.67
2010 - 05	10.53	2013 - 05	13.36
2010 - 06	11.95	2013 - 06	22.30
2010 - 07	17.80	2013 - 07	17.54
2010 - 08	17.99	2013 - 08	37.97
2010 - 09	16.15	2013 - 09	23.12

（续）

时间（年-月）	穿透雨/mm	时间（年-月）	穿透雨/mm
2013 - 10	34.74	2015 - 01	58.03
2013 - 12	15.27	2015 - 02	4.80
2014 - 02	14.90	2015 - 03	8.83
2014 - 03	11.00	2015 - 04	33.63
2014 - 04	5.60	2015 - 05	13.37
2014 - 05	12.85	2015 - 06	22.83
2014 - 06	21.38	2015 - 07	15.67
2014 - 07	27.35	2015 - 08	20.18
2014 - 08	18.90	2015 - 09	19.38
2014 - 09	23.23	2015 - 10	33.92
2014 - 10	10.73	2015 - 11	14.57
2014 - 11	35.10	2015 - 12	11.45
2014 - 12	11.65		

3.3.7　枯枝落叶含水量

3.3.7.1　概述

　　丰富的地表枯枝落叶层（凋落物层）具有持水、抑制土壤表面蒸发和减少地表径流的作用，从而提高了土壤保水能力。土壤蒸发发生在表层，凋落物对地表的庇护作用可使林地土壤蒸发大大减少。此外，凋落物层还有补给土壤水分的功能。因此，常绿阔叶林地表丰富的凋落物通过持水和抑制土壤蒸发而对水源涵养有一定作用。哀牢山生态站枯枝落叶含水量数据为2008—2015年的监测数据，观测样地包括ALFZH01（中山湿性常绿阔叶林综合观测场），地理位置为101°1′E，24°32′N，海拔2 488 m；ALFFZ01（山顶苔藓矮林辅助观测场），地理位置为101°1′55″E，24°32′10″N，海拔2 655 m；ALFFZ02（滇山杨林次生辅助观测场），地理位置为101°1′8″E，24°33′25″N，海拔2 500 m。

3.3.7.2　数据采集和处理方法

　　哀牢山生态站枯枝落叶层含水量的监测频率为1次/月，在样地内随机选取面积为0.2 m×0.2 m的小样方，收集该样方内的枯枝落叶称取鲜重，再在烘箱内以80℃恒温烘至恒重，称取干重。最后，计算枯枝落叶含水量。

3.3.7.3　数据质量控制和评估

　　①原始数据采集过程中的质量控制：测量之前天平要调平，测量数据应多次测量，求其平均值；样品要烘至恒重为止。

　　②数据质量控制：数据录入之后，再次核对、整理和分析，避免录入过程出现错误。最后，将原始数据保存，统一编号，并在数据处理和上报完毕后归档保存。原始电子数据必须备份一份，并打印一份存档。

　　③数据质量综合评价：对已录入的数据，从数据的合理性、准确性、一致性、完整性、对比性和连续性等方面评价。如果发现异常数据，应详细分析，根据分析结果修正或者去除该数据。最后，由站长和数据管理员审核认定之后上报。

3.3.7.4　数据使用方法和建议

枯枝落叶层是森林生态系统中重要的组成成分，枯枝落叶含水量对森林水文特征性有重要影响。通过分析不同植被类型枯枝落叶含水量的长期监测数据，可以了解枯枝落叶含水量的动态变化以及在中山湿性常绿阔叶林水文循环过程中的作用，为相关研究提供数据基础。

3.3.7.5　数据

具体数据见表 3-92～表 3-94。

表 3-92　中山湿性常绿阔叶林枯枝落叶含水量

日期 (年/月/日)	枯枝落叶 含水量/%	日期 (年/月/日)	枯枝落叶 含水量/%	日期 (年/月/日)	枯枝落叶 含水量/%	日期 (年/月/日)	枯枝落叶 含水量/%
2008/1/15	25.186	2010/1/15	32.601	2012/1/15	127.960	2014/1/15	53.225
2008/2/15	51.471	2010/2/15	21.556	2012/2/15	23.150	2014/2/15	26.118
2008/3/15	43.030	2010/3/15	16.903	2012/3/15	26.427	2014/3/15	21.790
2008/4/15	16.435	2010/4/15	20.997	2012/4/15	38.234	2014/4/15	16.451
2008/5/15	232.275	2010/5/15	40.445	2012/5/15	32.414	2014/5/15	82.746
2008/6/15	194.974	2010/6/15	307.988	2012/6/15	273.294	2014/6/15	239.913
2008/7/15	210.859	2010/7/15	338.999	2012/7/15	335.706	2014/7/15	319.680
2008/8/15	267.976	2010/8/15	328.684	2012/8/15	217.703	2014/8/15	272.114
2008/9/15	198.828	2010/9/15	377.138	2012/9/15	277.401	2014/9/15	174.698
2008/10/15	232.231	2010/10/15	333.826	2012/10/15	239.540	2014/10/15	247.847
2008/11/15	173.140	2010/11/15	270.195	2012/11/15	73.536	2014/11/15	119.225
2008/12/15	116.883	2010/12/15	165.756	2012/12/15	63.048	2014/12/15	72.297
2009/1/15	194.361	2011/1/15	130.629	2013/1/15	41.677	2015/1/15	53.225
2009/2/15	32.539	2011/2/15	53.062	2013/2/15	22.196	2015/2/15	89.284
2009/3/15	25.321	2011/3/15	23.110	2013/3/15	73.955	2015/3/15	15.065
2009/4/15	54.904	2011/4/15	28.932	2013/4/15	25.249	2015/4/15	16.936
2009/5/15	183.613	2011/5/15	166.464	2013/5/15	96.841	2015/5/15	24.058
2009/6/15	133.782	2011/6/15	283.824	2013/6/15	101.606	2015/6/15	224.863
2009/7/15	247.873	2011/7/15	268.081	2013/7/15	233.333	2015/7/15	156.478
2009/8/15	245.959	2011/8/15	295.989	2013/8/15	250.306	2015/8/15	184.581
2009/9/15	199.186	2011/9/15	275.249	2013/9/15	273.080	2015/9/15	311.088
2009/10/15	281.422	2011/10/15	208.635	2013/10/15	108.420	2015/10/15	187.896
2009/11/15	46.811	2011/11/15	163.323	2013/11/15	48.332	2015/11/15	119.130
2009/12/15	63.068	2011/12/15	107.133	2013/12/15	202.643	2015/12/15	54.951

表 3-93　山顶苔藓矮林枯枝落叶含水量

日期 (年/月/日)	枯枝落叶 含水量/%	日期 (年/月/日)	枯枝落叶 含水量/%	日期 (年/月/日)	枯枝落叶 含水量/%	日期 (年/月/日)	枯枝落叶 含水量/%
2008/1/16	29.906	2008/6/16	325.870	2008/11/16	149.932	2009/4/16	62.770
2008/2/16	62.086	2008/7/16	255.883	2008/12/16	122.370	2009/5/16	202.684
2008/3/16	27.300	2008/8/16	333.827	2009/1/16	230.491	2009/6/16	246.648
2008/4/16	11.876	2008/9/16	164.934	2009/2/16	22.119	2009/7/16	291.081
2008/5/16	243.911	2008/10/16	170.927	2009/3/16	19.622	2009/8/16	321.005

（续）

日期 （年/月/日）	枯枝落叶 含水量/%	日期 （年/月/日）	枯枝落叶 含水量/%	日期 （年/月/日）	枯枝落叶 含水量/%	日期 （年/月/日）	枯枝落叶 含水量/%
2009/9/16	285.148	2011/4/16	17.891	2012/11/16	194.605	2014/6/16	263.269
2009/10/16	342.796	2011/5/16	205.913	2012/12/16	58.296	2014/7/16	289.240
2009/11/16	63.325	2011/6/16	316.069	2013/1/16	33.165	2014/8/16	275.822
2009/12/16	77.910	2011/7/16	268.963	2013/2/16	18.561	2014/9/16	175.737
2010/1/16	44.816	2011/8/16	335.065	2013/3/16	32.108	2014/10/16	266.771
2010/2/16	18.451	2011/9/16	270.721	2013/4/16	109.826	2014/11/16	117.002
2010/3/16	18.629	2011/10/16	258.226	2013/5/16	50.197	2014/12/16	45.705
2010/4/16	15.168	2011/11/16	216.953	2013/6/16	35.479	2015/1/16	59.004
2010/5/16	44.027	2011/12/16	220.901	2013/7/16	252.662	2015/2/16	58.222
2010/6/16	337.431	2012/1/16	171.600	2013/8/16	283.626	2015/3/16	14.456
2010/7/16	271.439	2012/2/16	22.679	2013/9/16	239.368	2015/4/16	14.452
2010/8/16	289.659	2012/3/16	38.600	2013/10/16	70.903	2015/5/16	13.963
2010/9/16	372.647	2012/4/16	65.165	2013/11/16	45.732	2015/6/16	246.555
2010/10/16	275.011	2012/5/16	40.030	2013/12/16	205.461	2015/7/16	170.597
2010/11/16	297.383	2012/6/16	239.419	2014/1/16	59.004	2015/8/16	273.672
2010/12/16	177.237	2012/7/16	337.589	2014/2/16	18.229	2015/9/16	286.512
2011/1/16	207.506	2012/8/16	210.476	2014/3/16	14.635	2015/10/16	194.570
2011/2/16	30.405	2012/9/16	261.123	2014/4/16	9.747	2015/11/16	69.459
2011/3/16	235.962	2012/10/16	250.873	2014/5/16	56.517	2015/12/16	307.753

表 3-94　滇山杨次生林枯枝落叶含水量

日期 （年/月/日）	枯枝落叶 含水量/%	日期 （年/月/日）	枯枝落叶 含水量/%	日期 （年/月/日）	枯枝落叶 含水量/%	日期 （年/月/日）	枯枝落叶 含水量/%
2008/1/16	31.122	2008/12/16	87.887	2009/11/16	41.472	2010/10/16	283.109
2008/2/16	41.567	2009/1/16	178.912	2009/12/16	58.686	2010/11/16	195.602
2008/3/16	45.517	2009/2/16	30.215	2010/1/16	34.411	2010/12/16	154.827
2008/4/16	12.252	2009/3/16	16.027	2010/2/16	20.717	2011/1/16	98.375
2008/5/16	244.117	2009/4/16	45.219	2010/3/16	20.148	2011/2/16	29.195
2008/6/16	301.192	2009/5/16	211.338	2010/4/16	17.540	2011/3/16	154.847
2008/7/16	265.106	2009/6/16	244.114	2010/5/16	105.343	2011/4/16	20.213
2008/8/16	274.878	2009/7/16	236.910	2010/6/16	359.457	2011/5/16	260.203
2008/9/16	251.083	2009/8/16	248.998	2010/7/16	254.978	2011/6/16	313.494
2008/10/16	183.295	2009/9/16	207.369	2010/8/16	321.138	2011/7/16	268.189
2008/11/16	97.567	2009/10/16	304.469	2010/9/16	326.883	2011/8/16	317.998

（续）

日期 （年/月/日）	枯枝落叶 含水量/%	日期 （年/月/日）	枯枝落叶 含水量/%	日期 （年/月/日）	枯枝落叶 含水量/%	日期 （年/月/日）	枯枝落叶 含水量/%
2011/9/16	296.252	2012/10/16	219.397	2013/11/16	57.668	2014/12/16	40.039
2011/10/16	200.645	2012/11/16	189.537	2013/12/16	323.993	2015/1/16	78.967
2011/11/16	156.911	2012/12/16	41.056	2014/1/16	78.967	2015/2/16	53.015
2011/12/16	151.231	2013/1/16	31.066	2014/2/16	25.810	2015/3/16	16.607
2012/1/16	142.335	2013/2/16	22.068	2014/3/16	18.878	2015/4/16	17.789
2012/2/16	27.071	2013/3/16	38.212	2014/4/16	15.045	2015/5/16	19.784
2012/3/16	31.284	2013/4/16	110.661	2014/5/16	96.121	2015/6/16	262.734
2012/4/16	37.238	2013/5/16	85.817	2014/6/16	279.043	2015/7/16	191.236
2012/5/16	33.804	2013/6/16	97.942	2014/7/16	332.168	2015/8/16	300.676
2012/6/16	296.749	2013/7/16	275.963	2014/8/16	235.202	2015/9/16	305.488
2012/7/16	294.621	2013/8/16	232.428	2014/9/16	153.572	2015/10/16	134.605
2012/8/16	252.182	2013/9/16	267.260	2014/10/16	265.144	2015/11/16	61.837
2012/9/16	284.692	2013/10/16	88.337	2014/11/16	74.238	2015/12/16	182.936

3.4　气象监测数据

3.4.1　温度

3.4.1.1　概述

空气温度（简称气温）是表示空气冷热程度的物理量。本数据集包括 2008—2015 年的温度数据，采集地为 ALFQX01（气象观测场），24°32′N，101°1′E。观测项目有气温、最高气温、最低气温。

3.4.1.2　数据采集和处理方法

数据采集由芬兰 VAISALA 生产的 MILOS520 和 MAWS 自动气象站采集，由中国生态系统研究网络气象报表自动生成的报表（M 报表）、规范气象数据报表（A 报表）和数据质量控制表（B2 表）组成。数据报表编制利用报表处理程序对观测数据进行自动处理、质量审核，按照观测规范最终编制出观测报表文件（T 表）。

自动气象站的 HMP45D 温度传感器，每 10 s 采测 1 个温度值，每分钟采测 6 个温度值，去除 1 个最大值和 1 个最小值后取平均值，作为每分钟的温度值存储。采测整点的温度值作为正点数据存储。

3.4.1.3　数据质量控制和评估

按 CERN 监测规范的要求，哀牢山生态站自动观测采用 MILOS520 和 MAWS 自动气象站，从 2005 年 1 月开始运行，系统稳定性较好，产生的数据质量也较好。

数据质量控制：

①超出气候学界限值域 −80～60℃ 的数据为错误数据。

②1 min 内允许的最大变化值为 3℃，1 h 内变化幅度的最小值为 0.1℃。

③定时气温大于等于日最低地温且小于等于日最高气温。

④气温大于等于露点温度。

⑤24 h 气温变化范围小于 50℃。

⑥利用与台站下垫面及周围环境相似的一个或多个邻近站观测数据计算本站气温值，比较台站观测值和计算值，如果超出阈值即认为观测数据可疑。

⑦某一定时气温缺测时，用前、后两定时数据内插求得，按正常数据统计，若连续两个或以上定时数据缺测时，不能内插，仍按缺测处理。

⑧一日中若24次定时观测记录有缺测时，该日按照2：00、8：00、14：00、20：00的定时记录做日平均，若4次定时记录缺测1次或以上，但该日各定时记录缺测5次或以下时，按实有记录做日统计，缺测6次或以上时，不做日平均。本部分数据没有缺测，质量较高。

3.4.1.4 数据价值/数据使用方法和建议

气象学上把表示空气冷热程度的物理量称为空气温度。天气预报中所说的气温，指在野外空气流通、不受太阳直射下测得的空气温度（一般在百叶箱内测定）。最高气温是一日内气温的最高值，一般出现在14：00—15：00；最低气温是一日内气温的最低值，一般出现日出前。温度除受地理纬度影响外，可随地势高度的增加而降低。哀牢山生态站2008—2015年的气温数据比较完整，具有较高的利用价值。

3.4.1.5 数据

具体数据见表3-95。

表3-95　综合气象场自动站温度

时间（年-月）	日平均值月平均/℃	月极大值/℃	极大值日期	月极小值/℃	极小值日期
2008-01	6.82	16.2	7	−3.8	7
2008-02	6.17	19.6	1	−1.3	5
2008-03	8.98	18.6	29	−0.6	1
2008-04	13.07	23.0	9	3.2	21
2008-05	13.28	23.9	9	6.4	6
2008-06	14.88	23.1	28	7.2	28
2008-07	15.26	23.6	31	9.5	7
2008-08	15.36	23.8	21	8.9	13
2008-09	14.46	24.6	24	9.1	13
2008-10	12.48	20.0	17	6.0	23
2008-11	8.32	16.0	9	−0.9	30
2008-12	5.72	13.8	13	−1.4	9
2009-01	5.61	14.6	29	−2.7	9
2009-02	8.91	19.0	16	−2.4	10
2009-03	10.66	20.5	24	−1.1	14
2009-04	12.50	22.8	25	3.6	6
2009-05	14.30	24.3	12	3.6	20
2009-06	15.73	24.2	4	7.7	4
2009-07	16.13	25.7	18	10.6	1
2009-08	15.72	24.5	2	9.8	31
2009-09	14.86	24.5	11	4.8	29
2009-10	13.77	22.2	4	3.7	25
2009-11	8.53	19.0	1	−1.5	25

（续）

时间（年-月）	日平均值月平均/℃	月极大值/℃	极大值日期	月极小值/℃	极小值日期
2009 - 12	6.35	15.5	8	−4.2	25
2010 - 01	6.57	15.8	25	−4.7	28
2010 - 02	8.60	19.0	27	−5.2	7
2010 - 03	11.12	22.6	21	1.1	9
2010 - 04	13.19	23.6	12	1.5	8
2010 - 05	15.58	24.9	6	7.8	10
2010 - 06	15.29	23.5	10	10.1	2
2010 - 07	15.90	24.4	27	10.6	24
2010 - 08	15.60	25.2	11	8.3	29
2010 - 09	15.24	23.9	21	8.6	21
2010 - 10	12.08	21.0	14	3.7	22
2010 - 11	8.61	15.5	6	−0.3	10
2010 - 12	6.85	17.5	6	−3.9	25
2011 - 01	5.49	13.8	8	−4.1	21
2011 - 02	7.54	18.0	28	−3.5	6
2011 - 03	8.69	19.4	23	−2.1	1
2011 - 04	11.86	21.4	10	3.1	4
2011 - 05	14.10	23.7	10	4.8	18
2011 - 06	15.70	23.1	25	8.9	1
2011 - 07	15.75	24.8	30	10.5	30
2011 - 08	15.13	24.9	31	7.2	25
2011 - 09	14.97	23.6	2	8.9	2
2011 - 10	11.85	20.9	11	5.7	24
2011 - 11	7.44	14.8	23	−1.8	10
2011 - 12	6.51	13.5	1	−0.3	11
2012 - 01	5.81	13.6	30	−5.8	16
2012 - 02	8.69	17.0	24	−3.2	3
2012 - 03	10.05	19.3	29	−1.8	18
2012 - 04	12.23	21.7	2	2.1	3
2012 - 05	15.55	24.9	21	4.2	4
2012 - 06	15.53	24.1	7	10.7	6
2012 - 07	15.55	22.4	30	10.4	30
2012 - 08	15.52	23.8	17	9.5	11
2012 - 09	13.92	21.3	9	8.3	13
2012 - 10	12.01	19.4	28	1.9	22
2012 - 11	9.99	17.0	3	1.0	11
2012 - 12	6.73	15.2	1	−3.4	16
2013 - 01	5.97	14.2	19	−5.0	27
2013 - 02	9.75	19.5	26	−2.9	1

（续）

时间（年-月）	日平均值月平均/℃	月极大值/℃	极大值日期	月极小值/℃	极小值日期
2013 - 03	11.29	20.6	28	−0.2	7
2013 - 04	13.64	23.2	26	1.3	6
2013 - 05	14.31	25.8	22	5.7	5
2013 - 06	16.00	25.1	15	3.2	12
2013 - 07	15.57	23.3	31	12.6	14
2013 - 08		24.6	24	9.9	3
2013 - 09	13.79	22.8	23	5.1	30
2013 - 10	10.97	19.6	12	0.9	25
2013 - 11	9.61	19.6	11	−0.8	22
2013 - 12	4.60	14.1	5	−8.0	19
2014 - 01	5.46	17.6	25	−5.3	21
2014 - 02	7.84	17.0	26	−4.5	3
2014 - 03	10.76	21.1	30	−0.1	25
2014 - 04	13.94	24.6	19	2.0	4
2014 - 05	15.20	26.2	30	5.1	1
2014 - 06	16.41	26.6	2	10.9	17
2014 - 07	16.14	24.1	10	10.3	24
2014 - 08	15.26	22.7	7	9.4	21
2014 - 09	15.29	23.2	15	10.5	30
2014 - 10	12.02	20.0	11	2.7	22
2014 - 11	9.73	18.0	2	0.2	30
2014 - 12	6.30	15.0	31	−3.9	20
2015 - 01	5.40	15.3	4	−5.9	13
2015 - 02	7.23	17.1	28	−2.8	17
2015 - 03	12.05	20.5	10	1.7	1
2015 - 04	11.89	22.8	16	1.0	13
2015 - 05	15.20	23.7	30	5.9	4
2015 - 06	16.45	24.9	4	9.2	11
2015 - 07	14.78	23.6	12	7.0	26
2015 - 08	15.13	22.7	22	8.5	22
2015 - 09	15.27	23.3	30	10.2	13
2015 - 10		22.1	1	4.7	29
2015 - 11	9.70	17.0	20	1.9	20
2015 - 12	6.04	14.0	1	−3.1	17

3.4.2 相对湿度

3.4.2.1 概述

相对湿度，指空气中水汽压与相同温度下饱和水汽压的百分比，或湿空气的绝对湿度与相同温度下可能达到的最大绝对湿度之比，也可表示为湿空气中水蒸气分压力与相同温度下水的饱和压力之比。地面观测中测定的是离地面 1.50 m 高度处的湿度。相对湿度是空气中实际水汽压与当时气温下的饱和水汽压之比，以百分数（％）表示，取整数。本数据集包括 2008—2015 年 ALFQX01（气象观测场）的观测数据，由 HMP45D 湿度传感器观测。

3.4.2.2　数据采集和处理方法

数据采集由芬兰 VAISALA 生产的 MILOS520 和 MAWS 自动气象站采集，由中国生态系统研究网络气象报表自动生成的报表、规范气象数据报表和数据质量控制表组成。数据处理使用报表处理程序对观测数据自动处理、质量审核，按照观测规范最终编制出观测报表文件（RB 表）。每 10 s 采测 1 个湿度值，每分钟采测 6 个湿度值，去除 1 个最大值和 1 个最小值后取平均值，作为每分钟的湿度值存储。采测整点的湿度值作为正点数据存储。

3.4.2.3　数据质量控制和评估

按 CERN 监测规范的要求，哀牢山生态站自动观测从 2005 年 1 月开始运行，系统稳定性较好，产生的数据质量也较好。

数据质量控制：

①相对湿度介于 0～100％。

②定时相对湿度大于等于日最小相对湿度。

③干球温度大于等于湿球温度（结冰期除外）。

④某一定时相对湿度缺测时，用前、后两次的定时数据内插求得，按正常数据统计，若连续 2 个或以上定时数据缺测时，不能内插，仍按缺测处理。

⑤一日中若 24 次定时观测记录有缺测时，该日按照 2：00、8：00、14：00、20：00 的定时记录做日平均，若 4 次定时记录缺测 1 次或以上，但该日各定时记录缺测 5 次或以下时，按实有记录作日统计，缺测 6 次或以上时，不做日平均。

3.4.2.4　数据价值 / 数据使用方法和建议

水蒸气时空分布通过诸如潜热交换，辐射性冷却和加热，云的形成和降雨等对天气和气候造成相当大的影响，从而影响动植物的生长环境，其变化是植被改变的主要动力，会对农业生产产生一定的影响。因此，了解全球变化背景下相对湿度大变化趋势，对于了解环境的变化及调整生产具有重要的现实意义。

3.4.2.5　数据

具体数据见表 3 - 96。

表 3 - 96　综合气象场自动站湿度

时间（年-月）	日平均值月平均/%	日最小值月平均/%	月极小值/%	极小值日期
2008 - 01	71.09	47.94	14	7
2008 - 02	72.83	50.52	28	5
2008 - 03	72.77	51.23	23	18
2008 - 04	65.03	42.70	19	9
2008 - 05	86.60	69.19	44	3
2008 - 06	90.80	74.17	35	3
2008 - 07	92.00	76.71	34	7
2008 - 08	92.30	77.94	53	23
2008 - 09	93.28	76.07	55	24
2008 - 10	93.46	80.06	53	23

（续）

时间（年-月）	日平均值月平均/%	日最小值月平均/%	月极小值/%	极小值日期
2008 - 11	89.40	69.40	40	9
2008 - 12	90.42	73.94	44	8
2009 - 01	88.54	71.58	46	28
2009 - 02	59.33	34.96	19	23
2009 - 03	59.29	36.97	14	13
2009 - 04	78.32	51.30	23	14
2009 - 05	84.91	62.87	26	11
2009 - 06	93.35	77.30	31	4
2009 - 07		84.26	57	18
2009 - 08	93.88	78.23	50	31
2009 - 09	92.73	73.33	48	30
2009 - 10	91.38	70.84	54	30
2009 - 11	85.68	66.13	39	4
2009 - 12	81.95	56.00	30	24
2010 - 01	74.15	43.74	26	9
2010 - 02	55.35	31.57	19	7
2010 - 03	63.03	41.45	20	17
2010 - 04	69.94	45.83	10	8
2010 - 05	78.29	51.42	32	5
2010 - 06	95.60	80.60	49	1
2010 - 07	96.55	81.06	57	27
2010 - 08	94.60	72.84	51	31
2010 - 09	94.53	73.87	57	20
2010 - 10	95.83	80.00	43	31
2010 - 11	89.19	67.03	41	10
2010 - 12	83.89	58.48	19	21
2011 - 01	79.93	56.45	30	25
2011 - 02	62.38	32.79	14	28
2011 - 03	72.00	51.65	17	2
2011 - 04	75.96	47.43	23	9
2011 - 05	83.78	56.77	19	18
2011 - 06	90.89	71.07	42	25
2011 - 07	91.31	70.97	50	30
2011 - 08	90.10	65.55	44	7
2011 - 09	93.27	71.40	37	2
2011 - 10	92.84	73.74	52	24
2011 - 11	87.30	60.27	31	19
2011 - 12	92.09	75.32	53	31
2012 - 01	73.39	47.13	25	24

（续）

时间（年-月）	日平均值月平均/%	日最小值月平均/%	月极小值/%	极小值日期
2012 - 02	54.00	30.62	19	26
2012 - 03	62.76	38.81	17	18
2012 - 04	66.68	40.93	22	2
2012 - 05	75.65	47.45	21	4
2012 - 06	91.57	74.43	42	6
2012 - 07	94.17	78.29	62	27
2012 - 08	90.11	65.61	34	10
2012 - 09	93.64	77.40	48	3
2012 - 10	89.49	66.35	39	27
2012 - 11	83.88	59.40	36	3
2012 - 12	80.12	52.94	30	15
2013 - 01	73.96	44.06	24	28
2013 - 02	58.61	29.64	18	28
2013 - 03	60.84	31.55	15	2
2013 - 04	59.01	33.57	14	20
2013 - 05	82.79	54.26	35	22
2013 - 06	85.99	63.03	19	12
2013 - 07			76	2
2013 - 08			43	24
2013 - 09	91.60	69.60	32	30
2013 - 10	91.48	72.84	30	9
2013 - 11	85.22	54.37	23	24
2013 - 12	89.71	65.29	27	31
2014 - 01	78.01	47.74	18	25
2014 - 02	63.00	36.71	16	3
2014 - 03	60.22	34.45	16	16
2014 - 04	55.47	29.33	16	12
2014 - 05	74.42	29.77	7	17
2014 - 06	89.71	14.13	11	17
2014 - 07	93.93	41.45	13	14
2014 - 08	94.67	76.32	56	28
2014 - 09	93.28	73.80	56	16
2014 - 10	91.37	70.06	42	21
2014 - 11	86.65	59.90	40	25
2014 - 12	88.40	63.03	32	31
2015 - 01	85.41	63.39	34	23
2015 - 02	68.43	42.29	31	6
2015 - 03	57.25	34.32	13	12
2015 - 04	77.45	52.93	35	11

（续）

时间（年-月）	日平均值月平均/%	日最小值月平均/%	月极小值/%	极小值日期
2015 – 05	75.60	50.81	30	4
2015 – 06	88.72	68.57	48	2
2015 – 07	93.42	75.00	41	26
2015 – 08	95.63	79.06	60	22
2015 – 09	95.26	78.20	54	30
2015 – 10			41	28
2015 – 11	88.55	63.87	43	20
2015 – 12	89.91	71.61	51	15

3.4.3　气压

3.4.3.1　概述

气压是作用在单位面积上的大气压力，即等于单位面积上向上延伸到大气上界的垂直空气柱的重量，气压以 hPa 为单位。本数据集包括 2008—2015 年的数据，采集地为 ALFQX01（气象观测场），使用芬兰 VAISALA 生产的 MILOS520 和 MAWS 自动监测系统。

3.4.3.2　数据采集和处理方法

数据采集由芬兰 VAISALA 生产的 MILOS520 和 MAWS 自动气象站采集，由中国生态系统研究网络气象报表自动生成的报表、规范气象数据报表和数据质量控制表组成。数据报表编制利用报表处理程序对观测数据自动处理、质量审核，按照观测规范最终编制出观测报表文件（P 表）。气压使用 DPA501 数字气压表观测，每 10 s 采测 1 个气压值，每分钟采测 6 个气压值，去除 1 个最大值和 1 个最小值后取平均值，作为每分钟的气压值，采测整点的气压值作为正点数据存储。观测层次：距地面小于 1 m。

3.4.3.3　数据质量控制和评估

按 CERN 监测规范的要求，哀牢山生态站自动观测采用 MILOS520 和 MAWS 自动气象站，从 2005 年 1 月开始运行，系统稳定性较好，产生的数据质量也较好。

数据质量控制：

①超出气候学界限值域 300～1 100 hPa 的数据为错误数据。

②所观测的气压不小于日最低气压且不大于日最高气压，海拔高度大于 0 m 时，台站气压小于海平面气压，海拔高度等于 0 m 时，台站气压等于海平面气压，海拔高度小于 0 m 时，台站气压大于海平面气压。

③24 h 变压的绝对值小于 50 hPa。

④1 min 内允许的最大变化值为 1.0 hPa，1 h 内变化幅度的最小值为 0.1 hPa。

⑤某一定时气压缺测时，用前、后两定时数据内插求得，按正常数据统计，若连续两个或以上定时数据缺测时，不能内插，仍按缺测处理。

⑥一日中若 24 次定时观测记录有缺测时，该日按照 2：00、8：00、14：00、20：00 的定时记录做日平均，若 4 次定时记录缺测 1 次或以上，但该日各定时记录缺测 5 次或以下时，按实有记录做日统计，缺测 6 次或以上时，不做日平均。

3.4.3.4　数据价值/数据使用方法和建议

气压的大小与海拔高度、大气温度、大气密度等有关，一般随高度升高按指数律递减。气压有日变化和年变化。一年之中，冬季比夏季气压高。一天中，气压有 1 个最高值、1 个最低值，分别出现在 9：00—10：00 和 15：00～16：00，还有 1 个次高值和 1 个次低值，分别出现在 21：00—22：00 和 3：00—4：00。气压日变化幅度较小，一般为 1～4 hPa，并随纬度增高而减小。气压变化与风、天气的好坏等关系密切，因而是重要气象因子。

3.4.3.5　数据

具体数据见表 3-97。

表 3-97　综合气象场自动站气压

时间（年-月）	日平均值月平均/hPa	日最大值月平均/hPa	日最小值月平均/hPa	月极大值/hPa	极大值日期	月极小值/hPa	极小值日期
2008-01	755.48	757.29	753.77	760.9	6	749.5	28
2008-02	754.76	756.63	752.88	760.4	19	749.6	1
2008-03	755.97	757.75	754.20	760.2	7	752.2	18
2008-04	756.06	757.88	754.00	761.3	6	752.1	20
2008-05	754.66	756.20	752.86	758.9	13	750.9	2
2008-06	754.10	755.36	752.54	758.6	4	750.5	13
2008-07	753.90	755.15	752.42	756.9	9	750.2	16
2008-08	755.09	756.45	753.48	759.5	31	749.6	7
2008-09	756.26	758.68	731.57	760.2	11	751.9	25
2008-10	759.77	761.41	758.18	764.0	11	755.3	4
2008-11	758.98	760.82	757.31	764.8	27	754.4	16
2008-12	757.28	759.21	755.43	763.2	5	751.6	3
2009-01	756.73	758.54	754.94	764.0	13	751.8	19
2009-02	755.53	757.33	753.85	760.2	20	749.9	12
2009-03	756.02	757.87	754.05	763.0	14	750.2	5
2009-04	755.30	757.02	753.46	759.9	5	749.9	18
2009-05	755.74	757.40	753.81	761.6	3	751.1	27
2009-06	753.37	754.64	751.76	757.2	13	749.0	7
2009-07	753.75	973.53	752.25	7 530.0	24	750.0	4
2009-08	756.18	757.43	754.49	760.9	31	750.8	3
2009-09	757.66	759.16	755.88	761.0	21	752.8	5
2009-10	758.72	760.47	757.10	762.7	14	754.1	8
2009-11	758.05	759.83	756.27	767.4	2	750.5	10
2009-12	756.39	758.14	754.68	761.7	19	751.0	26
2010-01	757.41	759.25	755.70	763.6	16	751.2	4
2010-02	755.55	757.31	753.70	759.6	7	751.0	24
2010-03	756.79	758.74	754.52	764.5	18	751.0	23
2010-04	756.72	758.66	754.70	761.8	23	750.6	20
2010-05	755.11	756.61	753.41	760.0	1	750.9	26
2010-06	755.01	756.29	753.55	758.6	4	751.2	25
2010-07	755.45	756.70	753.95	758.7	4	751.8	23
2010-08	756.77	758.12	754.97	760.8	20	753.0	8
2010-09	757.55	759.13	755.88	761.4	29	754.4	10

（续）

时间（年-月）	日平均值 月平均/hPa	日最大值 月平均/hPa	日最小值 月平均/hPa	月极大值/ hPa	极大值日期	月极小值/hPa	极小值日期
2010 - 10	758.68	760.33	756.91	765.6	30	751.1	9
2010 - 11	758.43	760.22	756.69	765.2	9	751.8	20
2010 - 12	755.22	757.04	753.46	761.2	3	747.8	12
2011 - 01	754.43	756.32	752.65	760.0	28	748.9	19
2011 - 02	754.80	756.53	753.17	758.8	27	749.1	9
2011 - 03	756.32	758.24	754.26	761.6	29	750.7	19
2011 - 04	756.92	758.68	755.14	762.6	10	752.8	29
2011 - 05	755.57	757.23	753.62	763.2	16	751.1	8
2011 - 06	753.71	754.89	752.22	757.6	2	749.8	23
2011 - 07	754.48	755.71	752.85	759.7	25	751.0	2
2011 - 08	756.13	757.40	754.55	759.4	21	752.0	1
2011 - 09	756.52	757.99	754.81	761.1	10	752.7	7
2011 - 10	759.03	760.69	757.51	762.6	17	754.5	1
2011 - 11	758.39	760.15	756.88	765.1	23	753.7	28
2011 - 12	757.27	759.15	755.67	761.2	31	752.4	3
2012 - 01	754.84	756.64	753.24	761.8	8	748.7	17
2012 - 02	754.15	755.97	752.32	758.6	3	747.4	28
2012 - 03	755.42	757.25	753.49	763.8	31	749.4	6
2012 - 04	755.75	757.47	753.97	762.3	3	750.9	23
2012 - 05	754.74	756.33	752.98	759.0	10	750.7	13
2012 - 06	752.69	753.93	751.31	756.7	1	749.4	19
2012 - 07	753.33	754.55	751.85	756.4	20	750.3	23
2012 - 08	755.39	756.82	753.66	760.1	22	751.7	1
2012 - 09	758.04	759.43	756.48	761.9	27	754.1	1
2012 - 10	759.12	760.80	757.66	763.4	17	754.4	3
2012 - 11	757.33	758.99	755.60	761.8	17	753.3	8
2012 - 12	756.09	757.94	754.29	761.4	23	751.1	31
2013 - 01	756.08	758.00	754.49	761.7	18	751.0	10
2013 - 02	757.36	759.20	755.56	762.1	22	751.8	18
2013 - 03	756.63	758.56	754.59	762.7	7	751.2	18
2013 - 04	755.58	757.35	753.65	760.6	24	749.9	5
2013 - 05	755.09	756.67	753.30	759.0	5	750.8	1
2013 - 06	754.27	755.62	752.39	758.0	11	749.6	18
2013 - 07	753.91	755.12	752.41	756.9	24	750.7	18
2013 - 08				759.0	5	751.4	24
2013 - 09	757.69	759.07	756.05	761.5	13	753.2	22
2013 - 10	759.80	761.37	758.24	763.5	2	756.0	5
2013 - 11	758.89	760.66	757.24	764.1	6	753.9	25

（续）

时间（年-月）	日平均值 月平均/hPa	日最大值 月平均/hPa	日最小值 月平均/hPa	月极大值/ hPa	极大值日期	月极小值/hPa	极小值日期
2013 – 12	756.43	758.27	754.73	762.9	1	752.5	15
2014 – 01	757.45	759.31	755.86	764.7	18	751.5	5
2014 – 02	754.44	756.09	752.71	759.4	19	748.9	12
2014 – 03	756.83	758.62	755.08	761.7	16	752.5	30
2014 – 04	756.76	758.48	754.89	760.5	14	753.0	1
2014 – 05	755.61	757.18	753.66	760.2	26	751.2	9
2014 – 06	753.43	754.79	751.80	757.3	1	750.1	24
2014 – 07	754.54	755.81	752.95	759.1	27	750.5	8
2014 – 08	755.74	757.04	754.18	760.6	30	751.2	12
2014 – 09	756.93	758.46	755.17	762.0	30	750.0	17
2014 – 10	759.70	761.31	758.05	763.9	6	755.8	3
2014 – 11	757.69	759.55	756.06	762.2	18	752.4	26
2014 – 12	757.91	759.84	756.15	762.6	19	753.8	26
2015 – 01	757.31	759.00	755.81	762.0	21	752.5	5
2015 – 02	756.23	757.89	754.44	762.3	3	751.4	14
2015 – 03	757.59	759.41	755.66	763.2	26	751.3	3
2015 – 04	757.17	758.94	755.24	765.0	12	750.1	3
2015 – 05	755.24	756.77	753.59	759.1	4	752.3	22
2015 – 06	754.55	755.88	752.91	758.3	28	750.4	24
2015 – 07	754.75	755.85	753.38	757.7	10	751.2	14
2015 – 08	755.87	757.14	754.32	760.1	20	752.7	5
2015 – 09	757.73	759.22	756.10	762.3	13	753.7	25
2015 – 10				763.5	31	756.1	20
2015 – 11	759.09	760.79	757.57	764.2	1	754.3	16
2015 – 12	757.79	759.48	756.20	763.4	31	752.2	11

3.4.4　地表温度

3.4.4.1　概述

　　下垫面的温度和不同深度土壤温度统称为地温。浅层地温包括离地面 5 cm、10 cm、15 cm、20 cm 深度的地中温度。深层地温包括离地面 40 cm、80 cm、100 cm 深度的地中温度。地温以℃单位。本数据集包括 2008—2015 年的数据，采集地为 ALFQX01（气象观测场），使用芬兰 VAISALA 生产的 MILOS520 和 MAWS 自动监测系统。

3.4.4.2　数据采集和处理方法

　　数据采集由芬兰 VAISALA 生产的 MILOS520 和 MAWS 自动气象站采集，由中国生态系统研究网络气象报表自动生成的报表、规范气象数据报表和数据质量控制表组成。数据报表编制利用报表处理程序对观测数据自动处理、质量审核，按照观测规范最终编制出观测报表文件（Tg0 表）。

　　自动气象站的 QMT110 传感器，每 10 s 采测 1 个地表温度值，每分钟采测 6 个地表温度值，去除 1 个最大值和 1 个最小值后取平均值，作为每分钟的土壤温度值存储。采测整点的温度值作为正点数据存储。

3.4.4.3　数据质量控制和评估

数据注意事项：

①超出气候学界限值域—90～90℃的数据为错误数据。

②地表温度 24 h 变化范围小于60℃。

3.4.4.4　数据

具体数据见表 3 - 98。

表 3 - 98　综合气象场自动站地表温度

时间 （年-月）	日平均值 月平均/℃	日最大值 月平均/℃	日最小值 月平均/℃	月极大值/℃	极大值日期	月极小值/℃	极小值日期
2008 - 01	8.062	19.123	2.406	21.8	20	−0.3	7
2008 - 02	8.516	19.176	3.269	24.5	27	−0.2	6
2008 - 03	10.984	21.068	5.394	28.1	29	1.4	1
2008 - 04	17.151	31.687	9.087	40.1	22	5.1	4
2008 - 05	16.359	23.939	12.174	34.7	3	9.3	19
2008 - 06	18.522	25.070	15.077	30.9	13	10.5	28
2008 - 07	18.619	24.139	15.497	30.6	9	12.3	6
2008 - 08	19.060	24.552	16.065	33.0	23	12.4	13
2008 - 09	18.077	23.860	15.090	30.3	22	13.0	14
2008 - 10	15.422	19.942	13.135	26.0	15	10.1	23
2008 - 11	11.644	17.780	8.167	21.2	18	3.5	28
2008 - 12	8.642	13.965	5.577	19.0	28	2.2	13
2009 - 01	8.135	14.548	4.481	20.7	29	0.8	7
2009 - 02	10.778	22.779	3.421	25.4	24	1.6	9
2009 - 03	13.527	26.652	5.890	32.8	24	3.3	2
2009 - 04	15.978	26.277	9.927	33.4	16	6.4	3
2009 - 05	18.701	28.132	13.868	39.5	12	8.7	20
2009 - 06	19.949	28.203	15.927	37.4	17	12.5	4
2009 - 07	19.957	26.797	16.700	39.9	19	13.1	1
2009 - 08	19.752	26.087	16.574	34.4	9	14.2	23
2009 - 09	19.034	25.257	15.743	33.0	9	10.6	29
2009 - 10	17.405	23.855	14.348	28.9	13	10.2	25
2009 - 11	11.752	17.690	8.290	22.6	7	4.1	27
2009 - 12	9.120	16.274	5.213	19.4	2	0.6	30
2010 - 01	8.643	20.845	2.632	25.7	22	−0.2	28
2010 - 02	11.262	28.307	3.193	35.7	27	−0.4	7
2010 - 03	14.946	32.074	7.142	41.0	21	4.5	15
2010 - 04	15.657	27.143	10.407	36.9	8	7.0	8
2010 - 05	18.168	25.668	14.742	33.9	24	12.5	15
2010 - 06				27.4	2	14.5	2
2010 - 07		23.308	17.020	29.6	27	15.6	24

（续）

时间 （年-月）	日平均值 月平均/℃	日最大值 月平均/℃	日最小值 月平均/℃	月极大值/℃	极大值日期	月极小值/℃	极小值日期
2010 - 08	19.019	23.297	16.790	27.4	11	14.1	29
2010 - 09	18.682	22.787	16.730	26.1	18	14.8	21
2010 - 10	15.396	19.352	13.397	24.1	25	8.8	31
2010 - 11	11.823	16.147	9.537	20.7	1	6.0	10
2010 - 12	9.606	14.432	6.858	17.8	6	1.8	25
2011 - 01	7.786	13.332	4.797	16.9	8	1.4	21
2011 - 02	9.488	17.989	4.625	21.9	28	2.1	3
2011 - 03	11.391	18.794	7.294	26.0	13	4.1	1
2011 - 04	14.618	22.227	10.200	27.7	18	6.5	2
2011 - 05	17.190	21.761	14.797	26.7	18	12.2	18
2011 - 06	18.696	22.037	16.920	27.9	24	13.9	1
2011 - 07	19.360	23.606	17.152	28.3	30	15.3	19
2011 - 08	18.903	22.942	16.784	26.8	11	14.2	25
2011 - 09	18.675	22.730	16.530	25.4	19	14.8	12
2011 - 10	15.384	19.113	13.523	26.8	12	10.7	24
2011 - 11	11.224	16.130	8.737	18.7	1	5.0	23
2011 - 12	9.491	12.606	7.894	16.2	1	5.8	15
2012 - 01	7.782	13.194	4.752	15.7	31	1.5	16
2012 - 02	9.348	16.997	4.952	19.5	19	2.3	3
2012 - 03	11.438	18.403	7.303	22.9	26	3.7	5
2012 - 04	14.011	21.260	9.683	25.2	2	3.5	6
2012 - 05	18.159	24.561	14.765	29.8	19	9.4	1
2012 - 06	18.225	21.227	16.570	29.4	7	15.6	15
2012 - 07	17.984	19.581	17.010	22.6	1	15.4	30
2012 - 08	19.016	21.874	17.194	25.1	17	15.8	25
2012 - 09	17.149	19.427	15.820	24.0	24	13.9	14
2012 - 10	15.344	19.516	12.890	22.3	16	9.1	22
2012 - 11	12.217	16.650	9.730	20.6	3	6.9	30
2012 - 12	8.982	13.965	6.177	16.5	2	2.9	16
2013 - 01	7.933	13.645	4.639	16.1	25	1.6	27
2013 - 02	10.545	18.871	5.557	23.2	26	3.1	1
2013 - 03	13.424	22.752	7.868	25.9	28	5.1	2
2013 - 04	15.888	25.353	10.040	30.7	27	6.4	6
2013 - 05	17.388	24.355	13.332	30.8	1	10.1	5
2013 - 06	19.032	23.893	16.133	28.3	15	11.4	12
2013 - 07				21.8	2	15.9	8
2013 - 08				23.7	24	16.8	26
2013 - 09	17.189	19.423	15.730	22.2	24	13.0	30

（续）

时间 （年-月）	日平均值 月平均/℃	日最大值 月平均/℃	日最小值 月平均/℃	月极大值/℃	极大值日期	月极小值/℃	极小值日期
2013 - 10	14.300	16.268	12.916	19.3	12	9.9	25
2013 - 11	12.703	16.130	10.493	18.1	9	7.6	28
2013 - 12	8.823	11.568	7.355	16.1	3	2.1	19
2014 - 01	8.070	12.523	5.477	14.7	25	4.2	4
2014 - 02	9.234	14.307	6.371	18.0	25	3.5	3
2014 - 03	11.800	17.732	8.300	20.6	19	6.7	25
2014 - 04	15.337	23.347	10.730	29.0	27	8.0	4
2014 - 05	19.401	32.761	11.823	49.1	31	7.5	17
2014 - 06	19.889	28.943	15.418	47.9	4	12.2	4
2014 - 07	19.731	28.150	16.065	35.2	10	14.0	24
2014 - 08	18.955	26.326	15.835	33.0	27	12.4	21
2014 - 09	18.633	25.027	15.643	33.6	1	13.9	28
2014 - 10	15.608	22.294	12.316	29.3	11	7.4	22
2014 - 11	12.866	21.320	8.777	24.2	2	3.8	30
2014 - 12	9.399	18.500	5.342	23.6	7	2.3	20
2015 - 01	7.043	13.629	3.713	22.9	4	0.4	21
2015 - 02	9.430	21.561	2.911	26.8	28	0.9	17
2015 - 03	13.845	28.668	6.429	36.8	20	3.6	1
2015 - 04	14.799	27.247	9.237	37.4	16	5.9	13
2015 - 05	17.927	29.326	12.310	37.0	11	8.5	11
2015 - 06	19.023	25.360	16.110	33.8	4	12.6	11
2015 - 07	18.166	23.965	15.465	33.3	7	11.5	26
2015 - 08	18.252	22.358	16.390	28.9	11	13.7	22
2015 - 09	18.016	21.077	16.527	25.3	30	14.8	17
2015 - 10				23.2	1	16.2	2
2015 - 11				21.2	29	10.7	30
2015 - 12	9.156	15.035	6.132	20.4	7	1.8	16

3.4.5　太阳辐射

3.4.5.1　概述

生态站的辐射测量，包括太阳辐射与地球辐射两部分。地面接收的太阳辐射能 97% 集中在 $0.29 \sim 4.00 \ \mu m$ 波段内，通常将太阳辐射成为短波辐射。波长短于 $0.40 \ \mu m$ 的太阳辐射称为紫外辐射，$0.40 \sim 0.70 \ \mu m$ 的太阳辐射称为光合有效辐射，而长于 $0.73 \ \mu m$ 的称为红外辐射。波长大于 $0.70 \ \mu m$ 的太阳辐射成为红外辐射。紫外、光合有效和红外辐射量，由于太阳光谱本身会随着太阳高度、气溶胶含量、水汽含量和臭氧含量的不同而有变化，所以各个波段占总量的比例并非一成不变、粗略而言，在地面上它们各自所占总量的比例约为 5%、42%、53%，而在大气上界则为 8%、39% 和 53%。

地球辐射是地表、大气、气溶胶和云所发射的波长大于 $3.0 \ \mu m$ 的辐射能，通常称为长波辐射。

3.4.5.2　数据采集和处理方法

数据采集由芬兰 VAISALA 生产的 MILOS520 和 MAWS 自动气象站采集，由中国生态系统研究网络气象报表分自动生成的报表、规范气象数据报表和数据质量控制表组成。数据报表编制利用报表处理程序对观测数据自动处理、质量审核，按照观测规范最终编制出观测报表文件（D51、D52、D53……D531 表）。每 10 s 采测 1 次，每分钟采测 6 次辐照度（瞬时值），去除 1 个最大值和 1 个最小值后取平均值。正点（地方平均太阳时）整点采集存储辐照度，同时计存储曝辐量（累积值）。观测层次：距地面 1.5 m 处。

3.4.5.3　数据质量控制和评估

辐射仪器注意事项：

①仪器是否水平，感应面与玻璃罩是否完好等。仪器是否清洁，玻璃罩如有尘土、霜、雾、雪和雨滴时，应用镜头刷或麂皮及时清除干净，注意不要划伤或磨损玻璃。

②玻璃罩不能进水，罩内也不应有水汽凝结物。检查干燥器内硅胶是否变潮（由蓝色变成红色或白色），及时更换硅胶。受潮的硅胶，可在烘箱内烤干，待变回蓝色后再使用。

③总辐射表防水性能较好，一般短时间或降水较小时可以不加盖。但降大雨（雪、冰雹等）或较长时间的雨雪时，为保护仪器，观测员应根据具体情况及时加盖，雨停后即把盖打开。如遇强雷暴等恶劣天气，也要加盖并加强巡视，发现问题及时处理。

数据质量控制：

①总辐射最大值不能超过气候学界限值 2 000 W/m^2。

②当前瞬时值与前一次值的差异应小于最大变幅 800 W/m^2。

③小时总辐射量大于等于小时净辐射、反射辐射和紫外辐射；除阴天、雨天和雪天外总辐射一般在中午前后出现极大值。

④小时总辐射累积值应小于同一地理位置大气层顶的辐射总量，小时总辐射累积值可以稍微大于同一地理位置在大气具有很大透过率和非常晴朗天空状态下的小时总辐射累积值，所有夜间观测的小时总辐射累积值小于 0 时用 0 代替。

⑤辐射曝辐量缺测数小时但不是全天缺测时，按实有记录做日合计，全天缺测时，不做日合计。本数据质量较高，可以用于科学研究。

3.4.5.4　数据

具体数据见表 3 - 99。

表 3 - 99　综合气象场自动站辐射

时间 （年-月）	总辐射总量 月合计值/（MJ/m^2）	反射辐射总量 月合计值/（MJ/m^2）	净辐射总量 月合计值/（MJ/m^2）	光合有效辐射总量 月合计值/（MJ/m^2）	日照小时数（月值）/h
2008 - 01	454.613	89.683	114.518	726.501	210
2008 - 02	442.686	84.860	175.437	749.830	168
2008 - 03	471.413	82.278	196.974	797.511	159
2008 - 04	597.035	99.304	281.364	1 044.753	210
2008 - 05	417.594	68.200	218.584	762.041	81
2008 - 06	406.114	208.591	211.774	733.305	51
2008 - 07	366.307	70.974	173.014	654.652	52
2008 - 08	379.958	76.797	186.757	672.123	68
2008 - 09	367.754	73.534	175.174	639.496	89
2008 - 10	261.154	52.902	119.355	450.499	58

（续）

时间 （年-月）	总辐射总量 月合计值/（MJ/m²）	反射辐射总量 月合计值/（MJ/m²）	净辐射总量 月合计值/（MJ/m²）	光合有效辐射总量 月合计值/（MJ/m²）	日照小时数（月值）/h
2008 - 11	352.040	75.209	140.760	556.478	136
2008 - 12	273.133	56.254	100.802	420.801	94
2009 - 01	329.181	68.272	123.582	628.852	124
2009 - 02	564.839	118.943	216.821	1 081.813	251
2009 - 03	565.275	114.913	221.632	1 035.967	228
2009 - 04	573.355	106.381	280.821	1 112.343	192
2009 - 05	543.681	102.885	275.936	1 107.494	144
2009 - 06	423.169	79.457	220.023	813.164	53
2009 - 07	362.646	71.836	194.248	704.682	38
2009 - 08	379.990	72.732	196.691	737.335	72
2009 - 09	421.713	86.891	213.350	808.282	115
2009 - 10	427.292	93.467	210.224	797.514	141
2009 - 11	373.493	83.621	143.160	679.647	156
2009 - 12	451.739	97.754	154.371	810.870	216
2010 - 01	517.411	107.822	174.642	905.471	246
2010 - 02	544.623	112.026	198.058	634.906	243
2010 - 03	538.907	110.320	219.679	746.110	225
2010 - 04	556.340	99.022	266.921	1 048.992	184
2010 - 05	544.908	102.761	282.230	1 022.365	140
2010 - 06	313.877	62.287	176.469	586.047	27
2010 - 07	324.125	64.576	170.212	588.367	31
2010 - 08	413.768	90.360	211.034	736.667	86
2010 - 09	374.675	78.896	205.557	659.215	89
2010 - 10	286.502	61.350	136.271	490.320	62
2010 - 11	298.841	59.671	122.180	580.306	90
2010 - 12	376.464	71.829	138.613	712.752	163
2011 - 01	376.939	70.757	130.301	707.228	150
2011 - 02	551.179	104.471	215.133	994.759	239
2011 - 03	467.967	89.702	203.916	847.960	170
2011 - 04	557.134	96.697	274.698	1 022.380	189
2011 - 05	515.978	94.091	277.185	963.465	117
2011 - 06	391.863	69.642	217.330	713.085	37
2011 - 07	426.655	75.540	227.030	756.950	63
2011 - 08	439.808	86.502	214.683	744.639	100
2011 - 09	347.529	64.618	159.553	549.604	61
2011 - 10	317.309	60.731	147.417	475.103	74
2011 - 11	384.226	76.641	156.882	552.574	143
2011 - 12	245.705	48.994	99.797	354.007	71

（续）

时间 （年-月）	总辐射总量 月合计值/（MJ/m²）	反射辐射总量 月合计值/（MJ/m²）	净辐射总量 月合计值/（MJ/m²）	光合有效辐射总量 月合计值/（MJ/m²）	日照小时数（月值）/h
2012－01	448.772	84.249	157.321	634.746	209
2012－02	555.910	108.095	201.068	824.704	256
2012－03	552.858	102.983	229.537	817.833	225
2012－04	566.563	98.876	258.286	870.190	194
2012－05	608.714	98.187	319.145	995.041	165
2012－06	360.622	62.853	192.174	563.521	44
2012－07	307.428	60.926	149.395	475.586	25
2012－08	457.794	80.625	237.406	695.269	106
2012－09	285.235	50.913	141.738	435.417	46
2012－10	385.264	69.042	186.113	573.459	137
2012－11	373.269	82.624	139.805	690.024	149
2012－12	426.310	97.170	140.434	780.651	192
2013－01	458.367	103.939	161.101	844.562	201
2013－02	540.178	121.574	215.789	1 013.222	237
2013－03	642.210	137.246	282.694	1 192.496	257
2013－04	623.880	121.079	292.457	1 172.334	225
2013－05	527.792	91.425	285.183	1 043.461	107
2013－06	492.666	93.169	287.313	971.631	82
2013－07	335.155		190.143		
2013－08					
2013－09	366.007	83.640	179.514	912.339	105
2013－10	329.471	76.598	153.767	666.710	82
2013－11	448.796	108.019	197.547	876.350	180
2013－12	339.997	90.276	135.601	655.765	132
2014－01	479.560	114.750	174.900	916.816	222
2014－02	495.512	116.411	192.863	943.175	208
2014－03	591.172	136.401	251.431	1 126.756	233
2014－04	677.018	144.405	321.124	1 259.749	269
2014－05	616.630	121.831	317.693	852.378	218
2014－06	407.720	78.532	208.051	797.007	97
2014－07	437.691	87.036	224.219	864.688	91
2014－08	374.352	83.395	188.101	702.100	70
2014－09	397.438	80.817	208.636	687.076	114
2014－10	391.682	73.272	204.671	608.736	136
2014－11	442.135	85.863	203.310	619.029	179
2014－12	383.979	74.032	156.238	550.710	165
2015－01	395.912	116.678	125.607	592.380	170
2015－02	543.417	113.014	207.785	794.601	239

（续）

时间 （年-月）	总辐射总量 月合计值/（MJ/m²）	反射辐射总量 月合计值/（MJ/m²）	净辐射总量 月合计值/（MJ/m²）	光合有效辐射总量 月合计值/（MJ/m²）	日照小时数（月值）/h
2015 - 03	658.254	138.588	276.731	942.299	265
2015 - 04	522.267	100.090	252.044	799.725	165
2015 - 05	654.764	124.208	348.073	1 032.773	215
2015 - 06	469.929	84.646	273.721	766.922	106
2015 - 07	378.137	67.306	208.807	597.243	65
2015 - 08	331.046	65.137	174.307	467.393	49
2015 - 09	313.913	60.382	164.474	383.156	68
2015 - 10					
2015 - 11	425.375	87.120	189.361	487.455	167
2015 - 12	314.083	63.438	126.851	370.533	119

3.4.6 降水

3.4.6.1 概述

降水是指从天空降落到地面上的液态或固态（经融化后）的水，未经蒸发、渗透、流失而在水平面上集聚的深度。标识符为 R，以 mm 为单位，取 1 位小数。降水观测包括降水量和降水强度。降水强度是指单位时间的降水量，通常测定 5 min、10 min 和 1 h 内的最大降水量，气象站观测日降水总量。本数据集包括 2008—2015 年的数据，采集地为 ALFQX01（气象观测场）。

3.4.6.2 数据采集和处理方法

数据采集注意事项：

①每天 8：00、20：00 分别量取前 12 h 的降水量。观测液体降水时要换取储水瓶，将水倒入量杯，要倒净。将量杯保持垂直，使人的视线与水面齐平，以水凹面为准，读得的刻度数即为降水量，记入相应栏内。降水量大时，应分数次量取，求总和。

②冬季降雪时，须将承雨器取下，换上承雪口，取走储水器，直接用承雪口和外筒接收降水。观测时，将已有固体降水的外筒，用备份的外筒换下，盖上筒盖后，取回室内，待固体降水融化后，用量杯量取。也可将固体降水连同外筒用专用的台秤称量，称量后应把外筒的重量（或毫米数）扣除。

③特殊情况处理。在炎热干燥的日子，为防止蒸发，降水停止后，要及时观测。在降水较大时，应视降水情况增加人工观测次数，以免降水溢出雨量筒，造成记录失真。

无降水时，降水量栏空白不填。不足 0.05 mm 的降水量记 0.0。纯雾、露、霜、冰针、雾凇、吹雪的量按无降水处理（吹雪量必须量取，供计算蒸发量用）。出现雪暴时，应观测降水量。数据获取方法：记录雨（雪）量器每天 8：00 和 20：00 观测前 12 h 的累积降水量。原始数据观测频率：每日 2 次（北京时间 8：00、20：00）。观测层次：距地面高度 70 cm，冬季积雪超过 30 cm 时距地面高度 1.0～1.2 m。

3.4.6.3 数据质量控制和评估

经常保持雨量器清洁，每次巡视仪器时，注意清除承水器、储水瓶内的昆虫、尘土、树叶等杂物。

定期检查雨量器的高度、水平，发现不符合要求时应及时纠正，如外筒有漏水现象，应及时修理或撤换。

承水器的刀刃口要保持正圆，避免碰撞变形。降水量大于 0.0 mm 或者微量时，应有降水或者雪暴天气现象。

数据产品处理方法：

①降水量的日总量由该日降水量各时值累加获得。一日中定时记录缺测 1 次，另一定时记录未缺测时，按实有记录做日合计，全天缺测时不做日合计。

②月累计降水量由日总量累加而得。一月中降水量缺测 7 d 或以上时，该月不做月合计，按缺测处理。

3.4.6.4　数据价值/数据使用方法和建议

哀牢山的降水主要集中在雨季（5—10 月），旱季降水较少，哀牢山生态站 2008—2015 年的人工降水数据完整，具有较高的利用价值，降水的时空变化数据可为预防自然灾害、研究气候变化等提供重要依据。

3.4.6.5　数据

具体数据见表 3 - 100。

表 3 - 100　综合气象场人工观测降水

时间（年-月）	合计/mm	时间（年-月）	合计/mm	时间（年-月）	合计/mm
2008 - 01	34.4	2010 - 04	115.5	2012 - 07	248.8
2008 - 02	0.0	2010 - 05	68.3	2012 - 08	206.5
2008 - 03	5.9	2010 - 06	223.7	2012 - 09	265.2
2008 - 04	64.9	2010 - 07	394.1	2012 - 10	77.9
2008 - 05	144.0	2010 - 08	337.4	2012 - 11	50.2
2008 - 06	201.1	2010 - 09	306.6	2012 - 12	3.3
2008 - 07	294.3	2010 - 10	326.7	2013 - 01	0.0
2008 - 08	257.5	2010 - 11	27.6	2013 - 02	0.6
2008 - 09	60.6	2010 - 12	75.7	2013 - 03	23.6
2008 - 10	47.7	2011 - 01	52.7	2013 - 04	12.6
2008 - 11	28.8	2011 - 02	0.0	2013 - 05	130.4
2008 - 12	4.9	2011 - 03	50.3	2013 - 06	168.4
2009 - 01	40.8	2011 - 04	74.5	2013 - 07	357.8
2009 - 02	0.0	2011 - 05	103.0	2013 - 08	310.1
2009 - 03	16.9	2011 - 06	247.6	2013 - 09	148.6
2009 - 04	47.2	2011 - 07	369.6	2013 - 10	342.0
2009 - 05	168.1	2011 - 08	231.2	2013 - 11	0.3
2009 - 06	107.4	2011 - 09	415.7	2013 - 12	25.3
2009 - 07	302.9	2011 - 10	113.3	2014 - 01	4.1
2009 - 08	164.5	2011 - 11	83.4	2014 - 02	31.5
2009 - 09	82.5	2011 - 12	22.5	2014 - 03	23.0
2009 - 10	63.7	2012 - 01	22.0	2014 - 04	10.0
2009 - 11	34.2	2012 - 02	0.0	2014 - 05	67.7
2009 - 12	0.0	2012 - 03	54.5	2014 - 06	322.0
2010 - 01	6.9	2012 - 04	47.9	2014 - 07	464.9
2010 - 02	1.3	2012 - 05	128.9	2014 - 08	154.7
2010 - 03	34.3	2012 - 06	491.8	2014 - 09	273.6

（续）

时间（年-月）	合计/mm	时间（年-月）	合计/mm	时间（年-月）	合计/mm
2014 - 10	60.0	2015 - 03	25.7	2015 - 08	323.1
2014 - 11	35.4	2015 - 04	127.5	2015 - 09	238.6
2014 - 12	22.5	2015 - 05	39.1	2015 - 10	174.5
2015 - 01	203.4	2015 - 06	175.5	2015 - 11	49.4
2015 - 02	6.1	2015 - 07	284.6	2015 - 12	76.0

第4章

数据分析、总结

4.1 生物数据分析、总结

　　根据 2004—2015 年的生物监测数据，分析了哀牢山生态站综合样地乔木、灌木、草本各层的生物量、树种更新情况、叶面积指数、凋落物回收量季节动态和现存量，各层优势植物和凋落物的矿质元素含量与能值数据，层间附（寄）生植物和藤本植物组成情况等生物数据，结果如下。

4.1.1 乔木、灌木、草本各层生物量

　　哀牢山中山湿性常绿阔叶林综合观测场样地的乔木、灌木、草本各层生物量从 2010 年到 2015 年都呈现上升趋势。乔木层地上生物量和地下生物量均增加了 2.4%，灌木层地上生物量和地下生物量分别增加了 184.7% 和 207.2%，草本层地上生物量增加了 45.5%。其中灌木层生物量增加幅度最大（图 4-1～图 4-3）。

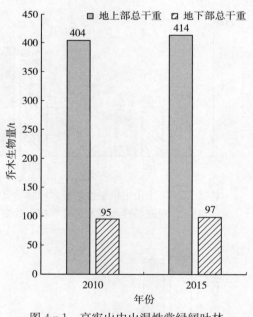

图 4-1　哀牢山中山湿性常绿阔叶林
综合观测场样地乔木层生物量

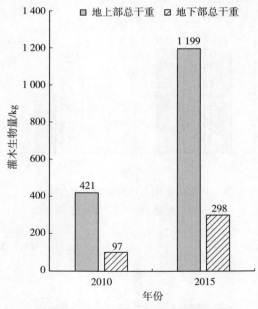

图 4-2　哀牢山中山湿性常绿阔叶林
综合观测场样地灌木层生物量

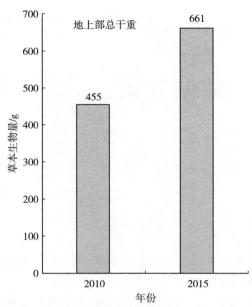

图 4-3　哀牢山中山湿性常绿阔叶林综合观测场样地草本层生物量

4.1.2　叶面积指数

通过分析哀牢山中山湿性常绿阔叶林综合观测场样地 9 个点的乔木、灌木、草本各层叶面积指数的均值发现，乔木层叶面积指数 8 月最高，2015 年的乔木层叶面积指数比 2010 年下降了 32.9%；灌木层叶面积指数 2010 年呈下降趋势，2015 年呈上升趋势；草本层叶面积指数也是 8 月最高，但与乔木层叶面积指数相反，2015 年的比 2010 年上升了 79.0%（图 4-4～图 4-6）。

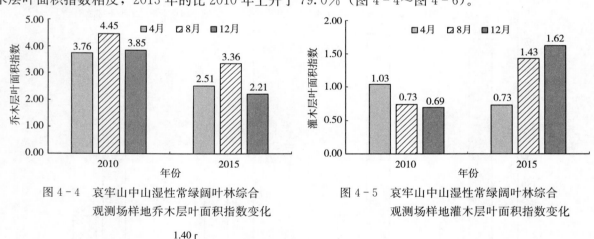

图 4-4　哀牢山中山湿性常绿阔叶林综合　　　　图 4-5　哀牢山中山湿性常绿阔叶林综合
　　观测场样地乔木层叶面积指数变化　　　　　　　观测场样地灌木层叶面积指数变化

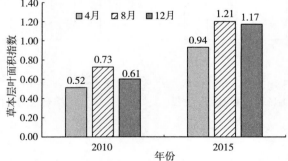

图 4-6　哀牢山中山湿性常绿阔叶林综合观测场样地草本层叶面积指数变化

4.1.3　凋落物回收量季节动态和现存量

凋落物回收量季节动态中，枯枝干重、枯叶干重、杂物干重峰值都出现在每年的 4 月，其中枯叶干重在 11 月又出现 1 个小峰值；落果（花）干重的峰值出现在秋季的 10 月和 11 月，这与果实的大量成熟有关；树皮干重的峰值出现在每年的 9 月；苔藓地衣干重一年四季变化不大，维持在 1g/m² 左右。

凋落物现存量年季动态中枯枝干重和枯叶干重占比最大，占总干重的 86.7%，其中枯枝干重 2008—2015 年呈现先增加后减少的趋势，但在 2015 年出现突增的情况，苔藓地衣干重也是在 2015 年出现突增的情况，这与 2015 年 1 月的雪灾有关；枯叶干重和落果（花）干重 2014 年高于其他年份；树皮干重 2013 年、2014 年、2015 年 3 年较高（图 4-7、图 4-8）。

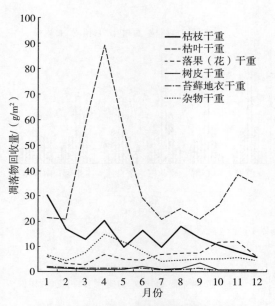

图 4-7　哀牢山中山湿性常绿阔叶林综合
观测场样地凋落物回收量季节动态

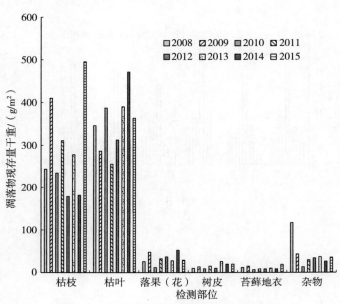

图 4-8　哀牢山中山湿性常绿阔叶林综合
观测场样地凋落物现存量年季动态

4.1.4　优势植物的矿质元素含量

分析了变色锥、黄心树、硬壳柯、蒙自连蕊茶、木果柯、南洋木荷 6 种乔木层优势物种不同采样部位的全碳、全氮、全磷含量。

在树干、树枝、树叶、树皮和树根 5 个部位中，树叶的全碳含量最多，树干的全碳含量最少，但相差不大；具体到物种上，黄心树的树叶全碳含量最高，达到 520.5g/kg（图 4-9）。

全氮含量在 5 个采样部位中也是树叶上含量最高，而且远高于其他部位，总体上呈现树叶＞树皮＞树枝＞树根＞树干的趋势。具体到物种上，硬壳柯的树叶全氮含量最高（图 4-10）。

全磷含量在 5 个采样部位中也是树叶上含量最高，总体上呈现树叶＞树枝＞树根＞树皮＞树干的趋势。具体到物种上，硬壳柯的树叶全磷含量最高（图 4-11）。

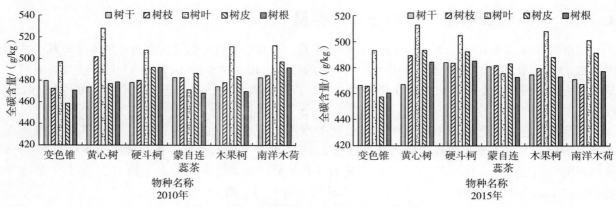

图 4 - 9　乔木优势种 2010 年与 2015 年全碳含量

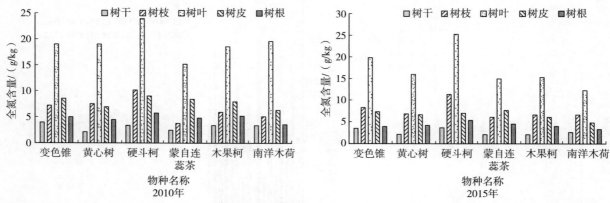

图 4 - 10　乔木优势种 2010 年与 2015 年全氮含量

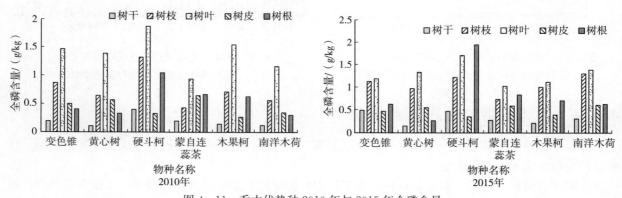

图 4 - 11　乔木优势种 2010 年与 2015 年全磷含量

4.1.5　凋落物现存量的矿质元素含量与能值

分析了凋落物现存量的全碳、全氮、全磷、全钾、全硫、全钙、全镁和干重热值在凋落枝、凋落叶、凋落皮、凋落花果、凋落杂物中的含量。

全碳、全钾、全镁、干重热值在凋落叶中含量最高，全氮、全磷、全硫在凋落杂物中含量最高，全钙在凋落皮中含量最高。

比较 2010 年和 2015 年各矿质元素含量与能值的变化发现，全碳、全钙含量在凋落枝、凋落皮、凋落花果、凋落杂物中增加，在凋落叶中减少；全氮、全磷、全硫和全镁含量在凋落枝、凋落叶、凋落花果、凋落杂物中增加，在凋落皮中减少；全钾含量在凋落枝增加，在凋落叶、凋落皮、凋落花果、凋落杂物中减少；干重热值在凋落皮增加，在凋落枝、凋落叶、凋落花果、凋落杂物中减少（图4-12、图4-13）。

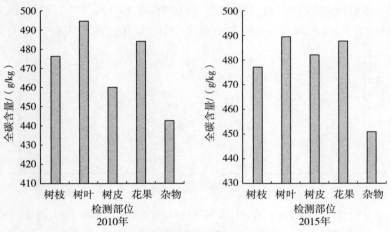

图 4-12　凋落物现存量不同采样部位 2010 年与 2015 年全碳含量

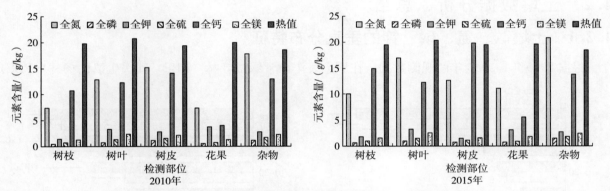

图 4-13　凋落物现存量不同采样部位 2010 年与 2015 年元素含量

4.1.6　层间附（寄）生植物

于 2010 年和 2015 年调查了两次层间附（寄）生植物的物种组成情况，通过分析中山湿性常绿阔叶林综合观测场样地的层间藤本植物数据发现，物种数 2010 年为 33 种，2015 年为 46 种，增加了 13 种。株（丛）数 2010 年为 10 048，2015 年为 13 527，也有显著的增加。层间附（寄）生植物物种数与株（丛）数的显著增加与 2015 年年初的雪灾有一定关系（图 4-14）。

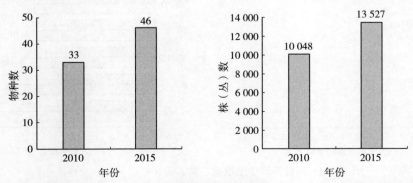

图 4-14　哀牢山中山湿性常绿阔叶林综合观测场样地层间附（寄）生植物物种数与株（丛）数比较

4.1.7　藤本植物

　　于 2010 年和 2015 年调查了两次层间藤本植物的物种组成情况，通过分析中山湿性常绿阔叶林综合观测场样地的层间藤本植物数据发现，物种数 2010 年为 18 种，2015 年为 19 种，变化不大。株（丛）数 2010 年为 428，远小于 2015 年的 858，这与 2015 年年初的雪灾有一定关系（图 4 - 15）。

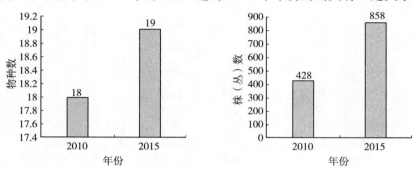

图 4 - 15　哀牢山中山湿性常绿阔叶林综合观测场样地层间藤本植物物种数与株（丛）数比较

4.2　土壤数据分析、总结

4.2.1　土壤碳、氮、磷、钾的垂直分布特征

　　根据 2010 年、2015 年的观测数据，在原生哀牢山常绿阔叶林（EBF）和次生滇山杨林（PBF）

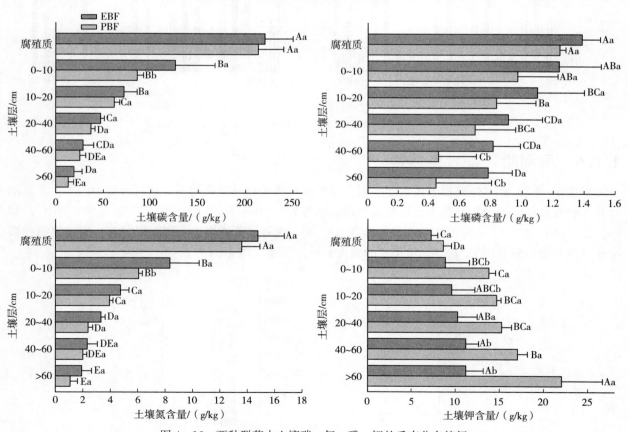

图 4 - 16　两种群落中土壤碳、氮、磷、钾的垂直分布特征

注：不同小写字母表示群落间差异显著，不同大写字母表示群落内差异显著（$p<0.05$）。

两种群落中，随着土层的加深，碳、氮、磷含量逐渐减少，钾含量则逐渐升高，碳和氮的空间变异性明显高于磷和钾。在各个土层，EBF 中的碳、氮、磷含量均高于 PBF，其中碳和氮含量在表层（0～10 cm）中达到显著差异（$p<0.05$），磷含量则在深层＞40 cm 的土壤中达到显著差异（$p<0.05$）。钾含量在各个土层中为 PBF＞EBF，随着土层的加深钾含量在 EBF 中趋于稳定，在 PBF 中则变异显著（$p<0.05$）。EBF 中 0～100 cm 的土壤碳：氮：磷：钾的均值为 60：4：1：10，PBF 中 0～100 cm 的土壤碳：氮：磷：钾的均值为 66：5：1：17（图 4-16）。

4.2.2　表层土壤养分特征

根据 2010 年、2015 年的观测数据发现，在原生哀牢山 EBF 和次生 PBF 两种群落中，铵态氮、硝态氮、有效磷、速效钾和缓效钾在腐殖质中含量为 EBF＞PBF，其中 EBF 中铵态氮含量是 PBF 的 4 倍（$p<0.01$）。土壤表层中的铵态氮含为 EBF＞PBF（$p<0.05$），硝态氮则相反（$p<0.05$），有效磷、速效钾和缓效钾的含量在两个群落之间变异不大。在两个群落内，铵态氮、硝态氮、有效磷、速效钾和缓效钾的含量均为腐殖质＞表层土壤，其中有效磷、速效钾和缓效钾在腐殖质中的含量显著高于土壤表层（$p<0.05$），在 EBF 中的腐殖质和表层土壤中，铵态氮＞硝态氮（$p<0.05$），在 PBF 中则为硝态氮＜铵态氮，差异不显著（图 4-17）。

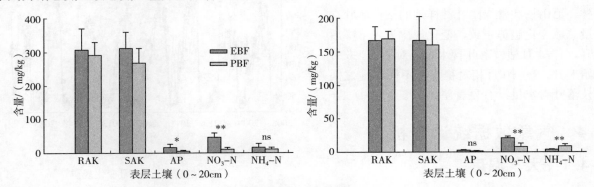

图 4-17　两种群落表层土壤有效养分特征

注：AP 为 available phosphorus，有效磷；RAK 为 rapid available potassium，速效钾为 SAK：slowly available potassium，缓效钾。* 为差异显著，＊＊为差异极显著，ns 为差异不显著。

4.3　水分数据分析总结

4.3.1　地下水位

2008—2015 年，哀牢山生态站的中山湿性常绿阔叶林水位和综合气象场水位的变化趋势基本一致，水位变化规律为先下降后升高，从 11 月开始逐渐下降，翌年 3—5 月逐渐稳定，5 月之后开始升高，7—10 月相对稳定（图 4-18）。

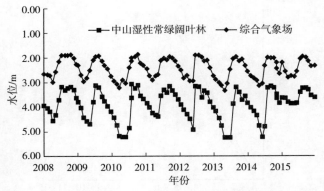

图 4-18　哀牢山生态站 2008—2015 年地下水位深度变化规律

4.3.2　土壤质量含水量

2008—2015 年，哀牢山生态站山顶苔藓矮林、滇山杨和常绿阔叶林样地的土壤质量含水量总体变化趋势一致，变化规律为先下降后上升，从 1 月开始土壤含水量逐渐下降，3—5 月土壤含水量较低，最低值达到 19%。6 月开始上升，最高值达到 83%，7—12 月相对稳定（图 4-19）。其中，常绿阔叶林样地的土壤含水量季节变化幅度最小，表明常绿阔叶林具有较好的水源涵养功能。

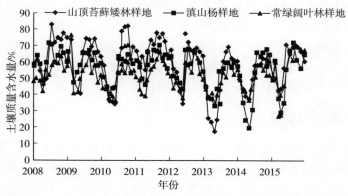

图 4 - 19　哀牢山生态站 2008—2015 年土壤质量含水量变化规律

4.3.3　枯枝落叶含水量

2008—2015 年，哀牢山生态站山顶苔藓矮林、滇山杨和常绿阔叶林样地的枯枝落叶含水量总体变化趋势一致，变化规律为先下降后上升，1—4 月枯枝落叶含水量相对较低，6 月开始上升，7—10 月相对稳定。不同样地之间枯枝落叶含水量没有显著差异（图 4 - 20）。

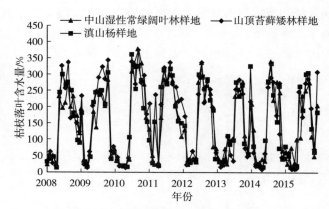

图 4 - 20　牢山生态站 2008—2015 年枯枝落叶含水量变化规律

4.4　气象数据统计分析

4.4.1　大气温度

哀牢山生态站 2008—2015 年的年平均气温为 11.7 ℃（图 4 - 21），6 月气温最高，平均气温为 15.75 ℃；1 月气温最低，平均气温为 5.89 ℃（图 4 - 22）。

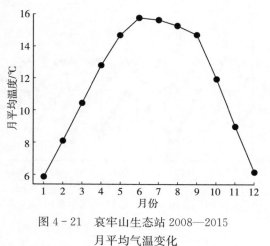

图 4 - 21　哀牢山生态站 2008—2015月平均气温变化

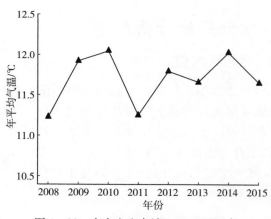

图 4 - 22　哀牢山生态站 2008—2015 年年平均气温变化

4.4.2　降水

哀牢山生态站降雨量年际差异大（图 4 - 23），多年（2008—2015 年）平均降雨量为 1 691.3 mm，其中 85.24% 的降雨集中在 5—10 月（图 4 - 24）。

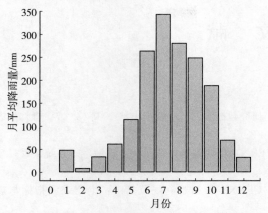

图 4 - 23　哀牢山生态站 2008—2015 年月降雨量变化

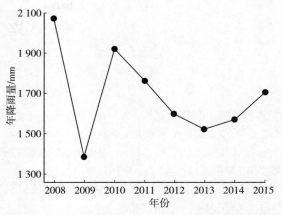

图 4 - 24　哀牢山生态站 2008—2015 年年降雨量变化

参 考 文 献

孙鸿烈，于贵瑞，欧阳竹，等，2011. 中国生态系统定位观测与研究数据集：云南哀牢山站 2003—2007 森林生态系统卷 [M]. 北京：中国农业出版社.

胡波，刘广仁，王跃思，等，2019. 中国生态系统研究网络（CERN）长期观测规范丛书：陆地生态系统大气环境观测指标与规范 [M]. 北京：中国环境出版社.

吴冬秀，张琳，宋创业，等，2019. 中国生态系统研究网络（CERN）长期观测规范丛书：生物观测指标与规范 [M]. 北京：中国环境出版社.

袁国富，朱治林，张心昱，等，2019. 中国生态系统研究网络（CERN）长期观测规范丛书：水环境观测指标与规范 [M]. 北京：中国环境出版社.

潘贤章，郭志英，潘恺，等，2019. 中国生态系统研究网络（CERN）长期观测规范丛书：土壤观测指标与规范 [M]. 北京：中国环境出版社.

于贵瑞，等，2019. 生态系统过程与变化丛书：森林生态系统过程与变化 [M]. 北京：高等教育出版社.

图书在版编目（CIP）数据

中国生态系统定位观测与研究数据集．森林生态系统卷．云南哀牢山站：2008～2015 / 陈宜瑜总主编；范泽鑫主编．—北京：中国农业出版社，2021.11
　　ISBN 978-7-109-28426-5

　　Ⅰ.①中…　Ⅱ.①陈…②范…　Ⅲ.①生态系统—统计数据—中国②森林生态系统—统计数据—云南—2008-2015　Ⅳ.①Q147②S718.55

　　中国版本图书馆 CIP 数据核字（2021）第 124286 号

ZHONGGUO SHENGTAI XITONG DINGWEI GUANCE YU YANJIU SHUJUJI

中国农业出版社出版
地址：北京市朝阳区麦子店街 18 号楼
邮编：100125
责任编辑：刁乾超　　文字编辑：黄璟冰
版式设计：李　文　责任校对：吴丽婷
印刷：中农印务有限公司
版次：2021 年 11 月第 1 版
印次：2021 年 11 月北京第 1 次印刷
发行：新华书店北京发行所
开本：889mm×1194mm　1/16
印张：14.75
字数：405 千字
定价：88.00 元